普通高等教育信息技术类系列教材

数据库原理与安全

主　编　林大辉　陈秋妹

副主编　林大启　纪祥敏

　　　　刘秀玲　林要华

科 学 出 版 社

北　京

内 容 简 介

本书全面讲述了数据库的基本原理、数据库安全的相关概念与技术及数据库系统的设计与方法。全书分 4 个部分：第 1 部分讲述数据库系统的基本概念、关系代数及关系数据库模型、SQL 基础及数据定义功能、数据查询和更新、索引和视图、关系数据库理论、关系查询处理与优化及事务与并发控制的相关概念；第 2 部分讲述数据库安全的基本概念、数据库访问控制技术、数据库恢复技术、数据库安全技术及数据库攻击与防范；第 3 部分讲述数据库编程和数据库设计的相关知识及基于 PHP 的数据库应用系统开发；第 4 部分给出了 9 个上机实验内容，以供实践教学使用。

本书理论和实践相结合，既阐述了数据库的基本概念和数据库安全理论，又结合了数据库管理系统的应用和安全防范。本书体系完整，内容翔实，实例丰富，通俗易懂，有助于读者理解数据库原理与数据库安全的基本概念，提升数据库实践和安全防护能力。

本书可作为高等院校网络空间安全、信息安全等专业相关课程的教学用书，也可以作为培养数据库系统工程师、安全工程师的培训教材，还可以供数据库管理人员、开发人员及数据库安全人员参考。

图书在版编目（CIP）数据

数据库原理与安全 / 林大辉，陈秋妹主编. —北京：科学出版社，2023.3
（普通高等教育信息技术类系列教材）
ISBN 978-7-03-074313-8

Ⅰ. ①数… Ⅱ. ①林… ②陈… Ⅲ. ①数据库系统－高等学校－教材
Ⅳ. ①TP311.13

中国版本图书馆 CIP 数据核字（2022）第 241065 号

责任编辑：戴 薇 袁星星 / 责任校对：赵丽杰
责任印制：吕春珉 / 封面设计：东方人华平面设计部

科学出版社出版
北京东黄城根北街 16 号
邮政编码：100717
http://www.sciencep.com
北京鑫丰华彩印有限公司印刷
科学出版社发行 各地新华书店经销
*
2023 年 3 月第 一 版 开本：787×1092 1/16
2026 年 1 月第五次印刷 印张：17 1/4
字数：405 000

定价：61.00 元

（如有印装质量问题，我社负责调换）
销售部电话 010-62136230 编辑部电话 010-62135927-2047

前言

PREFACE

数据库技术是计算机技术的重要组成部分，也是发展较快、应用较广的计算机技术之一。自20世纪60年代末以来，经过50多年的迅速发展，我国已经建立起一套较完善的理论体系，带动了一系列的软件产业，出现了SQL Server、Oracle、MySQL、DB2等十分成熟且深受用户喜爱的数据库产品。随着该技术的不断推广使用，如今数据库的应用已深入国民经济和社会生活的各个领域，已与人们的生活息息相关。同时，伴随而来的是数据库安全问题，数据泄露、数据破坏、网站攻击等事件层出不穷。在以数据为中心的时代，数据库的应用及安全管理显得尤为重要。

近年来，网络空间安全成为一个热门话题，已上升为国家安全战略。党的二十大报告指出，必须坚定不移贯彻总体国家安全观，健全国家安全体系，加快建设网络强国、数字中国，实施科教兴国战略，强化现代化建设人才支撑。因此，很多高等院校成立了网络空间安全学院或单独开设了网络空间安全专业，很多企业也开始创建网络空间安全培训部门。在网络空间安全类相关专业的人才培养体系中，数据库系统和数据库安全的相关知识是学生的必备知识基础。目前还没有系统介绍数据库系统原理与安全的教材，现有的教材要么是偏向数据库原理的理论教材，适用于本科计算机类；要么是偏向于数据库安全项目形式的实践教材，适用于高职院校。

人才培养，教材是关键元素之一。鉴于此，编者团队根据网络空间安全专业人才培养目标，对照教育部高等学校网络空间安全专业教学指导委员会编制的《高等学校信息安全专业指导性专业规范（第2版）》，并紧跟学科发展前沿，科学构建课程内容体系结构，编写了本书。本书将数据库原理与数据安全保障技术有机融合，让学生不仅能学到交叉知识，更能运用这些交叉知识。

在编写本书过程中，编者积极响应教育部重点布局战略性新兴交叉学科需求，实施数字赋能新工科建设行动，坚持“学生中心、问题导向、学科融合、创新实践”理念，实施网络空间安全人才反向设计，科学构建课程内容体系结构，将数据库原理与数据安全保障技术有机融合，让学生学好、用好交叉知识，培养出能在网络空间安全工程实践活动中不断创新的工程师，培养出复合型、多元化、能跨界思考的创新型人才。

本书从学生所要掌握的知识点出发，借鉴已有优秀教材的内容框架，合理安排章节，体系完整、内容翔实，理论与实践结合紧密，每章后面都配有习题。本书具有以下特色。

1）结合实际数据库系统案例，讲述数据库基本原理，运用所学知识解决数据库安全问题。本书内容涵盖的适量科学前沿知识，可使学生能无缝对接产业，引领未来，清楚自己的专业定位和使命担当。

2）本书结合编者的教研经历和工程设计经验，着重从实用化的角度阐述数据库原理、数据安全保障要求、数据安全应用技术，使读者能够全面掌握数据库系统原理与安全保障技术。

3）本书内容注重多学科交叉融合；注重理论与工程实践相融合；注重科研教学相融合；考虑普及性，强调实用性，力求“通用、易用、实用”。

4）本书编写团队具有丰富的教学与科研经历，已经形成了较好的教学积累（讲义、课件、习题）、工程技术积累（项目与工程实践案例、企业数据库安全产品），为编写本书提供了大量的素材。

本书由林大辉、陈秋妹担任主编，林大启、纪祥敏、刘秀玲、林要华担任副主编。其中，第 1、8、11、13 章由林大辉编写，第 2、3 章和第 4 部分上机实验由陈秋妹编写，第 4、9 章由刘秀玲编写，第 5、6 章由林要华编写，第 7、10 章由纪祥敏编写，第 12、14 章由林大启编写，全书由林大辉统稿。

本书出版获得了福建农林大学出版基金资助，在此感谢所有关心、支持本书编写和出版的单位和人员。

感谢科学出版社对本书的大力支持，感谢各位编辑、排版、设计人员！

感谢福建国科信息科技有限公司、福建大鼎网安集团有限公司、北京安华金和科技有限公司等公司对本书的大力支持。

感谢家人，是他们的支持和鼓励使本书得以顺利完成。

本书还参考了相关文献和网络资源，在此对这些资料的编著者们表示衷心感谢！

借此机会，还要感谢多年来对我们教诲的所有良师益友及教学团队成员的支持帮助。

限于编者水平和所涉及知识范畴，加之时间仓促，书中难免有疏漏与不妥之处，恳切希望各位读者批评指正。如果您有更多宝贵的建议或意见，欢迎发送邮件至lindahui@fafu.edu.cn，我们很期待能得到您的真挚反馈。

编　者

2022 年 11 月于福州

目　录

CONTENTS

第1部分　数据库基本原理

第 2 部分　数据库安全

第 3 部分 数据库系统开发

第 4 部分 上机实验

第 1 部分

数据库基本原理

第1章 绪　论

本章要点

- 数据管理技术的发展
- 数据库系统的概念及组成
- 数据模型的概念及分类
- E-R 模型

数据库技术是20世纪60年代后期产生和发展起来的，是利用计算机来管理数据的一项技术，它的出现使计算机应用渗透到社会的各个领域。在现代信息社会中，数据库技术已成为现代信息技术的重要组成部分，是现代计算机信息系统和计算机应用系统的基础和核心。同时，数据库的建设规模、使用水平已成为衡量一个国家信息化程度的标志。

本章主要介绍数据管理技术的发展、数据库系统的相关概念和数据模型的基本概念，为进一步学习与使用数据库打下必要的基础。

1.1 数据管理技术

进入现代信息社会，数据库系统已成为人们生活和工作的重要组成部分。例如，到超市购物、到银行办理业务、到图书馆借阅图书、到学校学籍及成绩管理系统中查询学籍信息、到网络查询下载资料或网上购物等，这些应用都与数据库有关。数据库系统把相关的数据按照某种结构组合为一个整体，即数据库，再通过一个专门软件对其进行管理和控制，同时为用户提供相应的应用界面。

1.1.1 信息和数据

信息（information）是现实世界中各种事物的特征及其联系等在人脑中的反映，是经过加工后的客观事物反映的数据表现形式。信息可能对人类的行为产生影响，具有潜在或明显的实际应用价值。

数据（data）是指能够被计算机存储和识别的物理符号，是信息的符号化表示，是信息的媒体。数据是数据库中存储的基本对象，包括数值型数据和非数值型数据。数值型数据以数字表示信息；而非数值型数据以符号及其组合表示信息，如字符、文字、声音、动画、图表、图形、图像等均属于非数值型数据。

数据是人类社会发展的一种重要的信息资源，如何有效地保存和科学地管理这些数据是人们长期以来一直关心的课题，相关研究层出不穷，促进了数据管理技术的发展。**数据管理**是指对数据进行分类、组织、编码、存储、检索和维护等一系列活动的总称，是数据处理的中心环节。数据管理技术可根据提供的数据独立性、共享性、冗余度、安全性、完整性及存取方式等水平的高低划分为人工管理阶段、文件系统阶段、数据库系统阶段。

1.1.2 数据管理技术的发展

1. 人工管理阶段

在这一阶段（20 世纪 50 年代中期以前），计算机主要用于科学计算。当时，外部存储器只有纸带、卡片、磁带等，还没有磁盘等直接存取的存储设备，数据不能保存在计算机内；软件没有现在的操作系统和管理数据等专门软件；数据处理方式基本上是批处理；数据是面向应用程序的，一组数据只能对应一个应用程序。因此，数据不具有独立性，数据不能共享，冗余度大。这一阶段应用程序与数据的关系如图 1.1 所示。

2. 文件系统阶段

在这一阶段（20 世纪 50 年代后期到 20 世纪 60 年代中期），计算机不仅用于科学计算，还用于信息管理。随着数据量的增加，数据的存储、检索和维护问题成为紧迫的需要，数据结构和数据管理技术迅速发展起来。这时，硬件领域出现了如磁盘、磁鼓等直接存取的存储设备，数据可以长期保存在磁盘上；软件领域出现了高级语言和操作系统，出现了文件管理方式。数据处理的方式有批处理，也有联机实时处理。应用程序是通过文件管理系统来处理数据的，但由于各数据文件之间没有直接联系，因此数据文件仍然面向应用程序，应用程序与数据库之间的耦合性强、独立性差，不同程序很难共享同一数据文件，共享性差。这一阶段应用程序与数据的关系如图 1.2 所示。

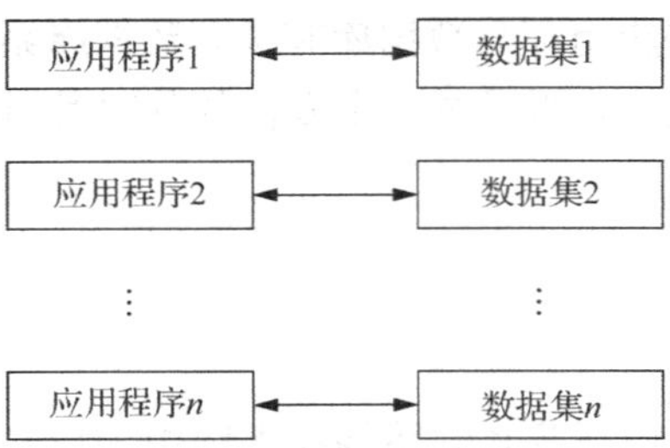

图 1.1 人工管理阶段应用程序与数据的关系

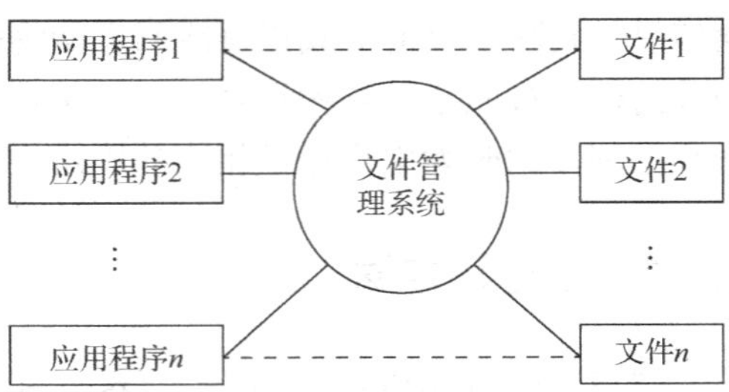

图 1.2 文件系统阶段应用程序与数据的关系

3. 数据库系统阶段

随着数据管理规模的一再扩大，数据量急剧增加，应用需求也越来越广泛，文件系统管理方式已不能满足应用需求，故出现了数据库系统管理方式。数据管理技术进入数据库系统阶段的标志是20世纪60年代末发生的3件大事：

1）1968年，美国IBM公司推出采用层次模型实现的IMS（information management system，信息管理系统）。

2）1969年10月，美国数据系统语言协会（conference on data system language，CODASYL）的数据库任务组（data base task group，DBTG）发表了关于网状模型的DBTG报告，并于1971年获得通过。

3）1970年，美国IBM公司的Codd（科德）连续发表论文，提出关系模型，奠定了关系数据库的理论基础。

从20世纪70年代以来，计算机软、硬件技术得到空前的发展，数据库技术也得到迅速发展。这时，数据不再是面向某一个应用而是面向整个系统，应用程序是通过专门的软件［数据库管理系统（database management system，DBMS）］来处理数据库中的数据，如图1.3所示。

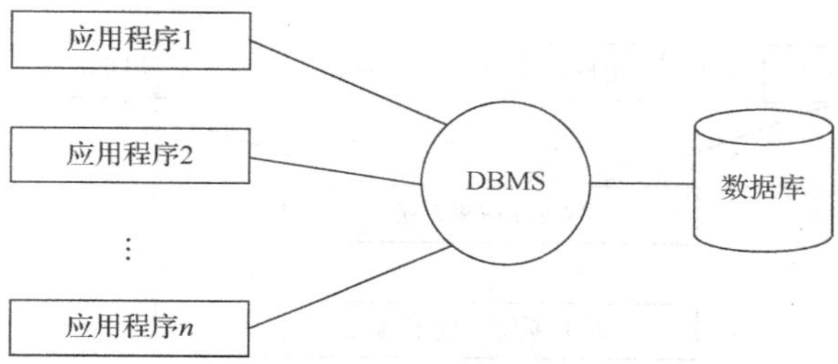

图1.3 数据库系统阶段应用程序与数据的关系

数据库系统克服了文件系统的缺陷，提供了对数据更高级有效的管理。概括起来，数据库系统阶段具有以下特点。

（1）数据结构化

数据库系统实现了整体数据的结构化，这是数据库的主要特征之一，也是数据库系统与文件系统的本质区别。在数据库系统中，数据不再针对某一应用，而是面向全组织，具有整体的结构化。它不仅存储具体数据，还存储数据的具体含义。

（2）数据的共享性高、冗余度低、易扩充

由于数据面向整个系统，是有结构的数据，因此不仅可以被多个用户、多个应用共享使用，而且容易扩充新的应用，适应各种用户的需求。数据共享可以大大减少数据冗余，还能够避免数据之间的不相容性与不一致性。

（3）数据的独立性强

数据独立性是指应用程序和数据相互独立。由于应用程序通过DBMS访问数据，即使数据的结构改变，应用程序也可以不变。数据结构分为逻辑结构和物理结构，数据独立性也分为逻辑独立性和物理独立性。

（4）数据由DBMS统一管理和控制

数据库的共享是并发的共享，即多个用户可以同时存取数据库中的数据，甚至可以同时存取数据库中的同一个数据。为此，DBMS还必须提供数据控制功能：数据的安全性保护、数据的完整性检查、并发控制和数据库恢复。

1.2 数据库系统的组成和结构

数据库系统（database system，DBS）是一个整体的概念，它是实现有组织地、动态地存储大量相关的结构化数据，方便各类用户使用数据库的计算机软件、硬件资源的集合。

1.2.1 数据库系统的组成

一般而言，数据库系统是指在计算机系统中引入数据库后的系统，其主要包括数据库（database，DB）、DBMS、数据库应用系统、数据库用户及开发环境等。它们的关系如图 1.4 所示。

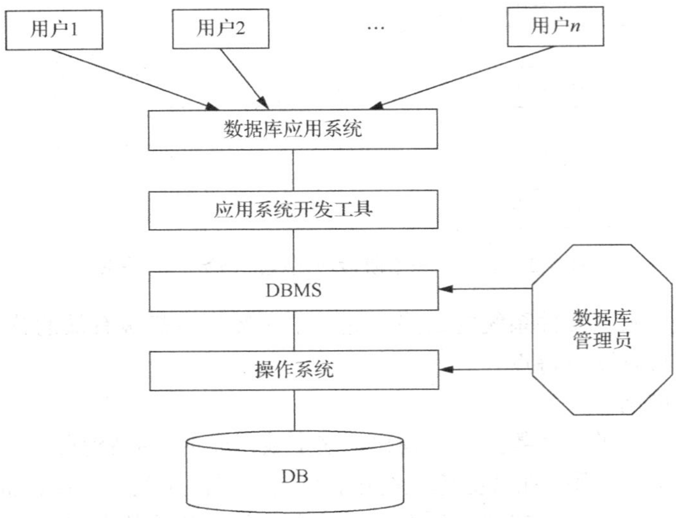

图 1.4 数据库系统结构

1. 数据库

通俗地说，数据库就是存放数据的仓库，但其所存放的数据并不是杂乱无章的，而是有结构、有组织的。严格地说，数据库是指长期存储在计算机内部的、有组织的、可共享的、统一管理的相关数据的集合。

2. DBMS

DBMS 是位于用户与操作系统之间的一层数据管理软件。它为用户或应用程序提供访问和管理数据库的方法，包括数据库的建立、查询、更新及各种数据控制。从某种意义上说，DBMS 也是用户与数据库之间的接口。例如，Access、SQL Server、Oracle、MySQL、DM（达梦）、OceanBase 等都是数据库管理系统。

DBMS 的主要功能包括以下几个方面。

1）数据库的定义功能：DBMS 提供了数据定义语言（data definition language，DDL），用户通过 DDL 可以方便地对数据库中的数据对象进行定义和维护。

2）数据库的操纵功能：DBMS 提供了数据操纵语言（data manipulation language，DML），用户可以使用 DML 实现对数据库中的数据操作。基本的数据操作有两类：检索（查询）和更新（包括插入、修改和删除）。因此，在 DBMS 中应包括 DML 的编译程序或解释程序。

3）数据库的保护功能：DBMS 对数据库运行的控制主要通过数据的安全性、完整性、故障恢复和并发操作 4 方面来实现。

① 安全性实质上就是防止未被授权者非法存取数据库中的数据。

② 完整性是指数据的有效性、正确性和相容性，即保证进入数据库中的数据应满足一定的约束条件。

③ 故障恢复是指数据库系统在运行过程中可能遭到破坏，通过 DBMS 提供的数据恢复机制，把数据库从被破坏的状态恢复到破坏前的状态。

④ 并发操作是指当多个用户同时操作同一数据时，由 DBMS 提供的并发操作控制手段，防止出现因并发操作所带来的数据不一致问题。

4）数据库的建立与维护功能：包括数据库初始数据的输入、转换功能，数据库的转储、恢复功能，数据库的重组织功能，性能监视和分析功能等。

3. 数据库应用系统

数据库应用系统是指系统开发人员利用数据库系统资源开发的面向某一类实际应用的软件系统，如学籍管理系统、人事管理系统、财务管理系统、图书管理系统等。

4. 数据库用户

数据库用户是指开发、管理和使用数据库系统的人员，主要包括数据库管理员（database administrator，DBA）、系统分析员、数据库设计人员、应用程序员和最终用户。不同的人员涉及不同的数据抽象级别，具有不同的数据视图，如图 1.5 所示。

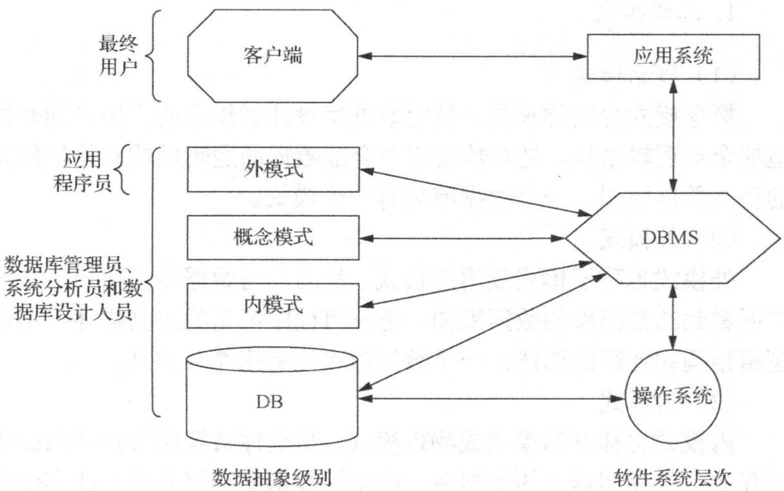

图 1.5　各类人员对应的数据视图

1.2.2 数据库系统的结构

数据库系统是一个多级结构，既方便用户存储数据，又能高效地组织数据。数据库系统是数据库系统的一个总框架，现有的数据库系统体系结构是三级模式和二级映射结构，如图 1.6 所示。

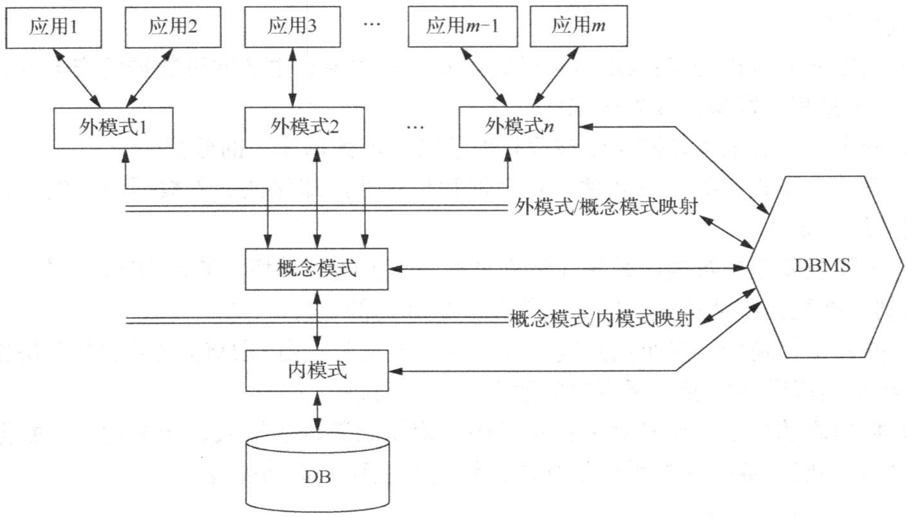

图 1.6 数据库系统的体系结构

数据库系统的三级模式由外模式、概念模式和内模式组成。DBMS 提供相应的描述语言（如 DDL）来严格定义这三级模式。

1. 三级模式

（1）概念模式

概念模式也简称模式，是由数据库设计者综合所有用户的数据，按照统一的观点构造的全局逻辑结构，是对数据库中全部数据的逻辑结构和特征的总体描述，是所有用户的公共数据视图。一个数据库只有一个模式。

（2）外模式

外模式也称子模式或用户模式，是用户与数据库的接口，是某个或某几个数据库用户所看到的数据库的数据视图，是应用程序可见的数据描述，是对数据库中局部数据的逻辑结构和特征的描述。一个数据库可以有多个外模式。

（3）内模式

内模式也称存储模式或物理模式，是全体数据库数据的内部表示或底层描述，是真正存放在外存储器上的数据库，描述了数据在存储介质上的存储结构和存取方式。一个数据库只有一个内模式。

2. 模式间的映射

数据库系统的三级模式对应着数据的 3 个抽象级别，为了能够在内部实现这 3 个抽象层次的联系和转换，DBMS 在三级模式之间提供了二级映射功能，这个二级映射保证了数据库系统中的数据具有较高的逻辑独立性和物理独立性，从而也保证了数据的共享。

（1）外模式/概念模式映射

应用程序是依据外模式编写的，当概念模式发生改变时，由 DBA 通过对各个外模式到概念模式的映射做相应的改变，可以使外模式保持不变，从而不必修改应用程序，保证了数据和程序的逻辑独立性，简称数据的**逻辑独立性**。

（2）概念模式/内模式映射

当数据库的存储结构发生改变时，由 DBA 通过修改内模式到概念模式映射，可以使概念模式保持不变，使应用程序不受影响，保证了数据和程序的物理独立性，简称数据的**物理独立性**。

1.3 数据模型

数据模型（data model）是对现实世界数据特征的抽象。数据模型是工具，是用来抽象、表示和处理现实世界中的数据和信息的工具。数据模型主要包括层次模型、网状模型、关系模型和面向对象模型等。

1.3.1 从现实世界到数据世界

目前，任何一种科学技术手段都不可能将现实世界进行原样复制和管理，只能从现实世界中抽取事物的某些局部要素，构造反映事物的本质特征及其内在联系的模型，帮助人们理解和表述数据处理的静态性和动态性特征。

同样，要把现实世界中客观的事物及其联系转换成能被计算机处理的数据，也是一个从现实世界的事物出发，经过人们的抽象，以获得人们所需要的概念模型和数据模型的过程。信息在这一过程中经历了 3 个不同的世界，即现实世界、信息世界（概念模型）和数据世界（逻辑模型或物理模型），其抽象和转换过程如图 1.7 所示。

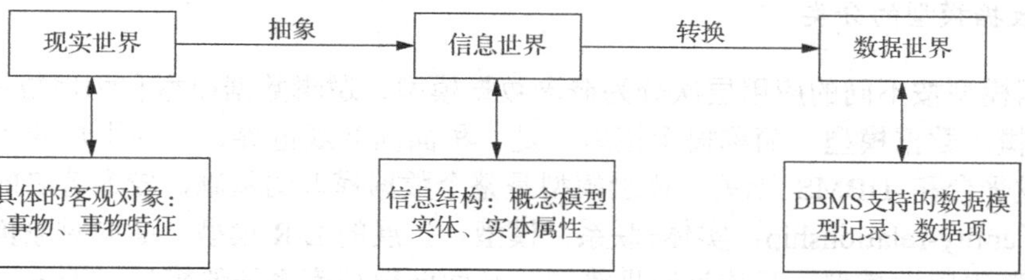

图 1.7 从现实世界到数据世界的转换过程

数据在每一个领域都有其对应的概念和术语。

1. 现实世界

现实世界是指客观存在的事物及其联系。在现实世界中，客观存在并可以区分的事物称为个体，个体的总和称为总体。个体与个体之间相区别的特征称为特性。在现实世界，事物内部和事物之间存在的相关性称为联系。

2. 信息世界

信息世界又称为概念世界，是指现实世界的客观事物经人们的综合分析后，在头脑中形成的印象与概念。现实世界中的个体在概念世界中称为实体。概念世界不是现实世界的简单映像，而是经过选择、命名、分类等抽象过程产生的概念模型。或者说，概念模型是对信息世界的建模。

3. 数据世界

数据世界又称机器世界。因为一切信息最终是由计算机进行处理的，所以进入计算机的信息必须是数字化的。由信息世界进入数据世界后，相应于信息世界的实体和属性等在数据世界中要进行数据化表示。例如，每一个实体在数据世界中称为记录，相应的属性称为数据项或字段，相应的实体集称为文件。

信息在现实世界、信息世界和数据世界的对应关系如表 1.1 所示。

表 1.1 信息在 3 个世界的对应关系

现实世界	个体	特性或特征	总体	个体间的联系	客观事物及联系
信息世界	实体	属性	实体集	实体间的联系	概念模型
数据世界	记录	数据项	数据或文件	数据间的联系	逻辑模型或物理模型

1.3.2 数据模型的概念

为了有效地实现对数据的管理，必须使用一定的结构来组织和存储数据，并且需要一种方法来建立各种类型之间的联系。我们把表示实体类型及实体之间联系的模型称为数据模型。

1. 数据模型的分类

数据模型按不同的应用层次分为概念数据模型、逻辑数据模型和物理数据模型。

1）概念数据模型：简称概念模型，是一种面向客观世界、面向用户的模型，与具体的开发平台和 DBMS 无关。概念模型是整个数据模型的基础，较为著名的概念模型有 E-R（entity-relationship，实体-联系）模型、扩展的 E-R 模型、面向对象模型等。

2）逻辑数据模型：又称为数据模型，是面向数据库系统的模型，着重于在数据库系统一级的实现。较为成熟的数据模型有层次模型、网状模型、关系模型和面向对象模型等。

3）物理数据模型：又称为物理模型，是面向计算机内部物理表示的模型。

2. 数据模型的三要素

数据模型描述的内容包括数据结构、数据操作和数据约束3部分。

1）数据结构。数据结构主要描述数据的类型、内容、性质和数据之间的联系等。数据结构是数据模型的基础，数据操作和数据约束建立在数据结构的基础之上。

2）数据操作。数据操作主要描述在相应数据结构上的操作类型和操作方式。数据库的操作主要有检索和更新两大类。

3）数据约束。数据约束是一组完整性规则的集合，主要描述数据结构内部数据间的语法、语义联系，它们之间的制约与依存关系，以及数据动态变化的规则，以确保数据库中数据的正确性、有效性和相容性。

1.3.3 E-R 模型

概念模型是现实世界到信息世界的第一层抽象，是现实世界到数据世界的一个中间层次。概念模型是数据库设计的有力工具，是数据库设计人员与用户之间进行交流的语言。描述概念模型的方法很多，目前较为常用的方法是陈品山于1976年提出的E-R方法（entity-relationship approach），又称E-R图法。E-R图法是用来表示实体型、属性和联系的方法。在E-R图中，用矩形框表示实体（entity），用椭圆形框表示属性（attribute）（其中带有下划线的属性为该实体的码），用菱形框表示联系（relationship），框内填入相应的名称，实体与属性及实体与联系之间用无向直线连接，如图1.8所示。

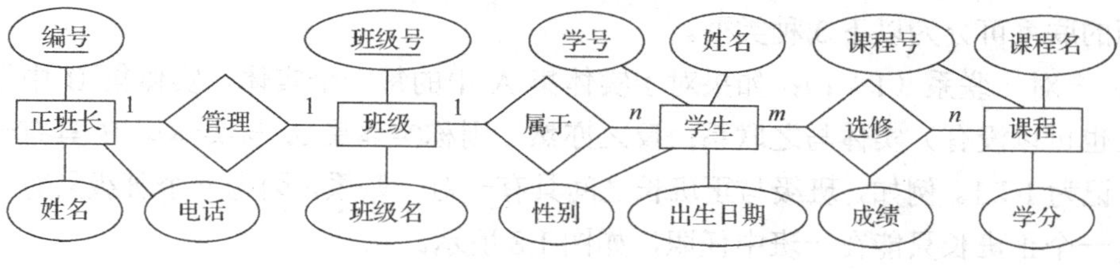

图1.8 E-R图

1. 实体

实体是指客观存在的且可以相互区分的事物。实体可以是实际事物，也可以是抽象事件。例如，一名教师、一名学生、一个部门等属于实际事物，一次选课、一次借书、一场比赛是比较抽象的事件。同一类实体的集合称为实体集，如全体学生的集合、所有课程的集合等。

2. 属性

属性是指实体所具有的某一特性。一个实体可以由若干个属性来描述。例如，学生实体可用学号、姓名、性别、出生日期、专业等属性来描述。

3. 键

键（key）即关键字，又称为**码**，是可以唯一地标识每个实体的一个或者多个属性的集合。例如，学号对于学生来说是唯一的，所以学号可以作为学生实体的键（或码）。

4. 域

一个属性的取值范围称为该属性的域（domain），即**值域**。例如，对成绩这个域，其取值范围为 0～100。

5. 实体型

实体型是指用实体名和实体属性名的集合来共同刻画同一类实体。凡是具有相同属性的实体都将被归结为一类，它们有共同的特征和属性。例如，学生（学号，姓名，性别，出生日期）是一个实体型。

6. 实体集

实体集就是具有相同类型及相同属性的实体的集合。例如，所有的学生组成的集合称为学生实体集。

7. 联系

实体集之间对应的关系称为**联系**，它反映现实世界事物之间的相互关联。两个实体集之间的联系可分为以下 3 种类型。

1）一对一联系（1∶1）：如果对于实体集 A 中的每一个实体，实体集 B 中至多有一个（也可以没有）实体与之联系；反之亦然，则称实体集 A 与实体集 B 具有一对一联系，记为 1∶1。例如，班级与正班长之间具有一对一联系，因为一个班级只有一个正班长，一个正班长只能在一班中任职，如图 1.8 所示。

2）一对多联系（1∶n）：如果对于实体集 A 中的每一个实体，实体集 B 中有 n（$n \geqslant 0$）个实体与之联系；反之，对于实体集 B 中的每一个实体，实体集 A 中至多只有一个实体与之联系，则称实体集 A 与实体集 B 具有一对多联系，记为 1∶n。例如，班级与学生之间具有一对多联系，因为一个班级中有若干个学生，而每个学生只能在一个班级中学习，如图 1.8 所示。

3）多对多联系（m∶n）：如果对于实体集 A 中的每一个实体，实体集 B 中有 n（$n \geqslant 0$）个实体与之联系；反之，对于实体集 B 中的每一个实体，实体集 A 中有 m（$m \geqslant 0$）个实体与之联系，则称实体集 A 与实体集 B 具有多对多联系，记为 m∶n。例如，学生与课程之间具有多对多联系，因为一个学生可同时选修多门课程，一门课程可同时被多个学生选修，同时每个学生选修每一门课程且通过考试后都有一个成绩，因此，“成绩”是“选修”的属性，即联系也可以有属性，如图 1.8 所示。

1.3.4 常用的数据模型

每个数据库管理系统都是基于某种数据模型的。在目前的数据库领域中，常用的数据模型有层次模型、网状模型、关系模型等。

1. *层次模型*

层次模型是最早发展起来的数据模型，其把客观问题抽象为一个严格的自上而下的层次关系。层次模型是用树形结构表示各实体及实体间联系的模型。它具有以下特点：①有且仅有一个节点无父节点，称此节点为根节点；②其他子节点有且仅有一个父节点。因此，在层次模型中只能反映实体间一对一和一对多联系。现实世界中许多实体间存在着自然的层次关系，如组织机构、家庭关系和物品分类等。

2. *网状模型*

网状模型的数据结构是一个网络结构，其基本特征是：①可以有一个以上的节点无父节点，即有多个根节点；②一个子节点可以有多个父节点。与层次模型不同，网状模型中的任意节点间都可以有联系，适用于表示多对多联系，因此网状模型更具有普遍性。

3. *关系模型*

1970年美国IBM公司San Jose研究室的研究员E.F.Codd首次提出了关系数据模型，从此开始了数据库关系方法和关系数据理论的研究，为数据库技术奠定了坚实的理论基础。由于E.F.Codd的杰出工作，他于1981年获得ACM图灵奖。关系模型是目前最为重要的一种数据模型。

与层次模型和网状模型相比，关系模型的特点如下：①关系模型的数据结构单一，即不管是实体还是实体间的联系都用关系（二维表）来表示；②关系模型建立在严格的数学概念基础上，具有坚实的理论基础；③关系模型还将数据定义和数据操纵统一在一种语言中，易学易用。现在流行的数据库管理系统绝大多数支持关系模型，如Access、SQL Server、Oracle、MySQL、DM、OceanBase等。

1.4 习 题

1. 简述数据处理和数据管理的区别。
2. 简述数据管理技术的发展过程。
3. 简述数据库、数据库管理系统、数据库应用系统的概念。
4. 简述数据库系统的组成及特点。
5. 简述数据模型的三要素。
6. 简述实体、属性、联系的概念，试举例说明。
7. 常用的数据模型有哪些？分别有什么特点？

第2章 关系数据库

本章要点

- 关系数据结构中相关的形式化定义
- 关系数据模型的基本概念
- 关系代数
- 关系完整性

关系数据库是目前各类数据库中最重要、最流行的数据库之一，其应用数学方法来处理数据库数据，是目前使用最广泛的数据库系统之一。本章将对关系数据库所采用的关系模型的数据结构、数据操作、数据完整性做详细介绍。

2.1 关系模型的数据结构和基本概念

关系数据库的数据组织方式是关系数据模型，一个关系可看作一个二维表，由表示实体的若干行和表示实体属性的若干列组成。可以用数学语言将关系定义为元组的集合。关系有“型”和“值”之分，关系模式是对关系的型（关系数据结构）的描述，关系可看作按关系的型填充所得到的值。一般来说，关系模式是稳定的，而关系本身却会跟随着所描述的客观事物的变化而不断变化。

2.1.1 关系数据结构及其形式化定义

1. 域

定义：域是一组具有相同数据类型的值的集合。

2. 笛卡儿积

定义：设 $D_1,D_2,D_3,\cdots,D_n$ 为任意集合，定义 $D_1,D_2,D_3,\cdots,D_n$ 的笛卡儿积为 $D_1\times D_2\times D_3\times\cdots\times D_n=\{(d_1,d_2,d_3,\cdots,d_n)[d_i\in D_i，i=1,2,3,\cdots,n]\}$。

其中，每一个元素 $(d_1,d_2,d_3,\cdots,d_n)$ 称为一个 n 元组（n-tuple）或简称为元组（tuple），每一个值 d_i 称为一个分量（component）。若 $D_i(i=1,2,3,\cdots,n)$ 为有限集，其基数（cardinal number）为 $m_i(i=1,2,3,\cdots,n)$，则 $D_1\times D_2\times D_3\times\cdots\times D_n$ 的基数 M 为 $M=\prod_{i=1}^{n}m_i$。

笛卡儿积可以用二维表来表示。

例如，$D_1=\{0,1\}$，$D_2=\{a,b,c\}$，则 $D_1\times D_2=\{(0,a), (0,b), (0,c), (1,a), (1,b), (1,c)\}$ 用二维表来表示，如图 2.1 所示。

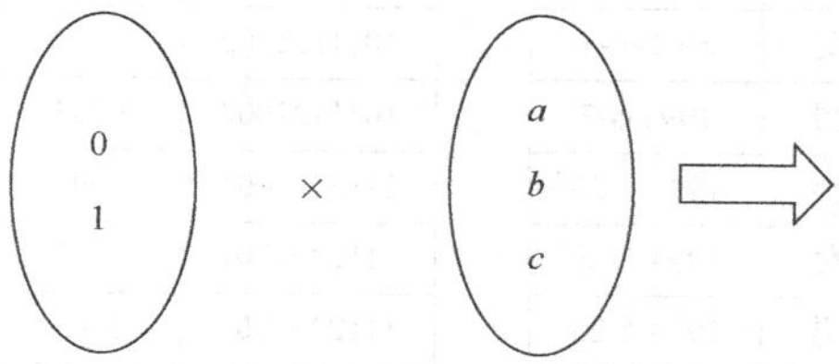

D_1	D_2
0	a
0	b
0	c
1	a
1	b
1	c

图 2.1　笛卡儿积

3. 关系的形式化定义及相关名词

定义：$D_1\times D_2\times D_3\times\cdots\times D_n$ 的子集称为在域 $D_1, D_2, D_3, \cdots, D_n$ 上的关系，记作：$R(D_1, D_2, D_3, \cdots, D_n)$，称关系 R 为 n 元关系。

目或度（degree）：R 表示关系的名字，n 是关系的目或度。

候选码（candidate key）：若关系中的某一属性组的值能唯一地标识一个元组，且其真子集不能唯一地标识一个元组，则称该属性组为候选码，也称**候选键**。

主码（primary key）：若一个关系有多个候选码，则选定其中一个为主码，主码也称为**主键**。候选码中的属性称为**主属性**（prime attribute），不包含在任何候选码中的属性称为**非主属性**（non-prime attribute）。关系模型的所有属性组是该关系模式的候选码，称为全码（all-key）。

定义：关系的描述称为关系模式（relation schema），可以形式化地表示为

$$R(U,D,\text{dom},F)$$

其中，R 为关系名；U 为组成该关系的属性名集合；D 为属性的域；dom 为属性向域的映像集合；F 为属性间数据的依赖关系集合。

通常将关系模式简记为

$$R(U)\text{或} R(A_1, A_2, A_3, \cdots, A_n)$$

其中，R 为关系名；$A_1, A_2, A_3, \cdots, A_n$ 为属性名。域名、属性向域的映像常常直接说明属性的类型、长度。

2.1.2　关系数据模型的基本概念

在关系数据模型中，数据结构用二维表结构来表示实体及实体间的联系，如图 2.2 所示。

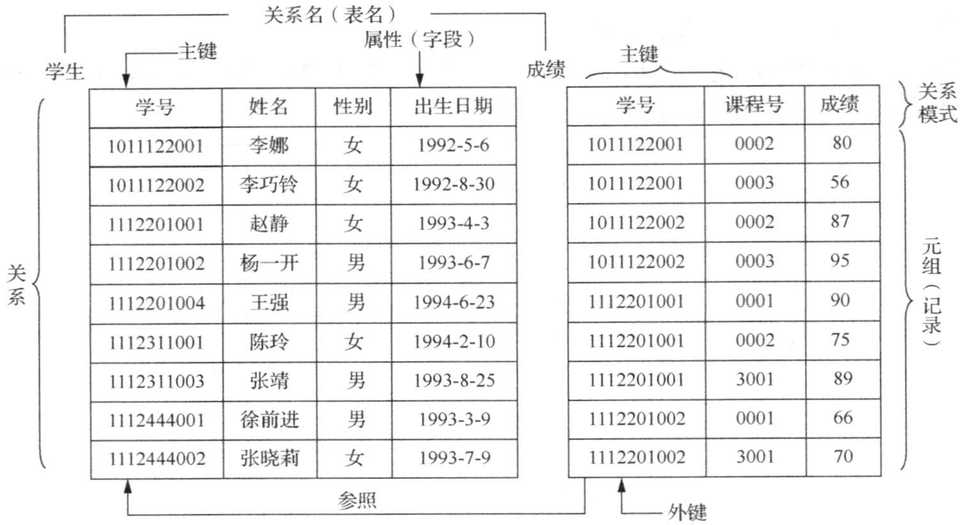

学号	姓名	性别	出生日期
1011122001	李娜	女	1992-5-6
1011122002	李巧铃	女	1992-8-30
1112201001	赵静	女	1993-4-3
1112201002	杨一开	男	1993-6-7
1112201004	王强	男	1994-6-23
1112311001	陈玲	女	1994-2-10
1112311003	张靖	男	1993-8-25
1112444001	徐前进	男	1993-3-9
1112444002	张晓莉	女	1993-7-9

学号	课程号	成绩
1011122001	0002	80
1011122001	0003	56
1011122002	0002	87
1011122002	0003	95
1112201001	0001	90
1112201001	0002	75
1112201001	3001	89
1112201002	0001	66
1112201002	3001	70

图 2.2　关系模型的数据结构示例

1. 关系

在关系模型中，一个关系就是一张二维表，每个关系有一个关系名。例如，图 2.2 中含有两张表，即两个关系：学生和成绩。

2. 属性

表中的一列称为一个属性，有的数据库也将其称为字段，列名称为属性名，列值称为属性值。例如，在图 2.2 中，学生表关系的属性有学号、姓名、性别和出生日期。

3. 元组

表中的一行称为一个元组，一个元组对应数据表中的一条记录，元组的各分量分别对应于关系的各个属性。关系模型要求每个元组的每个分量都是不可再分的数据项。例如，在图 2.2 所示的学生表中，（1011122001，李娜，女，1992-5-6）就是一个元组，“1011122001”“李娜”“女”“1992-5-6”都是它的分量。

4. 域

域是指属性的取值范围。例如，学生“成绩”只能在 0～100 取值，“性别”的取值只能是“男”或“女”。

5. 关键字

关键字也简称为键（码），在一个关系中，若一个属性或属性组的值能够唯一标识一个元组，则称其为关键字。例如，“学生”表中的“学号”属性值可以唯一确定一个学生，因此“学号”可以作为“学生”表的关键字；而在“成绩”表中必须以“学号”与“课程号”两个属性的组合才能作为关键字。

6. 主键

一个关系中可能存在多个关键字，可选择其中一个关键字作为该关系的主键（主码）。

7. 外键

若属性 K 在关系 R 中不是主键，或只是主键的一部分，但属性 K 在关系 S 中却是主键，则属性 K 是关系 R 相对于关系 S 的外键（外码）(foreign key)。例如，图 2.2 所示成绩表中的“学号”就是“成绩”表相对于“学生”表的外键。

8. 主属性和非主属性

关系中包含在任何一个候选键中的属性称为主属性，不包含在任何一个候选键中的属性称为非主属性。

9. 关系模式

关系的描述称为关系模式，一般表示为

关系名（属性名 1，属性名 2，…，属性名 n）

例如，“学生”关系模式可描述为（其中带下划线的为主键）

学生（<u>学号</u>，姓名，性别，出生日期）

在关系数据库中，关系模式是型，关系是值，关系模式是静态的，关系是关系模式在某一时刻的状态或内容，关系是动态的。

2.1.3 关系的性质

严格地说，关系是一种规范化的二维表。作为关系的二维表必须满足下列性质：

1）关系中的每个属性必须是不可再分的，即不允许“表中套表”。

2）关系中不允许出现两个完全相同的元组。

3）不考虑元组之间的顺序，即行的次序无关紧要。

4）同一属性下的各个属性值必须来自同一个域，是同一类型的数据。

5）不同属性列可以出自同一个值域，但在同一个关系中不能有相同的属性名。

6）关系中属性的次序可以任意交换，不改变关系的实际意义。

2.1.4 关系模型的优缺点

关系模型具有许多优点，主要如下：

1）关系模型与非关系模型不同，它是建立在严格的数学概念的基础上的。

2）关系模型的概念单一。不论实体还是实体之间的联系都用关系来表示，对数据的检索和更新结果也是关系（表）。

3）数据结构简单、清晰，用户易理解。

4）关系模型的存取路径对用户透明，从而具有更高的数据独立性、更好的安全保密性，也简化了程序员的工作和数据库开发建立的工作。

当然，关系数据模型也有缺点，其中最主要的缺点是由于存取路径对用户透明，查询效率往往不如非关系数据模型。因此，为了提高性能，DBMS 必须对用户的查询请求进行优化，这样就增加了开发 DBMS 的难度。不过，用户不必考虑这些系统内部的优化技术细节。

2.2 关系代数

关系代数是以集合代数为基础发展起来的。在关系代数的操作中，其操作对象和操作结果均是关系。关系代数是一种抽象的查询语言，是关系数据操纵语言的一种传统表达方式，其通过对关系的操作来表达查询。

关系运算符有 4 类：集合运算符、专门的关系运算符、比较运算符和逻辑运算符，如表 2.1 所示。

表 2.1 关系运算符

运算符		含义	运算符		含义
集合运算符	$\cup$ $-$ $\cap$	并 差 交	比较运算符	$>$ $\geqslant$ $<$ $\leqslant$ $=$、$\neq$	大于 大于等于 小于 小于等于 等于、不等于
专门的关系运算符	$\times$ σ π $\bowtie$ $\div$	笛卡儿积 选择 投影 连接 除	逻辑运算符	$\neg$ $\wedge$ $\vee$	非 与 或

根据运算符的不同，关系代数运算可分为传统的集合运算和专门的关系运算。

2.2.1 传统的集合运算

传统的集合运算是从关系的水平方向进行的，主要包括并（union）、差（difference）、交（intersection）及广义笛卡儿积（extended Cartesian product）。其中，并、交、差运算要求 R 与 S 必须具有相同的属性集。

1. 并

关系 R 与 S 并的结果是 R 和 S 中所有元组的集合，其中重复元组只保留一个，记作：

$$R \cup S = \{t \mid t \in R \vee t \in S\}$$

2. 差

关系 R 与 S 差的结果由属于 R 但不属于 S 的所有元组组成，记作：

$$R-S=\{t\,|\,t\in R\wedge t\notin S\}$$

3. 交

关系 R 与 S 交的结果是 R 和 S 中都具有的元组集合，记作：

$$R\cap S=\{t\,|\,t\in R\wedge t\in S\}$$

4. 广义笛卡儿积

两个分别为 n 目和 m 目的关系 R 和 S 的广义笛卡儿积是一个（$n+m$）列的元组的集合。元组的前 n 列是关系 R 的一个元组，后 m 列是关系 S 的一个元组。若 R 有 K_1 个元组，S 有 K_2 个元组，则 R 和 S 的广义笛卡儿积有 $K_1\times K_2$ 个元组，记作：

$$R\times S=\{\widehat{t_r t_s}\,|\,t_r\in R\wedge t_s\in S\}$$

2.2.2 专门的关系运算

专门的关系运算既可以从关系的水平方向进行运算，又可以从关系的垂直方向运算。

1. 选择

选择（selection）运算是从关系的水平方向进行运算，是从关系 R 中选择满足给定条件的元组，记作：

$$\sigma_F(R)=\{t\,|\,t\in R\wedge F(t)='\text{真}'\}$$

其中，F 为选择条件，它是一个逻辑表达式，取逻辑值“真”或“假”。

选择运算是从行的角度进行的运算，得到的新关系是原关系上的一个子集，其关系模式不变。例如，从学生表选择所有女生的元组（记录）信息。

2. 投影

投影（projection）运算是从关系的垂直方向进行运算，在关系 R 中选择出若干属性列组成新的关系，记作：

$$\pi_A(R)=\{t[A]\,|\,t\in R\}$$

其中，A 为 R 中的属性列。

投影运算是从列的角度进行的运算，得到的新关系的关系模式所包含的属性个数往往比原关系少，或者属性排列的顺序将有所不同，它也是原关系的一个子集。例如，从学生表列出学生的学号和姓名信息。

3. 连接

连接（join）分为 θ 连接、等值连接及自然连接 3 种，分述如下。

1）**θ连接**：从两个关系的笛卡儿积中选取属性间满足一定条件的元组，记作：

$$R \underset{A\theta B}{\bowtie} S = \{ \widehat{t_r t_s} \mid t_r \in R \wedge t_s \in S \wedge t_r[A]\theta t_s[B] \}$$

其中，θ 为比较运算符；A 和 B 分别为 R 和 S 上度数相等，且可比的属性组。

2）**等值连接**：当 θ 为“=”时，称之为等值连接，记作：

$$R \underset{A=B}{\bowtie} S = \{ \widehat{t_r t_s} \mid t_r \in R \wedge t_s \in S \wedge t_r[A] = t_s[B] \}$$

3）**自然连接**：一种特殊的等值连接，要求两个关系中进行比较的分量必须是相同的属性组，并且在结果中将重复属性列去掉。若 R 和 S 具有相同的属性组 B，则自然连接可以记作：

$$R \bowtie S = \{ \widehat{t_r t_s} \mid t_r \in R \wedge t_s \in S \wedge t_r[B] = t_s[B] \}$$

最常见的连接运算是自然连接，如从学生表和成绩表查询学生的学号、姓名、课程号和成绩信息。

若连接的关系个数不止两个，则可以先进行其中两个关系的连接运算，再用连接的结果与第 3 个关系连接。依此类推，整个连接过程是通过连接条件来控制的。

特别需要说明的是，一般连接是从关系的水平方向运算；而自然连接不仅要从关系的水平方向，而且要从关系的垂直方向运算。因为自然连接要去掉重复属性，如果没有重复属性，那么自然连接就转化为笛卡儿积。

4. 除

除（division）运算是同时从关系的水平方向和垂直方向进行运算。

给定关系 $R(X,Y)$和 $S(Y,Z)$，X、Y、Z 为属性组。$R \div S$ 应当满足元组在 X 上的分量值 x 的像集 Y_x 包含 S 在 Y 上投影的集合，记作：

$$R \div S = \{ t_r[X] \mid t_r \in R \wedge \pi_Y[S] \subseteq Y_x \}$$

其中，Y_x 为 x 在 R 中的像集，$x = t_r[X]$，且 $R \div S$ 的结果集的属性组为 X。

5. 需要注意的 4 个问题

1）关系代数的 5 个基本操作为并、差、笛卡儿积、投影和选择。其他操作都可以由这 5 个基本操作导出，因此它们构成了关系代数完备的操作集。

例如，两个关系 R 与 S 的交运算等价于：

$$R \cap S = R - (R - S) \text{ 或 } R \cap S = S - (S - R)$$

所以，交运算不是一个独立的运算。

2）关系代数在使用过程中，对于只涉及选择、投影、连接的查询可用如下表达式表示：

$$\pi_{A_1,\cdots,A_K}(\sigma_F R \bowtie S) \text{或} \pi_{A_1,\cdots,A_K}(\sigma_F(R \times S))$$

3）对于否定操作，一般要用差操作表示。例如，不学“操作系统”课的学生姓名，通常不要用如下形式表示：

$$\pi_{\text{Sname}}(\sigma_{\text{Cname} \neq \text{'操作系统'}}(S \bowtie SC \bowtie C))$$

采用如下形式：

$$\pi_{\text{Sname}}(S)-\pi_{\text{Sname}}(\sigma_{\text{Cname='操作系统'}}(S \bowtie SC \bowtie C))$$

4）对于检索具有全部特征的操作，一般要用除法操作表示。例如，查询选修全部课程的学生学号，通常不要用如下形式表示：

$$\pi_{\text{Sno,Cno}}(SC \div \pi_{\text{Cno}}(C))$$

采用如下形式：

$$\pi_{\text{Sno,Cno}}(SC) \div \pi_{\text{Cno}}(C)$$

在对关系数据库的操作中，利用关系模型的选择、投影和连接 3 种基本运算，就可以快速地从一个或多个关系表中获取所需的数据，运算结果也是一个关系。

2.2.3 关系演算

关系演算分为元组演算和域演算，下面分别介绍。

1. 元组演算

在元组演算中，其元组表达式中的变量是以元组为单位的，其一般形式如下：

$$\{t \mid P(t)\}$$

其中，t 为元组变量；$P(t)$为关系演算公式。

将 5 种基本的关系运算用元组演算表达式表示如下。

1）并：

$$R \cup S=\{t \mid R(t) \vee S(t)\}$$

2）差：

$$R-S=\{t \mid R(t) \wedge \neg S(t)\}$$

3）笛卡儿积：

$$\begin{aligned} R \times S=\{t^{(n+m)} \mid\ & (\exists u^{(n)})\ (\exists v^{(m)})\ (\ R(u) \wedge S(v) \wedge t[1] \\ & =u[1] \wedge \cdots \wedge t[n]=u[n] \wedge t[n+1] \\ & =v[1] \wedge \ldots \wedge t[n+m]=v[m])\} \end{aligned}$$

$R{\times}S$ 后生成的新关系是 $n+m$ 目关系。

4）投影：

$$\pi_{i_1,i_2,\cdots,ik}(R)=\left\{t^{(k)} \mid\ (\exists u)(R(u) \wedge t[1]=u[i_1] \wedge \cdots \wedge t[k]=u([i_k]))\right\}$$

5）选择：

$$\sigma_F(R)=\{t \mid R(t) \wedge F'\}$$

其中，F' 为公式 F 用 $t[i]$代替运算对象 i 得到的等价公式。

2. 域演算

在域演算中，表达式中的变量是表示域的变量，可将关系的属性名视为域变量。域演算表达式的一般形式如下：

$$\{t_1,\cdots,t_k \mid P(t_1,\cdots,t_k)\}$$

其中，$t_1,\cdots,t_k$ 为域变量；$P(t_1,\cdots,t_k)$ 为域演算公式。

关系代数、元组演算、域演算 3 类关系运算的表达能力是等价的，可以互相转换。可以证明如下 3 个结论：

1）每一个关系代数表达式有一个等价的安全的元组演算表达式。

2）每一个安全的元组演算表达式有一个等价的安全的域演算表达式。

3）每一个安全的域演算表达式有一个等价的关系代数表达式。

2.3 关系完整性

关系模型的完整性规则是指对关系的某种约束条件。关系模型中有3类完整性约束：实体完整性、参照完整性和用户自定义完整性。其中，实体完整性和参照完整性是关系数据库系统必须支持的完整性约束条件，被称为关系的两个不变性。

2.3.1 实体完整性

实体完整性规则是指关系的所有主属性不能取空值（NULL）或重复值。空值就是“不知道”或“不存在”的值。例如，在关系“成绩（学号，课程号，成绩）”中，某门课程考试之前，选修这门课程的所有学生的成绩为空值。应当注意，空值不等于零，也不等于空字符，因为成绩为空值与成绩为零分显然是不同的。由于在“成绩”关系中，“学号，课程号”为主键，因此“学号”和“课程号”这两个属性均是主属性，都不能取空值。

对于实体完整性规则的说明有如下几点：

1）实体完整性规则是针对基本关系而言的。一个基本关系通常对应现实世界的一个实体集，如学生关系对应于学生实体集。

2）现实世界中的实体是可相互区分的，即它们具有某种唯一标识。例如，每个学生都是独立的个体，是可区分的。

3）关系模型中以主键作为唯一性标识。

4）主键中的属性即主属性不能取空值。如果主属性取空值，就说明存在某个不可标识的实体，即存在不可区分的实体，这与第 2）点相矛盾。

2.3.2 参照完整性

现实世界中的实体之间往往存在某种联系，在关系模型中实体及实体间的联系都是用关系来描述的，这样就自然存在着关系与关系间的引用。

参照完整性规则要求“不引用不存在的实体”。

若属性（属性组）F 是基本关系 R 的外键，其与基本关系 S 的主键 K 相对应（基本关系 R 和 S 不一定是相同的关系），则对于 R 中每个元组在 F 上的值必须满足：

1）或者取空值（表示暂时尚未有确定的值）。

2）或者等于 S 中某个元组的主键值。

在学生关系中，某一个学生“班号”属性值要么取空值，表示该学生未被安排到指定的班级；要么等于“班级”关系中某个元组的“班号”，表示该学生已被安排到指定的班级。若“班号”既不为空值，又不等于被参照关系“班级”中某个元组的“班号”，则表示该学生被安排到一个不存在的班级中，这就违背了参照完整性规则。所以，参照完整性规则就是定义外键与主键之间的引用规则，也是关系模式之间关联的规则。

2.3.3 用户自定义完整性

用户自定义完整性是针对某一具体关系数据库的约束条件，它反映了某一具体应用所涉及的数据必须满足的语义要求。例如，某个属性的取值必须唯一、某些属性值之间应满足一定的函数关系、某个属性的取值范围为 0～100 等。关系模型应提供定义和检验这类完整性的机制，以便用统一的、系统的方法处理它们。

2.4 习　题

1. 什么是关系？什么是关系模式？
2. 简述元组、值域、主键、外键的概念及关系的性质。
3. 什么是选择、投影和连接运算？试举例说明。
4. 什么是完整性约束？关系数据模型中有哪些完整性？
5. 设有关系 R、S 如图 2.3 所示。请求出：$R\cup S$、$R-S$、$R\cap S$、$R\times S$、$\pi_{A,C}(R)$、$\sigma_{A>B}(R)$。

R

A	B	C
a	b	c
b	a	d
c	d	e
d	f	g

S

A	B	C
b	a	d
d	f	g
f	h	k

图 2.3　关系 R 和 S

6. 设有下列关系模式：

```
S (SNO, SNAME, AGE, SEX, DNO)
C (CNO, CNAME)
SC (SNO, CNO, GRADE)
```

其中，S 表示学生，C 表示课程，SC 表示选修，SNO 表示学号，SNAME 表示姓名，AGE 表示年龄，SEX 表示性别，DNO 表示院系号，CNO 表示课程号，CNAME 表示课程名，GRADE 表示成绩。

请用关系代数表示下列查询：

1）检索年龄小于 16 岁的女学生的学号和姓名。

2）检索成绩大于 85 分的女学生的学号和姓名。

3）检索选修课程号为 C1 的学生的学号、姓名、课程名和成绩。

4）检索选修课程号为 C1 或 C2 的学生的学号。

5）检索至少选修了课程号为 C1 和 C2 的学生的学号。

6）检索选修了全部课程的学生的学号、姓名和年龄。

7）检索全部学生都选修的课程的课程号和课程名。

8）检索选修课程名为“C++语言”的学生的学号和姓名。

第 3 章 SQL

本章要点

- SQL 的概念
- SQL 的特点
- SQL 定义、修改、删除表
- 数据查询
- 数据操作
- 视图的概念及操作

结构化查询语言（structured query language，SQL），是一种特殊目的的编程语言，是一种数据库查询和程序设计语言，用于存取数据及查询、更新和管理关系数据库系统。

3.1 概 述

SQL 于 1974 年由 Boyce（波依斯）和 Chamberlin（钱伯林）提出，并首先在 IBM 公司研制的关系数据库系统 SystemR 上实现。由于 SQL 具有功能丰富、使用方便灵活、语言简洁易学等突出的优点，因此深受计算机工业界和计算机用户的欢迎。1980 年 10 月，经美国国家标准局（American National Standards Institute，ANSI）的数据库委员会 X3H2 批准，将 SQL 作为关系数据库语言的美国标准，同年公布了标准 SQL。此后不久，国际标准化组织（International Organization for Standardization，ISO）也做出了同样的决定。

不同数据库厂商的数据库管理系统提供的 SQL 略有差别，但绝大部分是一样的，因为 SQL 的核心部分相当于关系代数，但又具有关系代数所没有的许多特点，如聚集、数据库更新等。在本书中，采用 Microsoft SQL Server 中的 SQL（transact-SQL，T-SQL）命令格式。

3.1.1 SQL 的特点

SQL 之所以能够被用户和业界所接受并成为国际标准，是因为它是一个综合的、通用的、功能极强且又比较简捷易学的关系数据库语言，其特点如下。

1）综合统一：SQL 集数据定义、数据操纵和数据控制功能于一体，语言风格统一，可独立完成数据库生命周期的所有活动。

2）高度非过程化：非关系数据模型的数据操纵语言是面向过程的，当完成某项请求时，必须指定存储路径；而 SQL 进行数据操作时，只要指出“做什么”，无须指出“怎么做”，像存取路径选择和具体处理操作等均由系统自动完成，因此无须了解存储路径。

3）面向集合的操作方式：非关系数据模型采用的是面向记录的操作方式，操作对象是一条记录；而 SQL 采用面向集合的操作方式，其操作对象、查找结果可以是元组的集合。

4）两种使用方式，统一的语法结构。SQL 有两种使用方式：一种方式是联机交互使用，这种方式下的 SQL 实际上是作为自含型语言使用的；另一种方式是嵌入某种高级程序设计语言（如 C 语言等）中使用。前一种方式适合非计算机专业人员使用，后一种方式适合专业计算机人员使用。尽管 SQL 使用方式不同，但所用语言的语法结构基本上是一致的。

5）语言简洁，易学易用。SQL 的功能很强大，但语言十分简洁，核心功能只用了 9 个动词：数据定义（CREATE、ALTER 和 DROP）、数据查询（SELECT）、数据操纵（INSERT、UPDATE 和 DELETE）和数据控制（GRANT 和 REVOKE）。SQL 的语法接近英语口语，用户很容易学习和使用。

注意的问题：SQL 支持关系数据库三级模式结构，即视图、基本表和存储文件。基本表是实际存储在数据库中的表；而视图是由若干个基本表或其他视图导出的表，称为“虚表”。

3.1.2 数据类型

关系模型中一个很重要的概念是域。每一个属性来自一个域，它的取值必须是域中的值。

在 SQL 中，域的概念用数据类型来实现。定义表的各个属性时需要指明其数据类型及长度。SQL 提供了一些主要数据类型，如表 3.1 所示。要注意，不同的 RDBMS（relational database management system，关系数据库管理系统）中支持的数据类型不完全相同。

表 3.1 数据类型

数据类型	含义
INT	长整型
SMALLINT	短整型
CHAR(*n*)	长度为 *n* 的定长字符串
VARCHAR(*n*)	最大长度为 *n* 的变长字符串
NUMERIC(*p*,*d*)	定点数，由 *p* 位数字（不含符号和小数点）组成，小数后有 *d* 位数字
DECIMAL(*p*,*d*)	定点数，由 *p* 位数字（不含符号和小数点）组成，小数后有 *d* 位数字
BIT	存储 1 或 0
FLOAT、REAL	浮点数
DATE、TIME	日期、时间

一个属性选用哪种数据类型要根据实际情况决定，一般要从两个方面考虑，一是取值范围，二是要做哪些运算。例如，对于年龄（Sage）属性，可以采用 char(3)作为数据类型，但考虑到要在年龄上做算术运算（如平均年龄），所以要采用整数作为数据类型，因为 char 数据类型不能进行算术运算。整数又分为不同范围的整数，因为一个人的年龄在 100 岁左右，所以可以选用短的整数作为年龄的数据类型。

3.2 学生–课程数据库

本章以学生-课程数据库为例来讲解 SQL 的数据定义、数据操纵、数据查询和数据控制语句的具体应用。

为此，首先建立一个名为 Student 的数据库，库中包含 Student（学生）、Course（课程）和 SC（成绩）3 个基本表，表结构定义如表 3.2～表 3.4 所示。

表 3.2 Student

字段名	数据类型	长度	是否允许空	键值	取值范围	含义
Sno	char	9	否	主键		学号
Sname	nvarchar	8	否			姓名
Ssex	nchar	1	否		男、女	性别
Sage	tinyint		是			年龄
en_time	date		是		默认当前日期	入学时间
specialty	nvarchar	10	是			专业
grade	nchar	5	否			年级

注：通常数据库不存储“年龄”数据，因为年龄会随着时间的推移不断变化。为了后续操作，这里暂设“年龄”字段，再通过例 3-4～例 3-6 改为 birthday（出生日期）Datetime 类型字段。

表 3.3 Course

列名	数据类型	长度	是否允许空	键值	取值范围	说明
Cno	char	4	否	主键		课程号
Cname	nvarchar	20	否			课程名
classhour	tinyint		是		8～120	学时
credit	decimal	3,1	是		1～8	学分
Cpno	char	4	是			先修课编号

表 3.4 SC

列名	数据类型	长度	是否允许空	键值	取值范围	说明
Sno	char	9	否	主键	参照 Student 表中的 Sno 字段	学号
Cno	char	4	否		参照 Course 表中的 Cno 字段	课程号
Score	float		是			成绩

Student、Course 和 SC 3 个表的数据如表 3.5～表 3.7 所示。

表 3.5　Student 表的数据

Sno	Sname	Ssex	birthday	en_time	specialty	grade
202001001	张小玲	女	2002-05-09	2020-09-01	电子信息	2020 级
202001008	张玲	女	2002-12-02	2020-09-01	电子信息	2020 级
202002001	张强	男	2002-08-20	2020-09-01	计算机	2020 级
202002003	张强	男	2001-12-01	2020-09-01	电子信息	2020 级
202002005	刘梅	女	2001-09-28	2020-09-01	计算机	2020 级
202102001	王一	男	2002-04-15	2021-09-06	网络安全	2021 级
202103005	郑丽	女	2003-05-12	2021-09-06	网络安全	2021 级
202201003	沈艳	女	2004-09-01	2022-09-05	电子信息	2022 级
202203001	赵丽红	女	2004-08-02	2022-09-05	网络安全	2022 级
202204001	李宏伟	男	2003-10-16	2022-09-05	通信工程	2022 级
202204006	刘景鹏	男	2003-02-09	2022-09-05	通信工程	2022 级

表 3.6　Course 表的数据

Cno	Cname	classhour	credit	Cpno
C001	C++语言	64	4	
C004	操作系统	48	3	R005
E002	电子技术	80	5	
R005	数据处理	50	3	
X003	数据结构	48	3	C001

表 3.7　SC 表的数据

Sno	Cno	Score
202001001	X003	
202002005	X003	
202102001	C001	98
202102001	C004	81
202102001	X003	85
202103005	C001	78
202103005	C004	97
202201003	C001	72
202201003	E002	73
202203001	C001	85
202204001	E002	76

3.3 数据定义

DDL 用来定义数据库对象，包括数据库、数据表和列。通过使用 DDL 命令可以创建、删除和修改数据库和表结构。

3.3.1 数据库操作

1. 定义数据库

SQL Server 创建数据库的命令格式如下：

```
CREATE DATABASE database_name
[ CONTAINMENT = { NONE | PARTIAL } ]
[ ON  [ PRIMARY ] <filespec> [ ,…n ] [ , <filegroup> [ ,…n ] ]
      [ LOG ON <filespec> [ ,…n ] ] ]
```

其中：

```
<filespec> ::={ (
   NAME = logical_file_name ,
   FILENAME = { 'os_file_name' | 'filestream_path' }
   [ , SIZE = size [ KB | MB | GB | TB ] ]
   [ , MAXSIZE = { max_size [ KB | MB | GB | TB ] | UNLIMITED } ]
   [ , FILEGROWTH = growth_increment [ KB | MB | GB | TB | % ] ] ) }
<filegroup> ::={
FILEGROUP filegroup name [ [ CONTAINS FILESTREAM ] [ DEFAULT ] | CONTAINS
                                MEMORY_OPTIMIZED_DATA ]
   <filespec> [ ,…n ] }
```

详细命令格式参考 https://docs.microsoft.com/zh-cn/sql/sql-server/?view=sql-server-ver15。

提示：命令格式中，方括号“[]”为可选项，尖括号“<>”为必选项。

【例 3-1】 创建一个名为 Student 的数据库，该库包含两个数据文件和两个事务日志文件的数据库。

数据文件：逻辑名分别为 Student1 和 Student2，物理文件名分别为 Student1.mdf 和 Student2.ndf，初始容量大小分别为 5MB 和 10MB，最大容量分别为无限量和 100MB，文件的增长速度分别为 10%和 1MB，文件组名分别为 Primary 和 FileG1。

事务日志文件：逻辑名分别为 StudentLog1 和 StudentLog2，物理文件名分别为 StudentLog1.ldf 和 StudentLog2.ldf，初始容量大小均为 5MB，最大容量均为 50MB，文件增长速度为 1MB。

要求数据文件和事务日志文件分别存放在 D 盘和 E 盘的 DATA 文件夹下。

操作如下：

若 D 盘和 E 盘没有 DATA 文件夹，则先创建文件夹。

```
CREATE DATABASE Student
ON PRIMARY
  (NAME = 'Student1', FILENAME = 'D:\DATA\Student1.mdf',
   SIZE = 5, MAXSIZE = unlimited, FILEGROWTH = 10%),
  FILEGROUP FileG1
  (NAME = 'Student2', FILENAME = 'D:\DATA\Student2.ndf',
   SIZE = 10, MAXSIZE = 100, FILEGROWTH = 1)
LOG ON
  (NAME = StudentLog1, FILENAME = 'E:\DATA\StudentLog1.ldf',
   SIZE = 5, MAXSIZE = 50, FILEGROWTH = 1),
  (NAME = StudentLog2, FILENAME = 'E:\DATA\StudentLog2.ldf',
   SIZE = 5, MAXSIZE = 50, FILEGROWTH = 1)
```

说明：若省略容量单位，则默认为 MB。

2. 修改数据库

在 SQL Server 中，使用 ALTER DATABASE 修改一个数据库或与该数据库关联的文件和文件组，即在数据库中添加或删除文件和文件组、更改数据库的属性或其文件和文件组、更改数据库排序规则和设置数据库选项。ALTER DATABASE 不能修改数据库快照，若要修改与复制相关的数据库选项，应使用 sp_replicationdboption。

修改数据库的命令格式如下：

```
ALTER DATABASE { database_name | CURRENT }
{ MODIFY NAME = new_database_name | COLLATE collation_name
  | <file_and_filegroup_options> | SET <option_spec> [ ,…n ] [ WITH
    <termination> ]
}[;]
```

【例 3-2】 为数据库 Student 增加一个文件组 FileG2，并为之增加一个数据文件 Student3，初始大小为 10MB，最大为 50MB，按照 5%的速度增长。

操作命令如下。

增加文件组：

```
ALTER DATABASE Student Add FILEGROUP FileG2
```

增加文件：

```
ALTER DATABASE Student
ADD FILE (NAME = 'Student3', FILENAME = 'D:\DATA\Student3.ndf',
        SIZE = 10MB, MAXSIZE = 50MB, FILEGROWTH = 5%)
to FILEGROUP FileG2
```

3. 删除数据库

删除数据库的命令格式如下：

```
DROP DATABASE { database_name }
```

DROP DATABASE 删除数据库中的所有表并删除数据库，此操作要非常小心。要使用 DROP DATABASE，需要获取 DROP 数据库特权。

3.3.2 基本表操作

基本表是数据库中最基本的对象，用来存储具有结构的某个相同主题的数据集合。一个数据库可以包含多个表，在表中可以设定相应的数据属性。

1. 创建基本表

创建基本表的命令格式如下：

```
CREATE TABLE<表名>(<列名><数据类型>[列级完整性约束条件] [, <列名><数据类型>[列级完整性约束条件]]...[, <表级完整性约束条件>]);
```

提示：在语法格式中，“[ ]”表示可选，“< >”表示必选。在 SQL 视图中书写命令时不能加“[ ]”或“< >”，否则会出现语法错误。

列级完整性约束条件有 NULL（空）、UNIQUE（取值唯一）。例如，NOT NULL UNIQUE 表示取值唯一，不能取空值。

【例 3-3】 在 Student 数据库中创建数据表名称分别为 Student、Course 和 SC 的操作命令。

创建 Student 数据表：

```
USE Student
GO
CREATE TABLE Student(
    Sno char(9)NOT NULL PRIMARY KEY,
    Sname nvarchar(8)NOT NULL,
    Ssex nchar(1)NOT NULL Check (Ssex='男' or Ssex='女'),
    Sage tinyint NULL,
    en_time date NULL default(getdate()),
    specialty nvarchar(10)NULL,
    grade nchar(5)NOT NULL )
```

创建 Course 数据表：

```
USE Student
GO
CREATE TABLE Course(
    Cno char(4)NOT NULL PRIMARY KEY,
```

```
    Cname nvarchar(20) NOT NULL,
    classhour tinyint NULL,
    credit decimal(3,1) NULL,
    constraint CK_classhour Check(classhour>=8 and classhour<=120),
    constraint CK_credit Check(credit>=1 and credit<=8))
```

创建 SC 数据表：

```
USE Student
GO
CREATE TABLE SC(
    Sno char(9)NOT NULL,
    Cno char(4)NOT NULL,
    Score float NULL,
    constraint PK_Sno_Cno Primary Key(Sno,Cno),
    constraint FK_Sno Foreign Key(Sno) References Student(Sno)
      on update cascade on delete cascade,
    constraint FK_Cno Foreign Key(Cno) references Course(Cno)
      on update cascade on delete cascade )
```

2. 修改表结构

随着应用环境和应用需求的变化，有时需要修改已建立好的基本表。SQL 语言用 ALTER TABLE 语句修改基本表，其一般格式如下：

```
ALTER TABLE  <表名>
[ADD<新列名><数据类型>[完整性约束条件] ]
[DROP<完整性约束名>]
[ALTER<列名><数据类型>]
```

【例 3-4】 删除 Student 基本表中的 Sage 字段。

```
ALTER TABLE Student
DROP column Sage
```

【例 3-5】 为 Student 基本表添加一个 birthday 字段，类型为 int。

```
ALTER TABLE Student
ADD birthday int
```

【例 3-6】 把 Student 基本表中的 birthday 字段的类型改为 datetime。

```
ALTER TABLE Student
ALTER column birthday datetime
```

【例 3-7】 为 SC 基本表中的 Score 字段添加约束，取值范围为 0～100。

```
ALTER TABLE SC
ADD constraint CK_Score Check(Score>=0 and Score<=100)
```

3. 删除基本表

当某个基本表不再需要时，可以使用 DROP TABLE 语句将其删除，其一般格式如下：

```
DROP TABLE <表名>
```

3.3.3 建立和删除索引

建立索引是加快查询速度的有效手段。用户可以根据应用环境的需求，在基本表上建立一个或多个索引，以提供多种存取路径，加快查找速度。系统在存取数据时会自动选择合适的索引作为存取路径，用户不必也不能显式地选择索引。

1. 建立索引

在 SQL 中，建立索引使用 CREATE INDEX 语句，其一般格式如下：

```
CREATE [ UNIQUE ][ CLUSTER ] INDEX <索引名>
ON <表名> (<列名>[<次序>][,<列名> [<次序>]]...)
```

其中，排列次序可选 ASC（升序）、DESC（降序），默认值为 ASC；UNIQUE 表明此索引的每一个索引值只对应唯一的数据记录；CLUSTER 表明要建立的索引是聚簇索引，意为索引项的逻辑顺序是与表中记录的物理顺序一致的索引。

用户可以在经常查询的列上建立聚簇索引，以提高查询效率。显然，在一个基本表上最多只能建立一个聚簇索引（建立主键时默认建立聚簇索引）。建立聚簇索引后，更新该索引列上的数据时，往往导致表中记录的物理顺序的变更，代价较大，因此对于经常更新的列不宜建立聚簇索引。

【例 3-8】 为 Student 基本表建立 Sname 升序的唯一索引，为 Course 基本表的 Cname 建立降序索引，为 SC 基本表建立 Score 降序且 Score 相同的 Sno 升序索引。

```
CREATE UNIQUE INDEX IX_Sname ON Student(Sname)
CREATE INDEX IX_Cname ON Course(Cname DESC)
CREATE INDEX SC_Score_Sno ON SC(Score DESC, Sno ASC)
```

2. 删除索引

在 SQL 中，删除索引使用 DROP INDEX 语句，其一般格式如下：

```
DROP INDEX <索引名>
```

删除索引时，系统会同时从数据字典中删除有关该索引的描述。

在 RDBMS 中，索引一般采用 B+树、HASH 索引来实现。B+树索引具有动态平衡的优点，HASH 索引具有查找速度快的特点。索引是关系数据库的内部实现技术，属于内模式的范畴。

用户使用 CREATE INDEX 语句定义索引时，可以定义索引是唯一索引、非唯一索引或聚簇索引。至于某一个索引是采用 B+树还是 HASH 索引，则由具体的 RDBMS 决定。

3.4 数 据 查 询

数据库查询是数据库的核心操作。SQL 提供了 SELECT 语句进行数据库的查询，该语句具有灵活的使用方式和丰富的功能，其一般格式如下：

```
SELECT[ALL | DISTINCT]<目标列表达式>[, <目标列表达式>[as <列标题>]]···
    FROM <表名或视图名>[, <表名或视图名>]
    [WHERE <条件表达式>]
    [GROUP BY<列名 1>[HAVING<条件表达式>]]
    [ORDER BY<列名 2>[ASC | DESC]···]
```

说明：

1）SELECT 子句：对应关系代数的投影运算。该关键字开始一条 SQL 语句，用来查询并返回被指定的列。其中，目标列表达式可以是表中字段名称，也可以是函数表达式；[as <列标题>]是给结果列起一个新的列标题。多个字段之间要用逗号隔开，而且逗号的输入法状态必须是英文半角。DISTINCT 选项可以保证查询结果集中不存在重复元组。

2）FROM 子句：对应关系代数的连接运算。指明该查询的数据来源，可以是表，也可以是已建立的视图。

3）WHERE 子句：对应关系代数的选择运算。指定查询的结果集必须满足的条件。

4）GROUP BY 子句：按照指定字段的值进行分组，如果 SELECT 后面有统计函数，那么先分组，再对每个组进行统计。

5）HAVING 子句：该子句必须与 GROUP BY 子句配合使用，不能单独使用。HAVING 子句是对分组查询所得到的结果再进行筛选，满足指定条件的组才显示。

6）ORDER BY 子句：要求结果集按指定字段的值升序或降序排列，默认为升序。

3.4.1 单表查询

单表查询是指仅涉及一个表的查询。

1. 无条件查询

无条件查询格式如下：

```
SELECT [ALL | DISTINCT]<目标列表达式>[, <目标列表达式>] FROM <表名>
```

说明：

1）ALL/DISTINCT：默认为 ALL，DISTINCT 去除重复的行。

2）目标列表达式可以有以下几种形式。

① *：表示输出所有列。

② 列名 1,列名 2,…：输出部分列，每列之间用英文逗号隔开。

③ 列名 as 别名：可以给列取一个别名。

④ 计算式 as 别名：计算式即表达式（聚合函数），同时给其取一个列名。

⑤ 列名=计算式：与“计算式 as 别名”相同。

3）SELECT 之后还可以包含以下信息。

TOP n Percent：返回前 *n* 行或前百分之 *n* 行，通常与 ORDER BY 配合使用。

【例 3-9】 以 Student 基本表为数据源，查询学生所有信息。

```
SELECT * FROM Student
```

【例 3-10】 查询学生的学号、姓名和年龄。

```
SELECT Sno as 学号,Sname as 姓名,YEAR(getdate())-YEAR(birthday) as 年龄
FROM Student
```

【例 3-11】 查询学生表中的专业信息（不重复）。

```
SELECT distinct specialty FROM Student
```

【例 3-12】 查询年龄较大的前三个学生。

```
SELECT TOP 3 * FROM Student ORDER BY birthday
```

【例 3-13】 以 SC 基本表为数据源，查询成绩排名在前 30%的学生数据。

```
SELECT TOP 30 Percent * FROM SC ORDER BY Score DESC
```

2. 条件查询

使用 WHERE 子句设置查询条件，过滤不需要的数据行，其一般格式如下：

```
SELECT [ALL | DISTINCT]<目标列表达式>[,<目标列表达式>]...
FROM <表名> WHERE <条件>
```

WHERE 子句常用的查询条件如表 3.8 所示。

表 3.8 WHERE 子句常用的查询条件

查询条件	谓词
比较	=、>、<、>=、<=、!=、<>、!>、!<，Not + 上述比较运算符
确定范围	Between And、Not Between And
确定集合	IN、Not IN
字符匹配	Like、Not Like
空值	Is Null、Is Not Null
多重条件（逻辑运算）	And、Or、Not

1）比较运算符：=、>、<、>=、<=、!=、<>、!>、!<，Not + 上述比较运算符。

2）确定范围：

```
Between 表达式1 And 表达式2
Not Between 表达式1 And 表达式2
```

其中，表达式 1 是范围的下限（低值），表达式 2 是范围的上限（高值）。

例如，成绩在 80 分段的：

```
Score Between 80 And 89 等价于 Score>=80 And Score<=89
```

成绩不在 80 分段的：

```
Score Not Between 80 And 89 等价于 Score<80 Or Score>89
```

3）确定集合：谓词 IN 可以用来查找属性值属于指定集合的元组。

```
IN (表达式1,表达式2,表达式3,...)
Not IN (表达式1,表达式2,表达式3,...)
```

例如，查找“计算机”“网络工程”“通信工程”专业：

```
Specialty IN ('计算机','网络工程','通信工程')
```

等价于：

```
Specialty='计算机' Or Specialty='网络工程'
Or Specialty ='通信工程'
```

查找不是“计算机”“网络工程”“通信工程”的专业：

```
Specialty Not IN ('计算机','网络工程','通信工程')
```

等价于：

```
Specialty<>'计算机' And Specialty<>'网络工程'
And Specialty <>'通信工程'
```

4）字符匹配：谓词 Like 可以用来进行字符串的匹配。

```
列名 Like '通配符'
列名 Not Like '通配符'
```

通配符包括以下几种。

① %：表示 0 个或多个的任意字符。

② _：表示任何单个字符。

③ [ ]：指定范围内的单个字符，如[abcdef]或[a-f]。

④ [^]：不在指定范围内的单个字符，如[^abcdef]或[^a-f]。

若条件之后跟上 ESCAPE '换码字符'，则表示对通配符进行转义。例如，ESCAPE '\'，“\”为换码字符，表示匹配串中紧跟在“\”后面的字符不再具有通配符的含义，转义为普通字符。

例如，查找所有姓“张”的：

```
Sname Like '张%'
```

查找所有不姓“张”的：

```
Sname Not Like '张%'
```

查找姓名中含“玲”字的：

```
Sname Like '%玲%'
```

查找姓名中第2个字是“玲”的：

```
Sname Like '_玲%'
```

查找所有姓“张”和姓“王”的：

```
Sname Like '[张王]%'
```

等价于：

```
Sname Like '张%' Or Sname Like '王%'
```

查找不姓“张”也不姓“王”的：

```
Sname Like '[^张王]%'
```

等价于：

```
Sname Not Like '张%' And Sname Not Like '王%'
```

查找姓名中含有下划线的：

```
Sname Like '%\_%' ESCAPE '\'
```

5）涉及空值的查询：是否为空值（不能用等号）。若是空，则为 Is Null；若非空，则为 Is Not Null。

例如，查找暂时没有成绩的：

```
Score Is Null
```

查找已有成绩的：

```
Score Is Not Null
```

6）多重条件查询：逻辑运算符 And 和 Or 用来联结多个查询条件，And 优先于 Or。

例如，查找计算机专业的女生：

```
Specialty='计算机' And Ssex='女'
```

【例 3-14】 以 Student 基本表为数据源，查询所有女生信息。

```
SELECT * FROM Student WHERE Ssex='女'
```

【例 3-15】 以 Student 基本表为数据源，查询在 2001～2003 年出生的所有学生。

```
SELECT * FROM Student WHERE birthday Between '2001-1-1' And '2003-12-31'
```

【例 3-16】 以 Student 基本表为数据源，查询 2020 级和 2022 级的学生信息。

```
SELECT * FROM Student WHERE grade IN ('2020级','2022级')
```

【例 3-17】 以 Student 基本表为数据源，查询姓“张”的学生信息。

```
SELECT * FROM Student WHERE Sname Like '张%'
```

【例 3-18】 以 Student 基本表为数据源，查询姓名中第 2 个字为“玲”的学生信息。

```
SELECT * FROM Student WHERE Sname Like '_玲%'
```

【例 3-19】 以 Student 基本表为数据源，查询除了姓“张”和姓“王”以外的学生信息。

```
SELECT * FROM Student WHERE Sname Like '[^张王]%'
```

【例 3-20】 以 SC 基本表为数据源，查询还没有录入成绩的记录。

```
SELECT * FROM SC WHERE Score Is Null
```

【例 3-21】 以 Student 基本表为数据源，查询 2022 级的男生信息。

```
SELECT * FROM Student WHERE grade='2022级' And Ssex='男'
```

3. 对查询结果进行排序

用户可以用 ORDER BY 子句对查询结果按照一个或多个属性列的升序（ASC）或降序（DESC）排列，默认值为升序。对于空值，若按升序排，则含空值的元组将最后显示；若按降序排，则空值的元组将最先显示。

格式：

```
SELECT <字段名表> FROM <表名> WHERE <条件>
ORDER BY <排序字段> [ASC|DESC]
```

【例 3-22】 以 Student 基本表为数据源，查询学生信息，查询结果先按年级升序排，若年级相同再按出生日期降序排。

```
SELECT * FROM Student ORDER BY grade,birthday DESC
```

4. 聚合函数

为了进一步方便用户，增强检索功能，SQL 提供了许多聚合函数，常用的如表 3.9 所示。

表 3.9 常用聚合函数

聚合函数名	功能
COUNT ([DISTINCT | ALL] *)	统计元组个数
COUNT ([DISTINCT | ALL]<列名>)	统计一列中值的个数
SUM ([DISTINCT | ALL<列名>])	计算一列（该列应为数值型）值的总和
AVG ([DISTINCT | ALL<列名>])	计算一列（该列应为数值型）值的平均值
MAX ([DISTINCT | ALL]<列名>)	求一列值的最大值
MIN ([DISTINCT | ALL] <列名>)	求一列值的最小值

如果指定 DISTINCT 短语，则表示在计算时要取消指定列中的重复值；如果不指定 DISTINCT 短语或指定 ALL 短语（ALL 为默认值），则表示不取消重复值。

在遇到空值时，除 COUNT(*)外，都跳过空值而只处理非空值。需要注意，WHERE 子句中是不能使用聚合函数作为条件表达式的。

【例 3-23】 统计学生总人数。

```
SELECT COUNT(*) FROM Student
```

【例 3-24】 统计选修了课程的学生人数。

```
SELECT COUNT(DISTINCT Sno) FROM Student
```

一个学生通常选修多门课程，为避免重复计算学生人数，必须在 COUNT 函数中使用 DISTINCT 短语。

【例 3-25】 计算选修 C001 号课程的学生的平均成绩。

```
SELECT AVG(Score) FROM SC WHERE Cno='C001'
```

5. *分组查询*

GROUP BY 子句将查询结果按某一列或多列的值分组，值相等的为一组。

对查询结果分组的目的是细化聚合函数的作用对象。如果未对查询结果分组，聚合函数将作用于整个查询，如例 3-23～例 3-25。分组后聚合函数将作用于每一个组，即每一组都有一个函数值，其一般格式如下：

```
SELECT <字段名表> FROM <表名> WHERE <条件表达式>
GROUP BY <分组字段> [HAVING <条件表达式>]
```

【例 3-26】 统计每个专业的人数。

```
SELECT specialty,COUNT(Sno) as 人数
FROM Student
GROUP BY specialty
```

【例 3-27】 统计每个专业的女生人数。

```
SELECT specialty,COUNT(Sno) as 人数
FROM Student
WHERE Ssex='女'
GROUP BY specialty
```

如果分组后还要求按一定的条件对这些组进行筛选，最终只输出满足指定条件的组，则可以使用 HAVING 短语指定筛选条件。

【例 3-28】 统计专业人数超过 2 人的专业及人数。

```
SELECT specialty,COUNT(Sno) as 人数
FROM Student
GROUP BY specialty
```

```
    HAVING COUNT(Sno)>2
```

【例 3-29】 统计平均成绩超过 80 的学生，显示学号和平均成绩。

```
SELECT Sno as 学号,AVG(Score) as 平均成绩
FROM SC
GROUP BY Sno
    HAVING AVG(Score)>80
```

这里先用 GROUP BY 子句按 Sno 进行分组，再用聚合函数 AVG 对每一组的成绩计算平均分。HAVING 短语给出了选择组的条件，只有满足条件（平均成绩>80）的组才会被选出来。

WHERE 子句和 HAVING 短语的区别在于作用对象不同。WHERE 子句作用于基本表或视图，从中选择满足条件的元组；HAVING 短语作用于组，从中选择满足条件的组。

3.4.2 连接查询

单表查询都是针对一个表或视图进行的。若一个查询同时涉及两个及以上的表或视图，则称为连接查询（多表查询）。连接查询是关系数据库中最主要的查询，包括等值连接查询、非等值连接查询、自然连接查询、自身连接查询、外连接查询和多表间的连接等。

1. 等值、非等值和自然连接查询

连接查询的 WHERE 子句中用来连接两个表的条件称为连接条件或连接谓词，其一般格式如下：

```
[<表名 1>.]<列名 1> <比较运算符> [<表名 2>.]<列名 2>
```

其中，比较运算符主要有=、>、<、>=、<=、!=、<>、!>、!<等。

此外，连接谓词还可以使用如下形式：

```
[<表名 1>.]<列名 1>Between [<表名 2>.]<列名 2> And [<表名 2>.]<列名 3>
```

连接谓词中的列名称为连接字段。连接条件中的各连接字段类型必须是可比的，但名称不必相同。

当连接运算符为“=”时，称为等值连接（最常见）；使用其他运算符则称为非等值连接。

等值连接也称为内部连接（inner join），一般格式有以下两种。

格式 1：

```
SELECT  <列名表>
FROM  <表名 1 > Inner Join <表名 2>
     on <表名 1>.<列名 1>= <表名 2>.<列名 2>
```

格式 2：

```
SELECT  <列名表>
FROM  <表名 1 >,<表名 2>
WHERE  <表名 1>.<列名 1>= <表名 2>.<列名 2>
```

【例 3-30】 以 Student 和 SC 基本表为数据源，查询所有成绩记录。

```
SELECT Student.*, SC.*
FROM Student Inner Join SC
    on Student.Sno=SC.Sno
```

或

```
SELECT Student.*, SC.*
FROM Student, SC
WHERE Student.Sno=SC.Sno
```

若在等值连接中把目标列中重复的属性列删除，则为**自然连接**。

【例 3-31】 以 Student 和 SC 基本表为数据源，查询所有成绩记录的学生学号、姓名、课程号和成绩。

```
SELECT Student.Sno as 学号,Sname as 姓名, Cno as 课程号,Score as 成绩
FROM Student Inner Join SC
    on Student.Sno=SC.Sno
```

或

```
SELECT Student.Sno as 学号,Sname as 姓名, Cno as 课程号,Score as 成绩
FROM Student, SC
WHERE Student.Sno=SC.Sno
```

本例中，SELECT 子句和 WHERE 子句中的属性名前都加了表名前缀，这是为了避免混淆。如果属性名在参加连接的各表中是唯一的，则可以省略表名前缀。

RDBMS 执行该连接查询操作的一种可能过程是：首先在 Student 表中找到第一个元组，然后从头开始扫描 SC 表，逐一查找与 Student 表中第一个元组的 Sno 相等的 SC 元组，找到后两个元组拼接起来，形成结果表中的一个元组。直到 SC 表全部查找完后，再找 Student 表中的第二个元组，然后对 SC 表从头逐一扫描满足连接条件的元组，拼接成一个结果元组。重复上述操作，直到 Student 表中的全部元组都处理完毕为止。这就是嵌套循环算法的基本思想。

如果在 SC 表的 Sno 上建立了索引，就不用每次全表扫描 SC 表，而是根据 Sno 的值通过索引找到相应的 SC 元组。用索引查询 SC 表中满足条件的元组一般会比全表扫描快。

2. 自身连接查询

连接操作不仅可以在两个表之间进行，也可以是一个表与自己进行连接，称为表的自身连接。

【例 3-32】 查询每一门课的先修课的课程名称。

因一个表要使用两次，故要为 Course 表取两个别名，一个是 First，另一个是 Second。

```
SELECT First.Sno as 课程号,First.Sname as 课程名,Second.Sname as 先修课名称
FROM Course as First, Course as Second
WHERE First.Cpno=Second.Sno
```

3. 外连接查询

在通常的连接操作中，只有满足连接条件的元组才能作为结果输出。例如，例 3-31 的结果表中只包含有选课的学生信息，原因在于若没有选课，在 SC 表中没有对应的元组，造成 Student 表中这些元组在连接时被舍弃。

有时想以 Student 表为主体列出每个学生的基本情况及其选课情况。若某个学生没有选课，仍把舍弃的 Student 元组保存在结果关系中，而在 SC 表的属性上填空值(Null)，这时就需要使用外连接。外连接分为左外连接（left join）、右外连接（right join）和全外连接（full join）。

（1）左外连接查询

格式：

```
SELECT  <列名表>
FROM  <表名 1 >  Left  Join  <表名 2>
     on <表名 1>.<列名 1>= <表名 2>.<列名 2>
```

说明：输出结果包括表 1 中的所有记录，以及表 2 中所有与表 1 相关联的记录。若表 2 中不存在与表 1 相关联的记录，则用 Null 代替。

【例 3-33】 以 Student 和 SC 基本表为数据源，查询所有学生的选课信息：学号、姓名、课程号和考试成绩，包括已选课和未选课（成绩表无对应的学号）的记录。

```
SELECT Student.Sno as 学号, Student.Sname as 姓名, SC.Cno as 课程号,
       SC.Score as 考试成绩
FROM Student Left Join SC
     on Student.Sno=SC.Sno
```

（2）右外连接查询

格式：

```
SELECT  <列名表>
FROM  <表名 1>  Right  Join  <表名 2>
     on <表名 1>.<列名 1>= <表名 2>.<列名 2>
```

说明：输出结果包括表 2 中的所有记录，以及表 1 中所有与表 2 相关联的记录。若表 1 中不存在与表 2 相关联的记录，则用 Null 代替。

（3）全外连接查询

格式：

```
SELECT  <列名表>
```

```
FROM <表名1> Full Join <表名2>
    on <表名1>.<列名1>= <表名2>.<列名2>
```

说明：输出结果包括表 1 和表 2 两个表的所有记录。若表 1 中没有表 2 的相关联记录，则用 Null 代替；若表 2 中没有表 1 的相关联记录，也用 Null 代替。

4. 多表间的连接

多表间的连接即多个表按特定的条件进行连接，可以理解为各表之间的两两连接。

【例 3-34】 以 Student、SC 和 Course 基本表为数据源，查询所有成绩记录，输出字段包括姓名、课程名称和考试成绩。

```
SELECT Student.Sname as 姓名, Course.Cname as 课程名称,
   SC.Score as 考试成绩
FROM (Student Inner Join SC on Student.Sno=SC.Sno)
      Inner Join Course on SC.Cno = Course.Cno
```

或

```
SELECT Student.Sname as 姓名, Course.Cname as 课程名称,
   SC.Score as 考试成绩
FROM Student, SC, Course
WHERE Student.Sno=SC.Sno And SC.Cno = Course.Cno
```

3.4.3 嵌套查询

在 SQL 中，一个 SELECT-FROM-WHERE 语句称为一个查询块。当一个查询块嵌套在另一个查询的条件中时，即一个 SELECT 语句作为另一个 SELECT 语句的 WHERE 子句条件的一部分，这种查询就称为嵌套查询。通常内层的查询称为子查询，外层的查询称为父查询，执行时先执行子查询，再执行父查询。

SQL 允许多层嵌套查询，即一个子查询中还可以嵌套其他子查询。需要特别指出的是，子查询的 SELECT 语句中不能使用 ORDER BY 子句，ORDER BY 子句只能对最终查询结果排序，即放在最外层查询。

嵌套查询使我们可以用多个简单查询构成复杂的查询，从而增强 SQL 的查询能力。以层层嵌套的方式构造程序正是 SQL 中“结构化”的含义所在。下面介绍几种常见的嵌套形式。

1. 带有 IN 谓词的子查询

在嵌套查询中，子查询的结果往往是一个集合，所以 IN 是嵌套查询中常用的谓词。

【例 3-35】 以 Student 基本表为数据源，查询与“王一”同一专业的学生。

先分步完成此查询，然后构造嵌套查询。

1）确定“王一”所学专业。

```
SELECT specialty
FROM Student
WHERE Sname='王一'
```

结果如下：

```
网络安全
```

2）查找所有专业为“网络安全”的学生。

```
SELECT *
FROM Student
WHERE specialty ='网络安全'
```

将第 1）步查询嵌入第 2）步查询的条件中，构造嵌套查询如下：

```
SELECT *
FROM Student
WHERE specialty IN
    (SELECT specialty
    FROM Student
    WHERE Sname='王一')
```

本例中，子查询的查询条件不依赖于父查询，称为不相关子查询。一种求解方法是由里向外处理，即先执行子查询，再把子查询结果作为父查询的条件值。

本例查询也可以用自身连接来完成：

```
SELECT S1.Sno,S1.Sname,S1.specialty
FROM Student S1, Student S2
WHERE S1.specialty = S2.specialty And S2.Sname = '王一'
```

可见，实现同一个查询可以有多种方法，当然不同的方法其执行效率可能会有差别，甚至差别很大。这就是数据库编程人员应该掌握的数据库性能调优技术。

从本例中可以看出，有些嵌套查询可以用连接运算代替，但有些是不能替换的。对于可以用连接运算代替嵌套查询的，到底采用哪种方法用户可以根据自己的习惯确定。

2. 带有比较运算符的子查询

带有比较运算符的子查询是指父查询与子查询之间用比较运算符进行连接。当用户能确切知道内层查询返回的是单值时，可以用>、<、=、>=、<=、!=或<>等比较运算符。

例如，在例 3-35 中，由于一个学生只可能在一个专业学习，即内查询的结果是一个单值，因此可以用“=”代替 IN。

```
SELECT *
FROM Student
WHERE specialty =
    (SELECT specialty
```

```
    FROM Student
    WHERE Sname='王一')
```

需要注意的是，子查询一定要跟在比较运算符之后。

【例 3-36】 以 SC 基本表为数据源，找出每个学生超过其选修课程平均成绩的学号和课程号。

```
SELECT Sno, Cno
FROM SC x
WHERE Score >= (SELECT AVG(Score)
                FROM SC y
                WHERE x.Sno = y.Sno)
```

x 和 y 分别是两次引用 SC 表的别名。内层查询求一个学生所有选修课程的平均成绩，至于是哪个学生的平均成绩要看参数 x.Sno 的值，而该值与父查询相关，故这类查询称为相关子查询。

求解相关子查询不能像求解不相关子查询那样，应一次将子查询求解出来，然后求解父查询。内层查询由于与外层查询有关，因此必须反复求值。

3. 带有 ANY（或 SOME）、ALL 谓词的查询

子查询返回单值时可以用比较运算符，但返回多值时要用 ANY（有的系统用 SOME）或 ALL 谓词修饰符，而使用 ANY 或 ALL 谓词时必须同时使用比较运算符，其语义如表 3.10 所示。

表 3.10 ANY（或 SOME）、ALL 谓词含义及与聚合函数、IN 谓词的等价转换关系

谓词	语义	等价转换关系
>ANY	大于子查询结果中的某个值	>MIN
>ALL	大于子查询结果中的所有值	>MAX
<ANY	小于子查询结果中的某个值	<MAX
<ALL	小于子查询结果中的所有值	<MIN
>=ANY	大于等于子查询结果中的某个值	>=MIN
>=ALL	大于等于子查询结果中的所有值	>=MAX
<=ANY	小于等于子查询结果中的某个值	<=MAX
<=ALL	小于等于子查询结果中的所有值	<=MIN
<>ANY	不等于子查询结果中的某个值	—
<>ALL	不等于子查询结果中的任何一个值	NOT IN
=ANY	等于子查询结果中的某个值	IN
=ALL	等于子查询结果中的所有值	—

需要说明的是，用聚合函数实现子查询通常要比直接用 ALL 或 ANY 查询效率高。

【例 3-37】 以 SC 基本表为数据源，查询比学号为 202102001 的学生成绩都少的学生的学号、课程号及成绩。

```
SELECT *
```

```
FROM SC
WHERE Score<ALL (SELECT Score
                 FROM SC
                 WHERE Sno='202102001')
        AND Sno<>'202102001'
```

也可以用等价的聚合函数来实现：

```
SELECT *
FROM SC
WHERE Score< (SELECT MIN(Score)
              FROM SC
              WHERE Sno='202102001')
        AND Sno<>'202102001'
```

4. 带有 EXISTS 谓词的子查询

EXISTS 代表存在量词“∃”。包含 EXISTS 谓词的子查询不返回任何具体数据，只产生逻辑真值 true 或逻辑假值 false。

可以利用 EXISTS 判断 $t \in S$、$S \subseteq R$、$S=R$、$S \cap R$ 非空等是否成立。

【例 3-38】 查询所有选修了 C001 号课程的学生姓名。

```
SELECT Sname as 姓名
FROM Student
WHERE EXISTS (SELECT *
              FROM SC
              WHERE Sno=Student.Sno And Cno='C001')
```

使用存在量词 EXISTS 后，若内层查询结果非空，则外层的 WHERE 子句返回真值，否则返回假值；与之对应的是 NOT EXISTS 谓词，若内层查询结果为空，则外层的 WHERE 子句返回真值，否则返回假值。

由 EXISTS 引出的子查询，其目标列表达式通常都用“*”，因为带 EXISTS 的子查询只返回真值或假值，给出列名无实际意义。

一些带 EXISTS 或 NOT EXISTS 谓词的子查询不能被其他形式的子查询等价替换，但所有带 IN 谓词、比较运算符、ANY 和 ALL 谓词的子查询都能用带 EXISTS 谓词的子查询等价替换。例如，带有 IN 谓词的例 3-35 可用如下带 EXISTS 谓词的子查询替换：

```
SELECT Sno, Sname, specialty
FROM Student S1
WHERE EXISTS
   (SELECT *
   FROM Student S2
   WHERE S1. specialty =S2. specialty AND S2.Sname='王一')
```

【例 3-39】 查询选修了全部课程的学生学号、姓名。

在 SELECT 查询中，由于没有全称量词“∀”，因此可以将题目中带全称量词的谓词转换为等价的带有存在量词的谓词，即查询这样的学生，没有一门课程是他不选修的，其形式如下：

$$(\forall x)P \equiv \neg[\exists x(\neg P)]$$

其中，各参数说明如下。

1）$(\forall x)P$：任给一门课程 x，P 学生都选修了。

2）$\neg[\exists x(\neg P)]$：不存在一门课程 x，P 学生没有选修。

SQL 语句如下：

```
SELECT Sno as 学号,Sname as 姓名
FROM Student S
WHERE NOT EXISTS
     (SELECT *
      FROM Course C
      WHERE NOT EXISTS
           (SELECT *
            FROM SC
            WHERE Sno=S.Sno AND Cno=C.Cno))
```

从而用 EXISTS/NOT EXISTS 实现带全称量词的查询。

【例 3-40】 查询至少选修了学生 202103005 选修的全部课程的学生学号。

本查询可以用逻辑蕴涵（implication）来表达：查询学号为 x 的学生，对所有的课程 y，只要学号为 202103005 的学生选修了课程 y，则 x 也选修了 y，其形式化表示如下：

用 p 表示谓词“学号为 202103005 的学生选修了课程 y”，用 q 表示谓词“学生 x 选修了课程 y”，则上述查询为$(\forall y)\, p\rightarrow q$。

SQL 中没有蕴涵逻辑运算，但可以利用谓词演算将一个逻辑蕴涵的谓词等价转换为 $p\rightarrow q \equiv \neg p\, p \vee q$。

该查询可以转换为如下等价形式：

$$(\forall y)p\rightarrow q \equiv \neg\{\exists y[(\neg p\rightarrow q)]\} \equiv \neg\{\exists y[\neg(\neg p \vee q)]\} \equiv \neg[\exists y(p \wedge \neg q)]$$

所表达的语义为不存在这样的课程 y，学号为 202103005 的学生选修了课程 y，而学生 x 没有选修。

用 SQL 表达如下：

```
SELECT Sno as 学号
FROM SC SC1
WHERE NOT EXISTS
     (SELECT *
      FROM SC SC2
      WHERE SC2.Sno='202103005' And NOT EXISTS
           (SELECT *
            FROM SC SC3
            WHERE SC3.Sno=SC1.Sno AND SC3.Cno=SC2.Cno))
```

3.4.4 集合查询

SELECT 语句的查询结果是元组的集合，所以多个 SELECT 语句的结果可以进行集合操作。集合操作主要包括并操作（UNION）、交操作（INTERSECT）和差操作（EXCEPT）。需要注意，参加集合操作的各查询结果的列数必须相同，对应项的数据类型也必须相同。

【例 3-41】 查询选修了课程 C001 或选修了课程 E002 的学生。

```
SELECT Sno
FROM SC
WHERE Cno='C001'
UNION
SELECT Sno
FROM SC
WHERE Cno='E002'
```

【例 3-42】 查询“网络安全”专业的学生与 2021 级学生的交集。

```
SELECT *
FROM Student
WHERE specialty ='网络安全'
INTERSECT
SELECT *
FROM Student
WHERE grade='2021 级'
```

这实际上就是查询 2021 级“网络安全”专业的学生，可以用组合条件查询。

```
SELECT *
FROM Student
WHERE specialty ='网络安全' And grade='2021 级'
```

【例 3-43】 查询“网络安全”专业的学生与 2021 级学生的差集。

```
SELECT *
FROM Student
WHERE specialty ='网络安全'
EXCEPT
SELECT *
FROM Student
WHERE grade='2021 级'
```

即查询非 2021 级的“网络安全”专业的学生。

```
SELECT *
FROM Student
WHERE specialty ='网络安全' And grade<>'2021 级'
```

3.5 数据更新

数据更新操作有3种：向表中添加若干行数据、修改表中的数据和删除表中的若干行数据，其在SQL中有相应的3类语句。

3.5.1 插入数据

SQL的数据输入语句INSERT通常有两种形式：一种是插入一个元组，另一种是插入子查询结果，其中后者可以一次插入多个元组。

1. 插入元组

插入元组的INSERT语句的一般格式如下：

```
INSERT INTO <表名>[(<属性列1>[,<属性列2>,...])]
VALUES(<表达式1>[,<表达式2>,...])
```

功能：向指定的表末尾追加一条新的元组（记录），内容由VALUES确定。其中，新元组的属性列1的值为表达式1的值，属性列2的值为表达式2的值……INTO子句中没有出现的属性列，新元组在这些列上将取空值。但必须注意的是，在表定义时说明NOT NULL的属性列不能取空值，否则会出错。

如果INTO子句中没有指明任何属性列名，则新插入的元组必须在每个属性列上均有值。

【例3-44】 在Student基本表中添加以下记录：

202199001　张三　男　2003-8-2　2021级

```
INSERT INTO Student (Sno, Sname, Ssex, birthday, grade)
VALUES('202199001', '张三', '男','2021-8-2','2021级')
```

属性的顺序可以与CREATE TABLE中的顺序不一样，若INTO子句中只给出表名而没有指出属性名，则VALUES子句必须给出所有属性值且顺序与CREATE TABLE中的次序相同。VALUES子句对新元组的各属性赋值，字符串常量和日期要用单引号（英文符号）括起来。

2. 插入子查询结果

子查询不仅可以嵌套在SELECT语句中，用以构造父查询的条件，也可以嵌套在INSERT语句中，用以生成要插入的批量数据，其一般格式如下：

```
INSERT INTO <表名>[(<属性列1>[,<属性列2>,...])]
子查询
```

【例 3-45】 求每个学生的平均成绩，并把结果存入数据库。

首先在数据库中建立一个新表 Stu_AvgScore，包含 Sno（学号）、Sname（姓名）、Avg_Score（平均成绩）3 个字段。

```
CREATE TABLE Stu_AvgScore(
     Sno char(9),
     Sname varchar(8),
     Avg_Score Numeric(6,1)
     )
```

然后对 Student 和 SC 基本表按学生分组求平均成绩，并存入 Stu_AvgScore 表。

```
INSERT INTO Stu_AvgScore
SELECT S.Sno,Sname,AVG(Score) as Avg_Score
FROM Student S INNER JOIN SC
     On S.Sno = SC.Sno
GROUP BY S.Sno,Sname
```

3.5.2 修改数据

修改操作又称为更新操作，其一般格式如下：

```
UPDATE <表名>
SET<列名 1>=<表达式 1>[, <列名 2>=<表达式 2>,···]
[WHERE <条件表达式>]
```

功能：根据 SET 子句指定的表达式的值，更新指定表中满足指定条件的元组中指定列名的值。若未指定 WHERE 子句，则修改所有元组。

1. 修改指定元组的值

【例 3-46】 将 Student 基本表中学号为 202199001 的学生的专业改为“网络安全”。

```
UPDTAE Student
Set specialty = '网络安全'
WHERE Sno = '202199001'
```

2. 修改所有元组

【例 3-47】 将 SC 基本表中所有的成绩提高 10%。

```
UPDATE SC
Set Score = Score * 1.1
```

3. 带子查询的修改语句

子查询也可以嵌套在 UPDATE 语句中。

【例 3-48】 更新 Stu_AvgScore 表每个学生的平均成绩。

```
UPDATE Stu_AvgScore
Set Avg_Score=SA.Avg_Score
  FROM (SELECT Sno, AVG(Score) as Avg_Score
     FROM SC
     GROUP BY Sno) as SA
WHERE Stu_AvgScore.Sno=SA.Sno
```

3.5.3 删除数据

删除语句的一般格式如下：

```
DELETE FROM <表名>
[WHERE <条件>]
```

功能：删除指定数据表中的元组。若未指定 WHERE 子句，则删除所有元组。

1. 删除指定元组

【例 3-49】 将 Student 基本表中学号为 202199001 的学生删除。

```
DELETE FROM Student
WHERE Sno = '202199001'
```

2. 删除所有元组

【例 3-50】 删除所有的学生选课记录。

```
DELETE FROM SC
```

不加 WHERE 子句，将无条件删除所有元组。

3. 带子查询的删除语句

子查询同样也可以嵌套在 DELETE 语句中，用以构造执行删除操作的条件。

【例 3-51】 从 Student 基本表中删除所有未选修课程的学生。

```
DELETE FROM Student
WHERE Sno NOT IN
   (SELECT Distinct Sno
   FROM SC )
```

3.6 视 图

视图是从一个或几个基本表（或视图）导出的表。视图与基本表不同，是一个虚表。数据库中只存放视图的定义，而不存放视图对应的数据，这些数据仍存放在原来的基本表中。所以，基本表中的数据发生变化，从视图中查询出的数据也就随之发生变化。

视图一经定义，就可以和基本表一样被查询、删除。也可以在一个视图上再定义新的视图，但对视图的更新（增、删、改）操作有一定的限制。

3.6.1 定义视图

1. 建立视图

在 SQL 中，用 CREATE VIEW 语句建立视图，其一般格式如下：

```
CREATE VIEW <视图名>[(<列名 1>[,<列名 2>]…)]
AS <子查询>
[WITH CHECK OPTION]
```

其中，子查询可以是任意复杂的 SELECT 语句，但通常不允许包含 ORDER BY 子句和 DISTINCT 短语。

WITH CHECK OPTION 表示对视图进行 INSERT、UPDATE 和 DELETE 操作时要保证被操作的行满足视图定义中的谓词条件（子查询中的条件表达式）。

组成视图的属性列名或者全部省略或者全部指定，没有第 3 种选择。如果省略了视图的各个属性列名，则隐含该视图由子查询中 SELECT 子句目标列中的诸字段组成。在下列 3 种情况下必须明确指定组成视图的所有列名：

1）某个目标列不是单纯的属性名，而是聚合函数或列表达式。

2）多表连接时选出几个同名列作为视图的字段。

3）需要在视图中为某个列启用更合适的新名字。

【例 3-52】 建立名为 Stu_21grade 的视图，视图内容为 2021 级的学生学号、姓名和性别等信息。

```
CREATE View Stu_21grade
AS
    SELECT Sno, Sname, Ssex, grade
    FROM Student
    WHERE grade='2021 级'
```

本例中省略了列名，隐含了由子查询中 SELECT 子句中的 4 个列名组成。

RDBMS 执行 CREATE VIEW 语句的结果只是把视图的定义存入数据字典，并不执行其中的 SELECT 语句；只有在对视图查询时，才按视图的定义从基本表中将数据查出。

【例 3-53】 把例 3-52 的要求改为建立名为 Stu_21grade 的视图，并要求进行修改和插入操作时仍保证该视图只有 2021 级的学生学号、姓名和性别等信息。

```
CREATE View Stu_21grade
AS
    SELECT Sno, Sname, Ssex, grade
    FROM Student
    WHERE grade='2021 级'
```

```
WITH CHECK OPTION
```

由于定义时加上了 WITH CHECK OPTION 子句，因此以后对该视图进行插入、修改和删除时，RDBMS 会自动加上“grade='2021 级'”的条件。

视图不仅可以建立在单个基本表上，也可以建立在多个基本表上以及一个或多个已定义好的视图上，还可以用带有聚合函数的 GROUP BY 子句的查询来定义视图。

【例 3-54】 以 Student、SC 和 Course 基本表为数据源建立名为 Stu_Score 的视图，字段包括学号、姓名、课程名称和考试成绩等信息。

```
CREATE View Stu_Score
AS
   SELECT Student.Sno ,Student.Sname, Course.Cname, SC.Score
   FROM (Student Inner Join SC on Student.Sno=SC.Sno)
        Inner Join Course on SC.Cno = Course.Cno
```

【例 3-55】 以 Stu_Score 视图为数据源建立名为 Stu_AVGScore 的视图，字段包括学号、姓名和平均成绩等信息。

```
CREATE View Stu_AVGScore(Sno,Sname,avg_Score)
AS
   SELECT Sno, Sname, AVG(Score)
   FROM Stu_Score
   GROUP BY Sno, Sname
```

由于 AS 子句中 SELECT 语句的目标列平均成绩是通过聚合函数得到的，因此 CREATE VIEW 中必须明确定义组成视图的各个属性列名。

2. 删除视图

删除视图的语句格式如下：

```
DROP VIEW <视图名> [CASCADE]
```

删除视图后，视图的定义将从数据字典中删除。如果加上 CASCADE 短语，则会把该视图及由其导出的所有视图一起删除。

基本表删除后，由该基本表导出的所有视图（定义）没有被删除，但均已无法使用，要用 DROP VIEW 显式地删除这些视图（定义）。

3.6.2 查询视图

视图定义后，用户就可以像对基本表一样对视图进行查询。

【例 3-56】 以 Stu_21grade 视图为数据源，查找女生信息。

```
SELECT *
FROM Stu_21grade
WHERE Ssex='女'
```

RDBMS 执行对视图的查询时，首先进行有效性检查，检查查询中涉及的表、视图等是否存在。如果存在，则从数据字典中取出视图的定义，把定义中的子查询和用户的查询结合起来，转换成等价的对基本表的查询，然后执行修正了的查询。这一转换过程称为视图消解。

本例转换后的查询语句如下：

```
SELECT Sno, Sname, Ssex, grade
FROM Student
WHERE grade='2021级' And Ssex='女'
```

一般情况下，对视图的查询可直接转换为对基本表的查询。但有些情况下，这种转换不能直接进行，查询时就会出现问题，如例 3-57。

【例 3-57】 以 Stu_AVGScore 视图为数据源，查询平均成绩不小于 80 分的信息。

```
SELECT *
FROM Stu_AVGScore
WHERE avg_Score>=80
```

将本例中的查询语句与 Stu_AVGScore 视图的子查询结合，形成下列查询语句：

```
SELECT Sno, Sname, AVG(Score)
FROM Stu_Score
WHERE AVG(Score)>=80
GROUP BY Sno, Sname
```

因为 WHERE 子句中不能用聚合函数作为条件表达式，所以执行此修正后的查询将会出现语法错误。通常这类查询应直接对基本表进行，语句如下：

```
SELECT S.Sno, Sname, AVG(Score) as avg_Score
FROM Student S Inner Join SC on S.Sno = SC.Sno
GROUP BY S.Sno, Sname
    HAVING AVG(Score)>=80
```

3.6.3 更新视图

更新视图是指通过 INSERT、DELETE 和 UPDATE 等操作语句对视图数据进行改变。

由于视图是不存储实际数据的虚表，只存储它的定义，因此对视图的更新最终要转换为对基本表的更新。为了防止用户通过视图对数据进行增加、删除、修改时，有意无意地对不属于视图范围内的基本表数据进行操作，可在定义视图时加上 WITH CHECK OPTION 子句。这样在视图上增加、删除、修改数据时，RDBMS 会检查视图定义中的条件，若不满足条件，则拒绝执行该操作。

在关系数据库中，并不是所有视图都是可更新的，因为有些视图的更新不能唯一地有意义地转换成对相应基本表的更新。

例如，例 3-55 中定义的 Stu_AVGScore 视图，其中平均成绩属性列是分组后使用聚合函数计算得来的。若对平均成绩进行修改，则无法转换成对 SC 基本表的更新，因为系统无法修正各科成绩，所以 Stu_AVGScore 视图是不可更新的。

一般地，若一个视图是从单个基本表导出的，并且只是去掉了基本表的某些行和某些列，但保留了主键，则这类视图称为行列子集视图，是可更新的。

3.6.4 视图的作用

合理使用视图能够带来许多好处，简述如下。

1）视图能够简化用户的操作。视图机制使用户可以将注意力集中在所关心的数据上。用户只需对一个虚表做简单查询，而不必关心该虚表是怎么得来的。

2）视图使用户能以多种角度看待同一数据。视图机制能使不同用户以不同方式看待同一数据。

3）视图对重构数据库提供了一定程序的逻辑独立性。数据的逻辑独立性是指当数据重构时，如增加新的关系或对原有关系增加新的字段等，用户的应用程序不会受影响。

4）视图能够对机密数据提供安全保护。有了视图机制，就可以在设计数据库应用系统时对不同的用户定义不同的视图，使机密数据不出现在不应看到这些数据的用户视图上，这样视图机制就自动提供了对机密数据的安全保护功能。

5）适当地利用视图可以更清晰地表达查询。

3.7 习　题

以 3.2 节的学生-课程数据库 Student 中的 Student、SC、Course 3 个基本表为数据源，写出以下要求对应的 SQL 命令。

1. 为 SC 基本表的成绩列升序创建一个普通索引 Index_Score（非唯一、非聚集）。

2. 为 Course 基本表的课程名列降序创建一个唯一索引 Index_Cname。

3. 为 Student 基本表创建一个复合索引 Index_Grade_Spe，先按年级升序排序，若年级相同，则按专业降序排序。

4. 以 Student 基本表为数据源，查询 4 月份出生的学生信息（所有列）。

5. 以 Student 基本表为数据源，查询学号与年级不符的学生学号、姓名、专业和年级。其中，学号的前 4 位为年级。

6. 以 Student 基本表为数据源，查询入学年龄不大于 18 岁的学生学号、姓名和年龄。

7. 以 Student 基本表为数据源，查询学生姓名以“玲”字结尾的学生学号、姓名和性别。

8. 以 Course 基本表为数据源，若 1 个学分需要 16 学时，查询学分和学时不符的课程信息。

9. 以 Course 基本表为数据源，查询课程名为“数据结构”和“操作系统”的课程信息，分别用 IN 和 Or 实现。

10. 以 SC 基本表为数据源，查询 70 分段的成绩信息。

11. 以 Student、SC、Course 基本表为数据源，查询每个学生的学号、姓名、课程名和成绩。

12. 以 Student、SC 基本表为数据源，查询没有选课的学生学号、姓名、专业和年级，分别用左外连接查询和子查询实现。

13. 以 Student、SC 基本表为数据源，统计每个学生的学号、姓名、选课门数和平均成绩，并按平均成绩降序显示。

14. 以 Student、SC、Course 基本表为数据源，统计每个学生的智育分，显示学号、姓名和智育分。其中，智育分为每门课成绩乘以学分之和，再除以总学分。

15. 以 Student 基本表为数据源，查询专业人数超过 2 人的专业信息，显示专业和人数。

16. 以 Student、SC、Course 基本表为数据源，查询选修“C++语言”课程的学生当中，成绩不小于该课程平均分的学生名单。

17. 以 Student、SC、Course 基本表为数据源，查询选修了全部课程的学生学号、姓名和专业。

18. 以 Student、SC、Course 基本表为数据源，查询至少选修了“郑丽”选修的全部课程的学生学号和姓名。

19. 在 Student 基本表添加以下记录：

202299099，王五，男，2004-1-2 出生，2022 级网络安全专业

20. 把学号为 202299099 的学生的入学日期改为 2022-9-1。

21. 把课程名为“电子技术”的成绩每人加 5 分。

22. 从 Student 基本表中删除名为“张三”的记录。

23. 创建一个名为 V_Stu_cj 的学生成绩视图，内容包括学号、姓名、课程名和成绩，其中学号后两位用两个“*”代替，姓名的第 2 个字也用“*”代替。隐藏个人信息，即数据脱敏。

24. 创建一个名为 V_Stu_male 的男生视图，内容包括学号、姓名、性别、出生日期、专业和年级。要求对视图添加记录时，只能添加男生。

25. 在 V_Stu_male 视图中添加以下记录：

202211111，张建业，男，2004-9-2 出生，2022 级计算机专业

再尝试添加以下记录，看能否成功：

202122222，李一婷，女，2003-11-12 出生，2021 级电子技术专业

第 4 章　关系数据库理论

本章要点

- 函数依赖
- 规范化理论
- 数据依赖的公理系统
- 模式的分解

前面已经讨论了数据库系统的一般概念，介绍了关系数据库的基本概念、关系模型的三要素及关系数据库的标准语言 SQL。实际上，设计任何一种数据库应用系统，不论是哪种数据模型，都会遇到如何构造合适的数据模式，即逻辑结构的问题。由于关系模型有严格的数学理论基础，并且可向其他数据模型转换，因此人们就以关系模型为背景来讨论这个问题，形成了数据库逻辑设计的一个有力工具——关系数据库的规范化理论。规范化理论虽然以关系模型为背景，但是它对于一般的数据库逻辑设计同样具有理论上的意义。

本章主要讨论关系数据库规范化理论，讨论如何判断一个关系模式是否好的关系模式，以及如何将不好的关系模式分解成好的关系模式，并保证得到的关系模式仍能表达原来的语义。

4.1 问题的提出

数据库设计是数据库应用领域中的主要研究课题，其任务是在给定的应用环境下，创建满足用户需求且性能良好的数据库模式，建立数据库及其应用系统，使之能有效地存储和管理数据，满足各单位或部门各类用户的需求。

数据库设计需要理论指导，关系数据库规范化理论就是数据库设计的一个理论指南。规范化理论研究的是关系模式中各属性之间的依赖关系及其关系模式性能的影响，探讨“好”的关系模式应该具备的性质，以及达到“好”的关系模式的方法。规范化理论提供了判断关系模式好坏的理论标准，可以帮助人们预测出现的问题，因此是设计人员的有力工具，也使数据库设计有了严格的理论基础。

在数据管理中，数据冗余一直是影响数据库系统性能的大问题。在文件系统中，由于文件之间没有联系，导致一个数据在多个文件中重复出现，造成数据冗余。数据库系统克服了文件系统的这种缺陷，但对于数据冗余问题仍然要关注。如果一个关系模式设计得不好，就会出现像文件系统一样数据冗余、异常、不一致等问题。

【例 4-1】 设有一个关系模式：学生成绩 Stu_score(Sno, Sname, Sdept, Sloc, Cno，Score)，其中各属性的含义分别为学号、姓名、所在系、系的地址、课程号和考试成绩。虽然该关系模式只有 6 个属性，但在使用过程中会出现以下几个问题。

1）**数据冗余**。如果一个学生选修多门课程，那么该关系中将出现多个 Sdept 和 Sloc 值相同的元组。由于数据冗余，因此在对数据操作时会引起各种异常。

2）**修改异常**。如果某个学生转专业，转到另一个系，则不仅要修改 Sdept 属性，而且还要修改 Sloc 属性。另外，如果该学生选修了 *k* 门课，那么必须无遗漏地修改 *k* 个元组中的 Sdept 和 Sloc 属性值，否则就会造成该学生的信息不一致。

3）**插入异常**。如果想要添加一个学生，但该学生尚未选课，缺少 Cno 属性值，而 Cno 是主键（Sno, Cno）的一部分，即主属性，主属性不能为空值，这就造成该学生信息无法添加。

4）**删除异常**。如果某学生因某种原因想退选一门课程，且该生也刚好只选修这一门课，那么就要把该学生的相关信息一起删除（因缺少主键），这也是一种不合适的现象。

因此，关系模式“学生成绩”不是一个“好”的模式。产生上述问题的主要原因是由于该关系模式中存在某些不合适的数据依赖（函数依赖）关系。规范化理论正是用来改造关系模式，通过分解关系模式来消除其中不合适的数据依赖，以解决数据冗余、修改异常、插入异常和删除异常等问题。

4.2 规 范 化

我们知道，不仅实体之间存在着相互联系、相互制约，而且实体本身的各个属性之间也存在着相互联系、相互制约。例如，一个人的住址依赖于他的姓名，属性之间的这种依赖关系表达了一种语义信息。在数据库技术中，把属性之间的这种依赖关系称为函数依赖。在数据库规范化设计中，函数依赖起着关键的作用。通常按属性之间的依赖情况来区分关系规范化的程度：第一范式（first normal form，1NF）、第二范式（second normal form，2NF）、第三范式（third normal form，3NF）、第四范式（fourth normal form，4NF）等。

4.2.1 函数依赖

函数是大家非常熟悉的概念，对公式 $Y=f(X)$ 肯定不陌生，但是大家熟悉的是 X 和 Y 在数量上的关系，即给定一个 X 值，都会有一个 Y 值与之对应。也可以说，X 函数决定 Y，或 Y 函数依赖于 X。

在关系数据库中讨论函数或函数依赖注重的是语义上的关系，如：

$$姓名=F(学号)$$

只要给出一个具体学生的学号，就会有唯一的一个具体姓名与它对应，如 202102001 对应的姓名是“王一”，这里学号是自变量 X，姓名是变量或函数值 Y，一般把 X 函数决定 Y 或 Y 函数依赖于 X 表示为 $X \to Y$。

根据以上讨论可以写出较直观的函数定义，即如果有一个关系模式 $R(A_1,A_2,\cdots,A_n)$，X 和 Y 为 $\{A_1,A_2,\cdots,A_n\}$ 的子集，r 是 R 的任一具体关系，那么对于关系 r 中的任意一个 X 值，都只有一个 Y 值与之对应，则称 X 函数决定 Y 或 Y 函数依赖于 X。

【例 4-2】 学生关系模式 Student(Sno, Sname, Ssex, birthday)有以下函数依赖关系：

```
Sno→Sname, Sno→Ssex, Sno→birthday
```

学生选课关系模式 SC(Sno, Cno, score) 有以下函数依赖关系：

```
(Sno, Cno)→score
```

下面给出几个函数依赖的形式化定义。

1. 函数依赖

定义：设有关系模式 $R(U)$，X、Y 是属性集 U 的子集。若对于 $R(U)$的任意一个可能的关系实例 r，r 中不可能存在两个元组在 X 上的属性值相等，而在 Y 上的属性值不等，则称 **X 函数决定 Y 或 Y 函数依赖于 X**，记作 $X \to Y$。

显然，函数依赖讨论的是属性之间的依赖关系，是语义范畴的概念。也就是说，关系模式的属性之间是否存在函数依赖只与语义有关。为此，设计者可以对现实世界做强制规定。例如，若在学生关系模式 Student 中强制规定 Sname 属性值不能重复，即唯一值，那么也有以下函数依赖关系：

```
Sname→Sno, Sname→Ssex, Sname→birthday
```

注意：函数依赖不是指关系模式 R 的某个或某些关系满足的约束条件，而是指 R 的一切关系均要满足的约束条件。

下面介绍一些术语和记号。

1）$X \to Y$，但 $Y \not\subseteq X$，则称 $X \to Y$ 是**非平凡的函数依赖**。

2）$X \to Y$，但 $Y \subseteq X$，则称 $X \to Y$ 是**平凡的函数依赖**。对于任一关系模式，平凡函数依赖都是必然成立的，其未反映新的语义。若不特别声明，总是讨论非平凡的函数依赖。

3）若 $X \to Y$，则 X 称为该函数依赖的决定属性组，也称为决定因素。

4）$X \to Y$，$Y \to X$，则记作 $X \longleftrightarrow Y$。

5）若 Y 不函数依赖于 X，则记作 $X \nrightarrow Y$。

2. 部分函数依赖

定义：在 $R(U)$中，若 $X \to Y$，并且对于 X 的任意一个真子集 X'，都有 $X' \nrightarrow Y$，则称 **Y 完全函数依赖于 X**，记作 $X \xrightarrow{f} Y$；否则称 **Y 部分函数依赖于 X**，记作 $X \xrightarrow{p} Y$。

例如，学生成绩关系模式 Stu_score(<u>Sno</u>, Sname, <u>Cno</u>, score)中，(Sno, Cno) $\xrightarrow{f}$ score 是完全函数依赖，(Sno, Cno) $\xrightarrow{p}$ Sname 是部分函数依赖，因为 Sno→Sname 成

立，而 Sno 是(Sno, Cno)的真子集。

3. 传递函数依赖

定义：在 $R(U)$中，若 $X \to Y$，$Y \to Z$，且 $Y \not\subseteq X$，$Y \not\to X$，$Z \not\subseteq Y$，则称 Z **传递函数依赖于** X。

在例 4-1 中，有 Sno（学号）→Sdept（所在系）、Sdept（所在系）→Sloc（系的地址），所以 Sno 传递函数决定 Sloc。

之所以加上条件 $Y \not\to X$，是因为如果 $Y \to X$，则 $X \leftarrow\rightarrow Y$，实际上是 $X \to Z$，是直接函数依赖而不是传递函数依赖。

4.2.2 键

关键字（简称为键或码）是关系模式中一个重要概念，在第 2 章中已给出了有关键的若干定义。这里用函数依赖的概念来定义键。

定义：设 K 为关系模式 $R(U)$中的属性或属性组合，若 $K \xrightarrow{f} U$，则 K 为 R 的**候选键**，也称为**候选码**。若有多个候选键，则选择其中一个为**主键**，即**主码**。

包含在任意一个候选键中的属性称为**主属性**，不包含在任何候选键中的属性称为**非主属性或非码属性**（non-key attribute）。最简单的情况为单个属性是键；最极端的情况为整个属性组是键，称为**全键或全码**。

【例 4-3】 第 3 章中的关系模式 Student(<u>Sno</u>, Sname, Ssex, birthday, en_time, specialty, grade)，单个属性 Sno 是码，用下划线标注出来。关系模式 SC(<u>Sno, Cno</u>, score)中，属性组合(Sno, Cno)是码。

【例 4-4】 关系模式 $R(\underline{P, C, S})$，其中属性 P 表示商品，C 表示顾客，S 表示售货员。为了确定某一商品与顾客、售货员的关系唯一性，该关系模式的码为$(\underline{P, C, S})$，即全码。

定义：关系模式 R 中属性或属性组 X 并非 R 的键，但 X 是另一个关系模式的键，则称 X 是 R 的**外键**，也称**外码**。

例如，例 4-3 中，关系模式 SC(<u>Sno, Cno</u>, score)中的属性 Sno 不是主键，但 Sno 是关系模式 Student(<u>Sno</u>, Sname, Ssex, birthday, en_time, specialty, grade)中的主键，则 Sno 是关系模式 SC 的外键（或外码）。

主键与外键提供了一个表示关系之间联系的手段，如关系模式 Student 和 SC 的联系就是通过 Sno 来体现的。

4.2.3 范式

在关系模式的分解中，函数依赖起着重要的作用。为了评估分解后的关系模式的优劣，Codd（科德）于 1971～1972 年系统地提出了 1NF、2NF 和 3NF 的概念。1974 年 Boyce（波依斯）和 Codd 又共同提出了 BCNF，作为 3NF 的改进。1976 年 Fagin（费金）又提出了 4NF，后来又有人提出了 5NF。各种范式之间的关系如下：

$$1NF \supset 2NF \supset 3NF \supset BCNF \supset 4NF \supset 5NF$$

一个低一级范式的关系模式，通过分解（投影）方法可转换成多个高一级范式的关系模式的集合，这种过程称为规范化。规范化设计方法称为关系模式的规范化。

1. 1NF

定义：如果关系模式 R 中的每一个属性都是不可再分的数据项，则称 R 是 1NF 的模式，记作 $R \in 1NF$。

1NF 是对关系模式的基本要求，不满足 1NF 的数据库就不是关系数据库。

2. 2NF

定义：如果关系模式 $R \in 1NF$，且每一个非主属性都完全函数依赖于任意一个候选键（不存在部分函数依赖），则称 R 为 2NF，记作 $R \in 2NF$。

满足 1NF 的关系模式并不一定是一个好的关系模式。

例如，例 4-1 中的关系模式：学生成绩 Stu_score(Sno, Sname, Sdept, Sloc, Cno, score)，其中，各属性的含义分别为学号、姓名、所在系、系的地址、课程号和考试成绩，因关系模式中的每一个数据项不可再分，故满足 1NF。“学生成绩”的主键为（Sno, Cno）组合属性，同时含有如下函数依赖：

$(Sno, Cno) \xrightarrow{f} score$

$Sno \rightarrow Sname$

$(Sno, Cno) \xrightarrow{p} Sname$

$Sno \rightarrow Sdept$

$(Sno, Cno) \xrightarrow{p} Sdept$

$Sno \rightarrow Sloc$

$(Sno, Cno) \xrightarrow{p} Sloc$

$Sdept \rightarrow Sloc$

可以用图 4.1 直观地表示这些函数依赖。

从图 4.1 中可以看出，其存在着不合理的函数依赖，即 Sname、Sdept 和 Sloc 3 个非主属性对主键（Sno，Cno）存在着部分函数依赖，导致该关系模式存在数据冗余和操作异常。图 4.1 中实线表示完全函数依赖，虚线表示部分函数依赖。

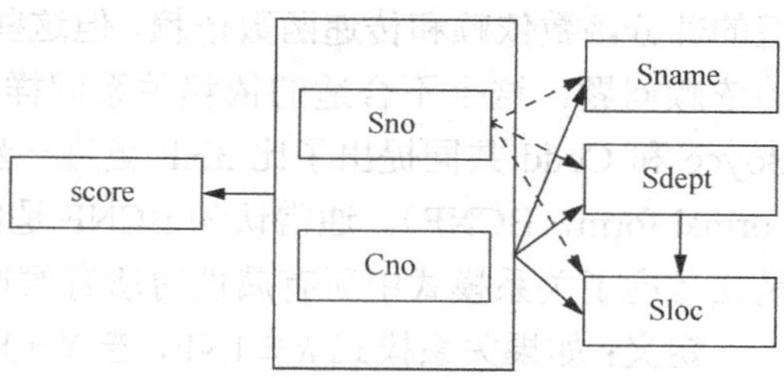

图 4.1 学生成绩的函数依赖

用投影方法将关系模式分解为如下两个关系模式。

学生信息：Student(<u>Sno</u>, Sname, Sdept, Sloc)

学生成绩：Stu_score(<u>Sno, Cno</u>, score)

其中，带下划线的为主键。这两个关系模式的每个非主属性都完全函数依赖于它的主键，即满足 2NF。同时可以在一定程度上减轻原关系模式的数据冗余和操作异常等问题。

值得注意的是，若关系模式 *R* 的键是单属性（单码），必定不存在部分函数依赖，则 *R* 为 2NF。

3. 3NF

定义： 如果关系模式 $R \in 2NF$，且每一个非主属性都不传递函数依赖于任意一个候选键，则称 *R* 为 3NF，记作 $R \in 3NF$。

满足 2NF 的关系模式也并不一定是一个好的关系模式。

例如，关系模式“学生信息：Student(<u>Sno</u>, Sname, Sdept, Sloc)”的每一个非主属性都完全依赖于主键，即满足 2NF。但因为非主属性 Sloc 对主键是传递函数依赖，所以它还存在着数据冗余和操作异常：一个系有多名学生，则该系的地址就重复多次；若某个系刚成立，因无学生而缺少主键，则系的信息就无法添加；修改和删除操作也同样存在异常。

用投影方法将关系模式分解为如下两个关系模式：

学生信息：Student(<u>Sno</u>, Sname, Sdept)

系的信息：Depart(<u>Sdept</u>, Sloc)

经过分解后，关系模式“学生信息”和“系的信息”均不存在非主属性对键的传递函数依赖，所以均属于 3NF。

值得注意的是，从本例中可以看出，若关系模式 *R* 中只有两个属性，必定不会存在传递函数依赖，所以 *R* 必为 3NF。

由于 3NF 关系模式中不存在非主属性对任意一个候选键的部分函数依赖和传递函数依赖，因而在很大程度上消除了数据冗余和更新异常。在实际应用系统的数据库设计中，一般达到 3NF 即可。

4. Boyce-Codd 范式

关系数据库设计的目的是消除部分函数依赖和传递函数依赖，因为这些函数依赖会导致更新异常。到目前为止，所讨论的 2NF 和 3NF 都不允许非主属性对任意一个候选键的部分函数依赖和传递函数依赖，但这些定义并没有考虑主属性对不包含它的候选键的依赖问题，这个不合适的依赖关系同样可能引起数据冗余和更新异常问题。为此，Boyce 和 Codd 共同提出了比 3NF 更进一步的范式，即 Boyce-Codd 范式（Boyce-Codd normal form，BCNF）。通常认为 BCNF 是修正的 3NF，有时也称为扩充的 3NF。BCNF 是在考虑了关系模式中所有属性对所有候选键的函数依赖的基础上建立的。

定义： 如果关系模式 $R \in 1NF$，若 $X \to Y$ 且 $Y \subsetneq X$ 时 *X* 必包含候选键，则 $R \in BCNF$。

也就是说，关系模式 *R* 中，若每一个决定因素都包含候选键，则 $R \in BCNF$。

由 BCNF 的定义可以得到结论，一个满足 BCNF 的关系模式应满足以下条件：

1）所有非主属性对每一个候选键都是完全函数依赖。

2）所有的主属性对每一个不包含它的候选键也是完全函数依赖。

3）没有任何属性完全函数依赖于非候选键的任何一组属性。

下面给出一个违反 BCNF 的示例，并说明如何将非 BCNF 关系转换为 BCNF 关系。

【例 4-5】 关系模式 STJ(S,T,J)中，S 表示学生，T 表示教师，J 表示课程。每一名教师只教一门课；每门课有若干教师，某个学生选定了某门课，就对应一个固定的教师。由语义可以得到如下函数依赖：

$$(S, J)\rightarrow T,\ (S, T)\rightarrow J,\ T\rightarrow J$$

如图 4.2 所示，这里(S, J)和(S, T)都是候选键。STJ 是 3NF，因为没有任何非主属性对候选键部分函数依赖或传递函数依赖。但 STJ 不是 BCNF 关系，因为 T 是决定因素，但 T 不包含候选键。

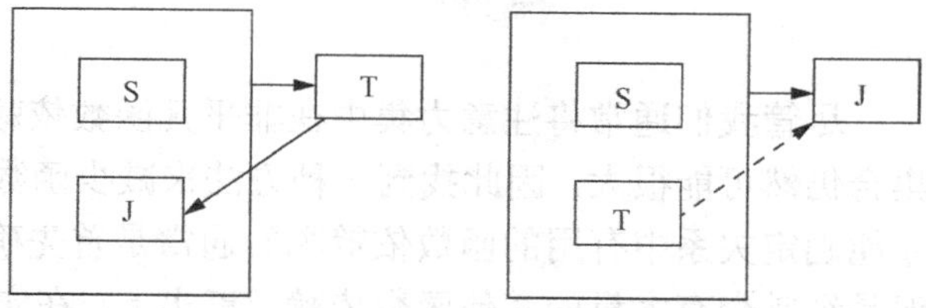

图 4.2 STJ 的函数依赖

对于不是 BCNF 的关系模式，仍然存在不合适的函数依赖，如图 4.2 中虚线表示的部分函数依赖，这同样可能引起数据冗余和更新异常问题。

非 BCNF 的关系模式也可以通过分解成为 BCNF。例如，将 STJ 分解为 ST(S, T)和 TJ(T, J)，它们都是 BCNF。

总的来说，规范化的基本思想是逐步消除不合理的数据依赖，使各关系模式达到某种程度的“分离”，即让一个关系描述一个概念、一个实体集或实体间的一种联系，若多于一个概念就把它“分离”出去。因此，规范化实质上是概念的单一化。图 4.3 总结了规范化的过程。

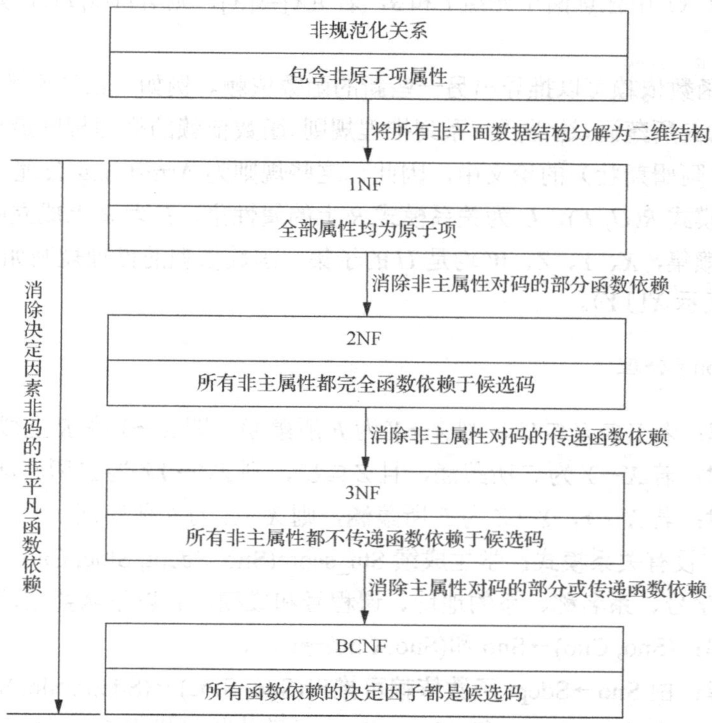

图 4.3 规范化的过程

显然，规范化程度低的关系模式可能会存在数据冗余和操作异常，需要将其分解转换成高级范式。但这并不意味着规范化程度越高的关系模式就越好，特别是以查询为主的关系，范式越高，查询语句越复杂，效率也越低。实际上，一般能满足前三个范式即可，有时可能还会特意保留部分冗余，以便能更方便地查询数据。

4.3 数据依赖的公理系统

尽管我们通常将注意力集中在非平凡函数依赖上，但一个关系 R 的函数依赖的完整集合仍然可能很大，因此找到一种方法来减少函数依赖集合的规模是非常必要的。如何才能确定关系中有用的函数依赖呢？通常是首先确定那些语义上非常明显的函数依赖，但是经常会有大量的其他函数依赖。事实上，在实际的数据库项目中要确定所有可能的函数依赖是不可能的。这里讨论的是用一种方法来帮助确定关系的完整的函数依赖集合，并讨论如何得到一个表示完整函数依赖的最小函数依赖集。

4.3.1 函数依赖的推理规则

定义：对于满足一组函数依赖 F 的关系模式 $R(U, F)$，其任何一个关系 r，若函数依赖 $X \to Y$ 都成立（r 中任意两个元组 t 和 s，若 $t[X]=s[X]$，则 $t[Y]=s[Y]$），则称 **F 逻辑蕴涵 $X \to Y$**。

从已知的函数依赖可以推导出另一些新的函数依赖。例如，已知函数依赖集 F，要问 $X \to Y$ 是否为 F 所蕴涵，这需要一系列推理规则。函数依赖的推理规则最早出现在 1974 年 Armstrong（阿姆斯壮）的论文中，因此称这些规则为 Armstrong 公理。

设有关系模式 $R(U, F)$，U 为关系模式 R 上的属性集，F 为 R 上成立的只涉及 U 中属性的函数依赖集，X、Y、Z、W 均是 U 的子集，函数依赖的推理规则如下（为了简单起见，用 XY 表示 $X \cup Y$）。

1. Armstrong 公理

1）**自反律**：若 $Y \subseteq X \subseteq U$，则 $X \to Y$ 为 F 所蕴涵，即 $X \to Y$ 在 R 上成立。

2）**增广律**：若 $X \to Y$ 为 F 所蕴涵，且 $Z \subseteq U$，则 $XZ \to YZ$ 为 F 所蕴涵。

3）**传递律**：若 $X \to Y$，$Y \to Z$ 为 F 所蕴涵，则 $X \to Z$ 为 F 所蕴涵。

【例 4-6】 设有关系模式：学生成绩 Stu_score(Sno, Sdept, Sloc, Cno, score)，其中，各属性分别为学号、系名称、系的地址、课程号和成绩，有以下函数依赖是成立的。

1）自反律：(Sno, Cno)→Sno 和(Sno, Cno)→Cno。

2）增广律：由 Sno→Sdept 函数依赖可推出(Sno, Sloc)→(Sdept, Sloc)。

3）传递律：由 Sno→Sdept 和 Sdept→Sloc 函数依赖可推出 Sno→Sloc。

2. Armstrong 公理推论

根据上述3条推理规则，又可推出下述3条推理规则。

1）**合并规则**：若 $X \to Y$，$X \to Z$，则 $X \to YZ$ 为 F 所蕴涵。

2）**伪传递规则**：若 $X \to Y$，$WY \to Z$，则 $XW \to Z$ 为 F 所蕴涵。

3）**分解规则**：若 $X \to Y$，$Z \subseteq Y$，则 $X \to Z$ 为 F 所蕴涵。

根据合并规则和分解规则可得到以下结论：如果 $A_1, A_2, \cdots, A_n$ 是关系模式 R 的属性集，那么 $X \to A_1, A_2, \cdots, A_n$ 成立的充分必要条件是 $X \to A_i$（i=1, 2, 3,⋯, n）成立。

4.3.2 闭包及候选键求解方法

1. 函数依赖集的闭包

定义：在关系模式 $R(U, F)$中，为 F 所逻辑蕴涵的函数依赖的全体称为 F 的闭包，记为 F^+。

【例4-7】 设有关系模式 $R(A, B, C, G, H, I)$及其函数依赖集 $F=\{A \to B, A \to C, CG \to H, CG \to I, B \to H\}$，判断 $A \to H$、$CG \to HI$ 和 $AG \to I$ 是否属于 F^+。

解：根据 Armstrong 公理系统，有以下结论。

1）$A \to H$：由于有 $A \to B$ 和 $B \to H$，根据传递律，可推出 $A \to H$。

2）$CG \to HI$：由于 $CG \to H$ 和 $CG \to I$，根据合并规则，可推出 $CG \to HI$。

3）$AG \to I$：由于 $A \to C$ 和 $CG \to I$，根据伪传递规则，可推出 $AG \to I$。

因此，$A \to H$、$CG \to HI$ 和 $AG \to I$ 均属于 F^+。

对关系模式 $R(U, F)$，应用 Armstrong 公理系统计算 F^+的过程如下。

步骤1：$F^+=F$。

步骤2：对 F^+中的每个函数依赖 f，在 f 上应用自反律和增广律将结果加入 F^+中；对 F^+中的一对函数依赖 f_1 和 f_2，如果 f_1 和 f_2 可以使用传递律结合起来，则将结果加入 F^+中。

步骤3：重复步骤2，直到 F^+不再增大为止。

2. 属性集的闭包

对于一个关系模式 $R(U, F)$，要根据已给出的函数依赖 F，利用推理规则推导出其全部函数依赖集是很困难的。例如，从 $F=\{X \to A_1, A_2, \cdots, A_n\}$出发，至少可以推导出 2^n 个不同的函数依赖。为此引入了下面的概念。

定义：设 F 为属性集 U 上的一组函数依赖，$X \subseteq U$，$X_F^+=\{A \mid X \to A$ 能由 F 根据 Armstrong 公理导出$\}$，则称属性集 X 关于函数依赖集 F 的闭包，记为 X_F^+（或 X^+）。

对关系模式 $R(U, F)$，求属性集 X 相对于函数依赖集 F 的闭包 X^+的算法如下。

步骤1：$X^+=X$。

步骤2：如果 F 中有某个函数依赖 $Y \to Z$，满足 $Y \subseteq X^+$，则 $X^+ = X^+ \cup Z$。

步骤 3：重复步骤 2，直到 X^+不再增大为止。

【例 4-8】 已知关系模式 $R(U, F)$，$U=\{A, B, C, D, E\}$，$F=\{A\rightarrow B, D\rightarrow C, BC\rightarrow E, AC\rightarrow B\}$，求$(AE)^+$和$(AD)^+$。

求$(AE)^+$的步骤如下。

步骤 1：$(AE)^+=AE$。

步骤 2：

1）对$(AE)^+$中的 A，由于有 $A\rightarrow B$，因此$(AE)^+=(AE)^+\cup B=AEB$。

2）逐一扫描 F 中的各个函数依赖，找到左侧为 ABE 或 ABE 子集的函数依赖。因为找不到这样的函数依赖，所以算法终止。

最终，$(AE)^+=ABE$。

求$(AD)^+$的步骤如下。

步骤 1：$(AD)^+=AD$。

步骤 2：

1）对$(AD)^+$中的 A，由于有 $A\rightarrow B$，因此$(AD)^+=(AD)^+\cup B=ADB$。

2）对$(AD)^+$中的 D，由于有 $D\rightarrow C$，因此$(AD)^+=(AD)^+\cup C=ADBC$。

3）对$(AD)^+$中的 B、C，由于有 $BC\rightarrow E$，因此$(AD)^+=(AD)^+\cup E=ADBCE$。

至此，$(AD)^+$已包含了 R 中的全部属性，因此$(AD)^+$计算完毕。

最终，$(AD)^+=ABCDE$。

从本例中可以看出，AE 不能从函数依赖集中推导出所有属性，所以 AE 不能作为关系模式 R 的候选键；但 AD 可以从函数依赖集中推导出所有属性，所以 AD 可以作为关系模式 R 的一个候选键。

3. 候选键的求解方法

从例 4-8 的求解过程可知，通过求属性集 X 关于函数依赖集 F 的闭包 X_F^+ 的方式，能够得到一个候选键，即只要 X_F^+ 的结果包含全部属性，X 就是一个候选键。

下面给出一般的推导规律。设有关系模式 $R(U, F)$，现将 R 的属性分为以下 4 类。

1）L 类：仅出现在函数依赖左侧的属性。

2）R 类：仅出现在函数依赖右侧的属性。

3）N 类：在函数依赖的左侧和右侧均不出现的属性。

4）LR 类：在函数依赖的左侧和右侧均出现的属性。

对 R 中的属性 X，可有以下 4 个结论。

1）若 X 是 L 类属性，则 X 一定包含在关系模式 R 的任意一个候选键中；若 X^+包含了 R 的全部属性，则 X 为关系模式 R 的唯一候选键。

2）若 X 是 R 类属性，则 X 不包含在关系模式 R 的任意一个候选键中。

3）若 X 是 N 类属性，则 X 一定包含在关系模式 R 的任意一个候选键中。

4）若 X 是 LR 类属性，则 X 可能包含在关系模式 R 的某个候选键中。

【例 4-9】 设有关系模式 $R(U, F)$，其中 $U=\{A, B, C, D, E, G\}$，$F=\{AB\rightarrow E, AC\rightarrow G, AD\rightarrow B, B\rightarrow C, C\rightarrow D\}$，求 R 的所有候选键。

通过观察 F 中的函数依赖，发现 A 是 L 类属性，故 A 一定在关系模式 R 的任意一个候选键中；E 和 G 是 R 类属性，故 E 和 G 一定不包含在关系模式 R 的任意一个候选键中；由于 $A^+=A\neq ABCDEG$，故 A 不能单独作为候选键；B、C、D 3 个属性均是 LR 类属性，则这 3 个属性中必有部分或全部在某个候选键中。下面将 B、C、D 依次与 A 结合，分别求闭包。

1）$(AB)^+=ABCDEG$，因此 AB 为 R 的一个候选键。

2）$(AC)^+=ABCDEG$，因此 AC 为 R 的一个候选键。

3）$(AD)^+=ABCDEG$，因此 AD 为 R 的一个候选键。

综上所述，关系模式 R 共有 AB、AC 和 AD 3 个候选键。

通过本例可知，如果 L 类属性和 N 类属性不能作为候选键，则可将 LR 类属性逐个与 L 类和 N 类属性组合做进一步分析。有时 LR 类全部属性与 L 类和 N 类属性组合，才能作为候选键。

4. 最小函数依赖集

（1）等价和覆盖

定义：一个关系模式 $R(U, F)$上的两个依赖集 F 和 G，如果 $F^+=G^+$，则称 F 和 G 是等价的，记为 $F\equiv G$。若 $F\equiv G$，则称 G 是 F 的一个覆盖，反之亦然。两个等价的函数依赖集在表达能力上是完全相同的。

（2）最小函数依赖集的定义

定义：如果函数依赖集 F 满足下列条件，则称 F 为最小函数依赖集或极小函数依赖集或最小覆盖，记为 F_{min}。

1）F 中的任意一个函数依赖的右侧仅含有一个属性。

2）F 中不存在这样一个函数依赖 $X\to A$，使得 F 与 $F\text{-}\{X\to A\}$等价，即不存在多余的函数依赖。

3）F 中不存在这样一个函数依赖 $X\to A$，X 有真子集 Z 使得 $F\text{-}\{X\to A\}\cup\{Z\to A\}$与 F 等价，即每个函数依赖左侧不存在多余的属性。

（3）计算最小函数依赖集的算法

输入：一个函数依赖集 F。

输出：F 的一个等价的最小函数依赖集 F_{min}。

步骤：

步骤 1：用分解规则，使 F 中的任意一个函数依赖的右侧仅含有一个属性。

步骤 2：去掉多余的函数依赖。从第一个函数依赖 $X\to Y$ 开始将其从 F 中去掉，然后在剩下的函数依赖中求 X 的闭包 X^+，看 X^+是否包含 Y。若是，则去掉 $X\to Y$；否则不能去掉，依次做下去，直到找不到冗余的函数依赖。

步骤 3：去掉各函数依赖左侧多余的属性。逐一检查函数依赖左侧非单个属性的函数依赖。例如，$XY\to A$，若要判 Y 为多余的，看 X^+是否包含 A，即 $A\in(X)^+$，则 Y 是多余属性，可以去掉。

经过以上步骤的求解，最后剩下的 F_{min} 就一定是最小函数依赖集，并且与原来的 F

等价。因为，对 F 的每一次“改造”都保证了改造前后的两个函数依赖集等价。

应当指出，F 的最小函数依赖集 F_{min} 不一定是唯一的，其与对各函数依赖 FD_i 及 $X \rightarrow A$ 中 X 各属性的处置顺序有关。

【例 4-10】 $F=\{A \rightarrow B, B \rightarrow A, B \rightarrow C, A \rightarrow C, C \rightarrow A\}$

$F_{min1}=\{A \rightarrow B, B \rightarrow C, C \rightarrow A\}$

$F_{min2}=\{A \rightarrow B, B \rightarrow A, A \rightarrow C, C \rightarrow A\}$

这里给出了 F 的两个最小函数依赖集 F_{min1} 和 F_{min2}。

4.4 模式的分解

规范化的方法就是模式分解的过程。不能从表面上看，虽然分解后产生的新关系模式应与分解前的关系模式等价，消除了数据冗余和操作异常，但可能带来新的问题。因此，模式分解应该遵循一定的规则：

1）分解应具有无损连接性。

2）分解能够保持函数依赖。

无损连接性的分解是指分解后的关系能通过自然连接恢复成原来的关系，即通过自然连接得到的关系与原来的关系相比，既没有多出信息，也没有丢失信息。

保持函数依赖的分解是指在模式分解过程中，函数依赖不能丢失或破坏原有的语义。

设有一个关系模式 $R(U, F)$，其中 U 为 R 的属性集，F 为 R 中的函数依赖集，若分解为 $R_1(U_1, F_1), R_2(U_2, F_2), \cdots, R_n(U_n, F_n)$，其中 $U=U_1 \cup U_2 \cup \cdots \cup U_n$，$F_i$ 为 F 在 U_i 上的投影。实质上，是将存储在一张二维表 r 中的数据分散存储到若干个二维表 $r_1, r_2, \cdots, r_n$ 中。但我们希望这样的分解不会丢失信息，即能够通过对这些关系 $r_1,r_2,\cdots,r_n$ 的自然连接运算重新得到关系 r 的所有信息。

那么，关系模式应该如何分解？对于同一个关系模式，可能有多种分解方案。例如，对于前面提到的关系模式 Student(Sno, Sdept, Sloc)，一个学号可以决定该生是哪个系的，同时假定系名称可以决定系的地址，则有函数依赖：Sno→Sdept，Sdept→Sloc。

显然，该关系模式不属于 3NF。若要达到 3NF，必须经过分解。分解有以下 3 个方案。

方案 1：S-L(Sno, Sloc)，D-L(Sdept, Sloc)，以 Sloc 作为公共属性。

方案 2：S-D(Sno, Sdept)，S-L(Sno, Sloc)，以 Sno 作为公共属性。

方案 3：S-D(Sno, Sdept)，D-L(Sdept, Sloc)，以 Sdept 作为公共属性。

这 3 个分解方案得到的关系模式都是 3NF，因为每个关系模式最多只有 2 个属性，不可能存在传递函数依赖。但这 3 个分解方案是不是都正确呢？这正是本节要讨论的问题。

在数据库设计过程中，将一个关系模式分解为多个关系模式时，除了为了提高规范化程度外，还要考虑到分解后是否可以恢复成原来的关系模式，以及是否能够保留原来的语义内容。下面分别讨论这 3 个方案。

方案 1 中，将关系模式分解为 S-L(<u>Sno</u>, Sloc)，D-L(<u>Sdept</u>, Sloc)，以 Sloc 作为公共属性。假如某两个系的办公地址在同一栋楼，即地址（Sloc）相同，那么这两个系学生所对应的系办公地址一样，即 Sloc 相同。通过公共属性 Sloc 进行自然连接运算时，这两个系的每个学生将产生两个元组（记录），分别隶属于这两个系。也就是说，通过自然连接产生了原来没有的元组，从而无法区别哪些是原来的，哪些是不应该有的。从这个意义上说，就是丢失了信息。另外，原来的函数依赖 Sdept → Sloc 在这两个关系模式中也无法体现出来。

结论：方案 1 既不具有无损连接性，也不能保持函数依赖，因此不是一个正确的分解方法。

方案 2 中，将关系模式分解为 S-D(<u>Sno</u>, Sdept)，S-L(<u>Sno</u>, Sloc)，以 Sno 作为公共属性。两个关系模式的主键均是 Sno，通过公共属性 Sno 进行自然连接运算可以恢复成原来的关系，因此方案 2 具有无损连接性。

现对方案 2 进一步分析讨论。假定某个学生转专业，转到了其他系，于是需要对 S-D 和 S-L 两个关系同时进行修改。如果这两个关系没有同时修改，则数据库中就会出现不一致信息。这是由于这样的分解没有保持原来的函数依赖造成的，即原来的函数依赖 Sdept→Sloc 在这两个关系模式中无法体现出来。

结论：方案 2 虽然具有无损连接性，但没有保持函数依赖关系，因此也不是一个好的分解方法。

方案 3 中，将关系模式分解为 S-D(<u>Sno</u>, Sdept)，D-L(<u>Sdept</u>, Sloc)，以 Sdept 作为公共属性。通过公共属性 Sdept 进行自然连接运算可以恢复成原来的关系。经分析，方案 3 既满足无损连接性，又保持原有的函数依赖关系，因此是一个好的分解方法。

总之，分解具有无损连接性和分解保持函数依赖是两个独立的标准。具有无损连接性的分解不一定保持函数依赖，如方案 2；保持函数依赖的分解不一定具有无损连接性。

一般情况下，进行模式分解时，应将有直接依赖关系的属性放置在同一个关系模式中，这样得到的分解结果一般具有无损连接性，并且能保持函数依赖关系不变。

4.5 习　　题

1. 未规范化的关系可能存在哪些异常？是由什么造成的？解决的办法是什么？
2. 什么是函数依赖、部分函数依赖、传递函数依赖？举例说明。
3. 1NF、2NF 和 3NF 的定义是什么？分别解决了什么问题？
4. 指出下列各关系模式属于第几范式，并说明理由。

1）$R_1(U_1, F_1)$，其中 $U_1=\{A, B, C, D\}$，$F_1=\{B \to D, AB \to C\}$。

2）$R_2(U_2, F_2)$，其中 $U_2=\{A, B, C, D\}$，$F_2=\{A \to C, D \to B\}$。

3）$R_3(U_3, F_3)$，其中 $U_3=\{A, B, C, D\}$，$F_3=\{A \to C, CD \to B\}$。

4）$R_4(U_4, F_4)$，其中 $U_4=\{A, B, C, D, E\}$，$F_4=\{AB \to CE, E \to AB, C \to D\}$。

5）$R_5(U_5, F_5)$，其中 $U_5=\{W, X, Y, Z\}$，$F_5=\{X \to Z, WX \to Y\}$。

5. 设有关系模式 $R(U, F)$，其中 $U=\{A, B, C, D\}$，$F=\{A \to C, C \to A, B \to AC, D \to AC\}$。

1）求 B_F^+、$(AD)_F^+$。

2）求 R 的全部候选键，判断 R 属于第几范式。

3）求 F 的最小函数依赖集 F_{min}。

6. 关系模式的分解应该遵循什么规则？

第 5 章　关系查询处理与优化

本章要点

- 关系数据库系统的查询处理
- 关系数据库系统的查询优化
- 代数优化
- 物理优化

数据查询操作是数据库中使用最多的操作，也是最基本、最复杂的操作。关系数据库的查询语言（如 SQL）一般是非过程化语言，即仅表达查询要求，而不说明查询过程。如何提高数据的查询效率，如何优化查询是数据库管理系统的一项重要工作。

本章首先介绍 RDBMS 的查询处理步骤；然后介绍一般的 RDBMS 通用的查询优化技术：代数优化和物理优化。代数优化是指通过对关系代数表达式进行变换，使查询语句执行起来更有效，不涉及存取路径；物理优化则是指根据系统提供的存取路径，选择合理的存取策略，依赖于存取路径及底层操作算法的选择。

5.1 关系数据库系统的查询处理

查询处理是指从用户提交的查询语句出发到获得最终查询结果的一个过程，在该处理过程中，RDBMS 的任务是把查询语句转换为高效的查询执行计划。

5.1.1 查询处理步骤

当数据库管理系统收到一个查询语句后，到开始执行前，要经历一系列复杂的查询步骤，这些步骤称为执行计划，即将高层的查询语句（如 SELECT 语句）转换为一个低层语义表达正确且有效的执行计划。查询处理器从相应数据库请求的计划中选择最合适的计划执行。

RDBMS 查询处理可以分为 5 个阶段：查询分析、查询检查、查询转换、查询优化和查询执行，如图 5.1 所示。

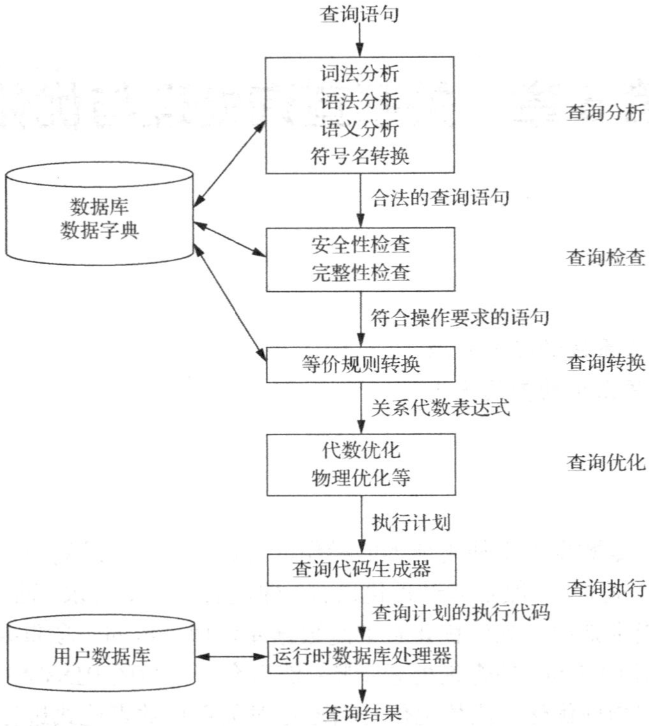

图 5.1　查询处理步骤

1. 查询分析

对用户提交的查询语句进行扫描、词法分析、语法检查和语法分析，判断该查询语句是否符合 SQL 语法规则，即分析得到合法的查询语句。

2. 查询检查

根据数据字典对合法的查询语句进行语义检查，即检查语句中引用的数据库对象，如关系名、属性名等是否存在、有效。另外，还要根据数据字典中的用户权限和完整性约束定义对用户的存取权限进行检查。如果该用户没有相应的访问权限或违反了完整性约束，就拒绝执行该查询。

3. 查询转换

检查通过后，便把符合操作要求的查询语句转换成等价的关系代数表达式。RDBMS 一般用查询树（或称语法分析树）表示扩展的关系代数表达式。该过程中要把数据库对象的外部名称转换为内部表示。

4. 查询优化

每个查询都会有许多可供选择的执行策略和操作算法。查询优化就是从中选择一个执行高效的查询处理策略。选择的依据可以是基于规则的、基于代价的和基于语义的等。实际执行中，RDBMS 的查询优化器都综合运用了这些技术，以获得最好的查询优化效果。

5. 查询执行

依据优化器得到的执行策略生成执行计划，由查询代码生成器生成可执行代码。执行代码，从数据库读取最终查询结果。

5.1.2 查询操作的实现

每一种查询操作都有多种不同的实现算法思想。下面通过几个简单示例，介绍查询操作的实现算法思想。

1. 选择操作的实现

功能强大的 SELECT 语句有许多子句，因此实现的算法和优化策略也很复杂。不失一般性，下面以 WHERE 子句为例介绍典型的实现方法。

例如：

```
SELECT * FROM Student WHERE grade='2020 级' and specialty='网络安全'
```

方法 1：简单的全表扫描方法。对查询的基本表 Student 顺序扫描，逐一检查每个元组是否满足选择条件，把满足条件的元组作为结果输出。对于小表，这种方法简单有效；对于大表，顺序扫描十分费时，效率很低。

方法 2：索引（或散列）扫描方法。若选择条件中的 grade 和 specialty 属性上有索引（如 B+树索引或 Hash 索引），可以用索引扫描方法。通过索引先找到满足条件的元组主键或元组指针，再通过元组指针直接在查询的基本表 Student 中找到元组。

2. 连接操作的实现

连接操作是查询处理中极为耗时的操作之一。不失一般性，下面以等值连接（或自然连接）为例介绍最常用的实现方法。

例如：

```
SELECT * FROM Student, SC WHERE Student.Sno=SC.Sno
```

方法 1：嵌套循环方法。把对基本表 Student 的扫描当作外循环，对基本表 SC 的扫描当作内循环，即外循环的每一个元组对内循环的所有元组都要比对一次，判断公共属性 Sno 是否相等，若相等，就串接后输出，否则就判断下一元组，直到结束。

方法 2：排序-合并方法。这种方法适用于双方均已排好序的基本表，一般步骤如下。

步骤 1：如果双方未排序，首先对基本表 Student 和 SC 的公共属性 Sno 排序。

步骤 2：从左表（Student）中取一个 Sno，逐一扫描右表（SC）中具有相同 Sno 的元组，串接后输出，直到不等为止。

步骤 3：取左表的下一个元组，重复步骤 2，直到左表扫描结束。

方法 3：索引连接方法，其一般步骤如下。

步骤 1：若右表（SC）Sno 属性未建立索引，则首先创建索引。

步骤 2：逐一扫描左表（Student）每一元组，并通过 Sno 值扫描右表（SC）的索引找到对应的元组，串接后输出。

步骤 3：重复步骤 2，直到左表扫描结束。

方法 4：哈希连接（Hash join）方法。哈希连接主要分为两个阶段，即建立阶段（build phase）和探测阶段（probe phase）。

1）建立阶段：选择一个表（一般情况下是较小的那个表，以减少建立哈希表的时间和空间，如 Student 表），对其中每个元组上的连接属性 Sno 采用哈希函数得到哈希值，从而建立一个哈希表（Hash 桶）。

2）探测阶段：对另一个表（SC），扫描它的每一个元组并计算连接属性 Sno 的哈希值，与建立阶段建立的哈希表对比，若有落在同一个 Hash 桶的，如果满足连接条件则连接成新的表。

在内存足够大的情况下，建立哈希表的过程时整个表都在内存中，完成连接操作后才放到磁盘里。但该过程也会带来很多 I/O 操作。

另一种哈希连接（Grace Hash join）：该方法适合用于内存不足的情况，核心在于分块处理。

第一阶段为分块阶段（partition phase），把每个关系分别用同一个哈希函数 $h(x)$在连接属性上进行分块。分块后每个元组分配到对应的桶（bucket），并分别把这些桶写到磁盘当中。

第二阶段和普通的哈希连接类似，将分别来自两个关系对应的桶加载到内存中，为较小的那个 bucket 构建哈希表（注意，这里一定要用不同的哈希函数，因为数据很多的情况下不同值的哈希值可能相同，但不同值的两个哈希值都相同的可能性非常小）。

也有可能出现一个或多个 bucket 仍无法写入内存的情况，这时可递归对每一个 bucket 采用该算法。与此同时，这会增加很多时间，所以最好尽可能通过选择合理的哈希函数形成小的 bucket 来减少这种情况的发生。

5.2 关系数据库系统的查询优化

查询优化是影响关系数据库管理系统性能的关键因素。下面通过一个简单示例介绍查询优化的必要性。

5.2.1 一个简单的示例

通过一个简单示例，看一下为什么要进行查询优化。

假设要查询选修了 C001 课程的学生姓名，查询语句如下：

```
SELECT Student.Sname
FROM Student, SC
WHERE Student.Sno = Sc.Sno And Cno = 'C001'
```

假设学生-课程数据库中有 1000 个学生记录，10000 个选课记录，其中选修了 C001 课程的记录有 50 个。

与该查询语句等价的关系代数表达式可以写出以下 3 种形式：

$Q_1 = \pi_{Sname}(\sigma_{Student.Sno = SC.Sno\ And\ Cno = 'C001'}(Student \times SC))$

$Q_2 = \pi_{Sname}(\sigma_{Cno = 'C001'}(Student \bowtie SC))$

$Q_3 = \pi_{Sname}(Student \bowtie \sigma_{Cno = 'C001'}(SC))$

还可以写出其他形式，但分析这 3 种典型的等价关系代数表达式就足以说明问题了。下面分析这 3 种查询执行策略在查询时间上差别。

1. Q_1 的执行过程

步骤 1： 进行广义笛卡儿积运算。

把 Student 表和 SC 表的每一个元组连接起来。一般连接的过程：首先，在内存中尽可能多地读入某个表（如 Student）的若干块，并留出一块内存空间存放另一个表（如 SC）的元组；然后，把读入的一块 SC 表中每一元组与内存中 Student 表的每一元组进行连接，连接后的元组装满一块后就写到中间文件上；接着，从 SC 表中读入一块元组和内存中 Student 表的每一元组连接，直到 SC 表处理完成。重复上述处理过程，再从 Student 表读取若干块和 SC 表中一块块元组进行连接，直到处理完 Student 的所有元组。

假定一块能装 10 个 Student 元组或 100 个 SC 元组，内存能同时存放 5 块 Student 元组和 1 块 SC 元组，则读取的总块数为

$$\frac{1000}{10}+\frac{1000}{10\times5}\times\frac{10000}{100}=100+20\times100=2100\ （块）$$

其中，读取 Student 表 100 块，SC 表要读取 20 趟，每趟 100 块。

假定每秒能读取 20 块，则该过程读取数据所花时间为 2100/20=105（s），Student 和 SC 两表连接后的中间元组数为 $1000\times10000=10^7$。假定每块能装 10 个连接后的元组，共有 $10^7/10=10^6$（块），则这些块写出到外存需要的时间为 $10^6/20=50000$（s）。

步骤 2： 进行选择运算。

依次读取连接后的元组，选取满足 Student.Sno = Sc.Sno 条件的元组。假定满足条件的元组只有 50 个，均可放在内存中，同时忽略内存处理时间，则这一步骤读取中间文件所花费的时间与写出中间文件的时间一样，也是 50000s。

步骤 3： 进行投影运算。

在步骤 2 得到的结果上对 Sname 属性进行投影运算，得到最终结果。

由于步骤 3 不需要读写硬盘，则时间忽略不计，因此执行 Q_1 所花费的总时间约为 $105+2\times50000\approx10^5$（s）。

2. Q_2 的执行过程

步骤 1：进行自然连接运算。

进行自然连接运算与进行广义笛卡儿积运算的策略一样，同样需要读取 2100 块数据，也需要 105s。但自然连接的结果最多只有 10000 个元组（SC 表元组数），比 Q_1 的执行结果少得多。因此，写出这些元组的时间为 10000/10/20=50（s）。

步骤 2：进行选择运算。

读取中间文件块，与自然连接运算写出结果的时间一样，也是花费 50s。

步骤 3：进行投影运算。

在步骤 2 得到的结果上对 Sname 属性进行投影运算，得到最终结果。内存处理时间忽略不计，最终，Q_2 总执行时间为 105+50+50=205（s）。

3. Q_3 的执行过程

步骤 1：进行选择运算。

对 SC 表进行选择运算，只需读取一遍 SC 表，所花费时间为 10000/100/20=5（s）。由于满足条件的元组仅有 50 个，因此不必使用中间文件。

步骤 2：进行自然连接运算。

读取 Student 表，把读入的 Student 元组与内存中的 SC 元组进行连接运算，也只需读取一遍 Student 表，共 100 块，所花费时间为 100/20=5（s）。

步骤 3：进行投影运算。

在步骤 2 得到的结果上对 Sname 属性进行投影运算，得到最终结果。内存处理时间忽略不计，最终，Q_3 总执行时间为 5+5=10（s）。

对于 Q_3 的执行过程，假如 SC 表的 Sno 属性列上建立索引，则步骤 1 就不必读取 SC 的所有元组，只需读取课程号为 C001 的 50 个元组；若 Student 表上 Sno 属性也有索引，则步骤 2 也不必读取 Student 表的所有元组，因为 SC 表中满足条件的最多有 50 个元组，Student 表中也最多涉及 50 个元组，从而极大地减少了读取时间，减少到数秒。

5.2.2 查询优化的必要性

SQL 是高度非过程化语言，用户只要指出“做什么”，无须指出“怎么做”。非关系数据模型的数据操纵语言是面向过程的，当完成某项请求时，必须指定存取路径，查询效率由用户提供的存取策略决定。SQL 进行数据操作时，像存取路径选择和具体处理操作等均由系统自动完成，减轻了用户选择存取路径的负担。但是，从 5.2.1 小节的示例中可以看出，不同的执行策略所花费的时间大不相同，差别也很大，这也充分说明了查询优化的必要性。

关系数据库系统的查询优化既是 RDBMS 实现的关键技术，又是关系数据库系统的优点所在。查询优化的优点不仅在于用户不必考虑如何最好地表达查询以获得较好的效率，而且在于系统可以比用户程序的“优化”做得更好。这是因为：

1）优化器可以从数据字典中获取许多统计信息，如元组数、属性值的分布情况及相关索引等，优化器可以根据这些信息做出正确的估算，选择高效的执行计划，而用户程序难以做到这一点。

2）如果数据库的物理统计信息发生变化，系统可以自动重新优化选择相适应的执行计划，而非关系数据库系统中必须重写程序。

3）优化器可以考虑上百种不同的执行计划，而程序员一般只考虑几种可能性。

4）优化器中包含了很多复杂的优化技术，而非关系系统的优化技术依赖于程序员。

查询优化的总目标：选择有效的策略，求得给定关系表达式的值，使得查询代价最小（实际中是选择相对较小）。

代价（执行开销）通常包含 I/O 代价、CPU 代价、内存代价和通信代价（分布式）。一般地，集中式数据库中 I/O 代价是最主要的，查询优化主要是要尽量减少 I/O 操作。

5.3 代数优化

代数优化是对查询进行等价变换，以减少执行的开销，它是关系代数表达式的内部表示。

5.3.1 变换规则

查询优化器使用的变换规则就是将一个关系代数表达式等价变换成另一个能更有效执行的表达式，以提高查询效率。等价是指变换后的关系代数表达式与变换前的关系代数表达式所得到的结果是相同的。

两个关系代数表达式 E_1 和 E_2 是等价的，记作 $E_1 \equiv E_2$。

下面是一些常用的等价变换规则，证明从略。

1. 连接、笛卡儿积交换律

设 E_1 和 E_2 是关系代数表达式，F 是连接运算的条件，则有：

$$E_1 \times E_2 \equiv E_2 \times E_1$$

$$E_1 \bowtie E_2 \equiv E_2 \bowtie E_1$$

$$E_1 \underset{F}{\bowtie} E_2 \equiv E_2 \underset{F}{\bowtie} E_1$$

示例：

$$\text{Student} \underset{\text{Student.Sno=SC.Sno}}{\bowtie} \text{SC} \equiv \text{SC} \underset{\text{Student.Sno=SC.Sno}}{\bowtie} \text{Student}$$

2. 连接、笛卡儿积结合律

设 E_1、E_2、E_3 是关系代数表达式，F_1、F_2 是连接运算的条件，则有：

$$(E_1 \times E_2) \times E_3 \equiv E_1 \times (E_2 \times E_3)$$

$$(E_1 \bowtie E_2) \bowtie E_3 \equiv E_1 \bowtie (E_2 \bowtie E_3)$$

$$(E_1 \underset{F_1}{\bowtie} E_2) \underset{F_2}{\bowtie} E_3 \equiv E_1 \underset{F_1}{\bowtie} (E_2 \underset{F_2}{\bowtie} E_3)$$

示例：

$$(\text{Student} \bowtie \text{SC}) \bowtie \text{Course} \equiv \text{Student} \bowtie (\text{SC} \bowtie \text{Course})$$

3. 投影的串接定律

设 E 是关系代数表达式，$A_1,\cdots,A_n$ 和 $B_1,\cdots,B_m$ 是属性名，且$\{A_1,\cdots,A_n\}$是$\{B_1,\cdots,B_m\}$的子集，则有：

$$\pi_{A_1,\cdots,A_n}(\pi_{B_1,\cdots,B_m}(E)) \equiv \pi_{A_1,\cdots,A_n}(E)$$

示例：

$$\pi_{\text{Sno, Sname}}(\pi_{\text{Sno, Sname, Ssex}}(\text{Student})) \equiv \pi_{\text{Sno, Sname}}(\text{Student})$$

4. 选择的串接定律

设 E 是关系代数表达式，F_1 和 F_2 是选取条件表达式，选择的串接定律说明选择条件可以合并，则有：

$$\sigma_{F_1}(\sigma_{F_2}(E)) \equiv \sigma_{F_1 \wedge F_2}(E)$$

示例：

$$\sigma_{\text{Ssex='女'}}(\sigma_{\text{grade='2021级'}}(\text{Student})) \equiv \sigma_{\text{Ssex='女' And grade='2021级'}}(\text{Student})$$

5. 选择与投影的交换律

设 E 是关系代数表达式，F 是选取条件表达式，并且只涉及 $A_1,\cdots,A_n$ 属性，则有：

$$\sigma_F(\pi_{A_1,\cdots,A_n}(E)) \equiv \pi_{A_1,\cdots,A_n}(\sigma_F(E))$$

示例：

$$\sigma_{\text{Ssex='女'}}(\pi_{\text{Sno, Sname, Ssex}}(\text{Student})) \equiv \pi_{\text{Sno, Sname, Ssex}}(\sigma_{\text{Ssex='女'}}(\text{Student}))$$

若 F 中有不属于 $A_1,\cdots,A_n$ 的属性 $B_1,\cdots,B_m$，那么有更一般的规则：

$$\sigma_F(\pi_{A_1,\cdots,A_n}(E)) \equiv \pi_{A_1,\cdots,A_n}(\sigma_F(\pi_{A_1\cdots,A_n,B_1,\cdots,B_m}(E)))$$

示例：

$$\sigma_{\text{Ssex='女'}}(\pi_{\text{Sno, Sname, grade}}(\text{Student})) \equiv \pi_{\text{Sno, Sname, grade}}(\sigma_{\text{Ssex='女'}}(\pi_{\text{Sno, Sname, grade, Ssex}}(\text{Student})))$$

6. 选择与笛卡儿积的交换律

若 F 涉及的都是 E_1 中的属性，则有：

$$\sigma_F(E_1 \times E_2) \equiv \sigma_F(E_1) \times E_2$$

示例：

$$\sigma_{\text{Ssex='女'}}(\text{Student} \times \text{SC}) \equiv \sigma_{\text{Ssex='女'}}(\text{Student}) \times \text{SC}$$

如果 $F = F_1 \wedge F_2$，并且 F_1 只涉及 E_1 中的属性，F_2 只涉及 E_2 中的属性，则有：

$$\sigma_F(E_1 \times E_2) \equiv \sigma_{F_1}(E_1) \times \sigma_{F_2}(E_2)$$

示例：

$$\sigma_{\text{Ssex='女' And score>=80}}(\text{Student}\times\text{SC})\equiv\sigma_{\text{Ssex='女'}}(\text{Student})\times\sigma_{\text{score>=80}}(\text{SC})$$

7. 投影与笛卡儿积的交换律

设 E_1、E_2 是两个关系表达式，$A_1,\cdots,A_n$ 是 E_1 中的属性，$B_1,\cdots,B_m$ 是 E_2 中的属性，则有：

$$\pi_{A_1,\cdots,A_n,B_1,\cdots,B_m}(E_1\times E_2)\equiv\pi_{A_1,\cdots,A_n}(E_1)\times\pi_{B_1,\cdots,B_m}(E_2)$$

示例：

$$\pi_{\text{Sno, Sname, grade, score}}(\text{Student}\times\text{SC})\equiv\pi_{\text{Sno, Sname, grade}}(\text{Student})\times\pi_{\text{Sno, score}}(\text{SC})$$

8. 选择与并的交换律

设 $E=E_1\cup E_2$，E_1、E_2 有相同的属性，则有：

$$\sigma_F(E_1\cup E_2)\equiv\sigma_F(E_1)\cup\sigma_F(E_2)$$

9. 选择与差的交换律

设 $E=E_1-E_2$，E_1、E_2 有相同的属性，则有：

$$\sigma_F(E_1-E_2)\equiv\sigma_F(E_1)-\sigma_F(E_2)$$

10. 投影与并的交换律

设 $E=E_1\cup E_2$，E_1、E_2 有相同的属性，则有：

$$\pi_{A_1,\cdots,A_n}(E_l\cup E_2)\equiv\pi_{A_1,\cdots,A_n}(E_1)\cup\pi_{A_1,\cdots,A_n}(E_2)$$

11. 并和交的结合律

设 E_1、E_2、E_3 有相同的属性，则有：

$$(E_1\cup E_2)\cup E_3\equiv E_1\cup(E_2\cup E_3)$$

$$(E_1\cap E_2)\cap E_3\equiv E_1\cap(E_2\cap E_3)$$

5.3.2 启发式优化——查询树

启发式作为一个优化技术，用于对关系代数表达式的查询树进行优化。**查询树**也称为关系代数树，其用形象的树的形式来表达关系代数的执行过程。

查询树包括以下几个部分。

1）根节点：代表查询的结果。

2）内部节点：代表在关系代数表达式中的应用操作的中间关系。

3）叶节点：代表查询的基本输入关系。

查询树的执行顺序：从叶节点到根节点。

一般情况下，查询解析器首先产生一个与 SQL 查询对应的初始标准查询树，该查询树是没有经过任何优化的；然后运用启发式规则对查询树进行优化。典型的启发式规则如下：

1）选择运算尽可能先做。这是最重要、最基本的一条。

2）将投影运算和选择运算同时进行，以避免对关系重复扫描。

3）将投影运算和其前后的二目运算结合起来，这样可以减少关系的扫描次数。

4）把某些选择同其前面要执行的笛卡儿积结合起来成为一个连接运算。连接，特别是自然连接要比在同样关系上进行笛卡儿积省很多时间。

5）找出公共子表达式。如果这种重复出现的子表达式的结果不是很大的关系，并且从外存读入这个关系比计算该子表达式的时间少得多，则先计算一次公共子表达式并把结果写入中间文件是合算的。当对视图进行查询时，定义视图的语句就是公共子表达式。

下面结合示例，给出遵循这些启发式规则，应用等价变换公式优化关系表达式的过程。

例如，查询“网络安全”专业选修“数据结构”课程且成绩不小于 80 的学生姓名及成绩。

SQL 查询语句如下：

```
SELECT Sname, Score
FROM Student, SC, Course
WHERE Student.Sno = SC.Sno And SC.Cno = Course.Cno
    And specialty = '网络安全' And Cname = '数据结构' And Score >= 80
```

优化过程如下。

1）把 SQL 查询语句转换为初始关系代数表达式：

$\pi_{\text{Sname, Score}}(\sigma_{\text{Student.Sno = SC.Sno And SC.Cno = Course.Cno And specialty = '网络安全' And Cname = '数据结构' And Score >= 80}}(\text{Student}\times\text{SC}\times\text{Course}))$

该查询的初始查询树如图 5.2 所示。

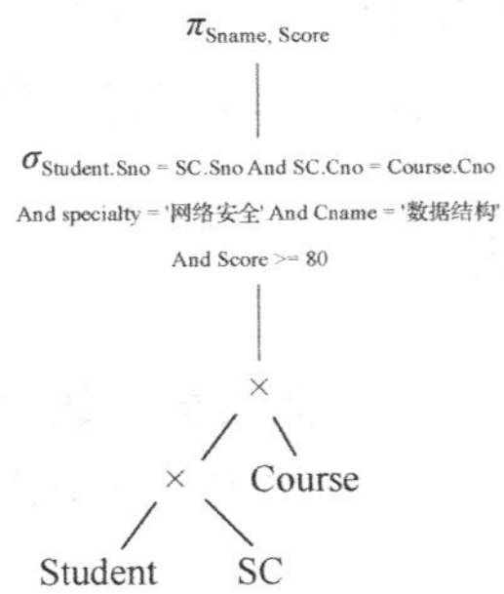

图 5.2 初始查询树

2）根据启发式规则 1)，选择运算尽可能先做。对每一选择运算，利用等价变换规则尽可能移到树的叶端，如图 5.3 所示。等价变换后的关系代数表达式如下：

$\pi_{\text{Sname, Score}}(\sigma_{\text{SC.Cno = Course.Cno}}(\sigma_{\text{Student.Sno = SC.Sno}}(\sigma_{\text{specialty = '网络安全'}}(\text{Student})\times\sigma_{\text{Score >= 80}}(\text{SC}))\times\sigma_{\text{Cname = '数据结构'}}(\text{Course})))$

3）根据启发式规则 4），将选择运算同笛卡儿积结合起来成为一个自然连接运算，得到的关系代数表达式如下，对应的查询树如图 5.4 所示。

$$\pi_{Sname, Score}(\sigma_{specialty='网络安全'}(Student) \bowtie \sigma_{Score>=80}(SC) \bowtie \sigma_{Cname='数据结构'}(Course))$$

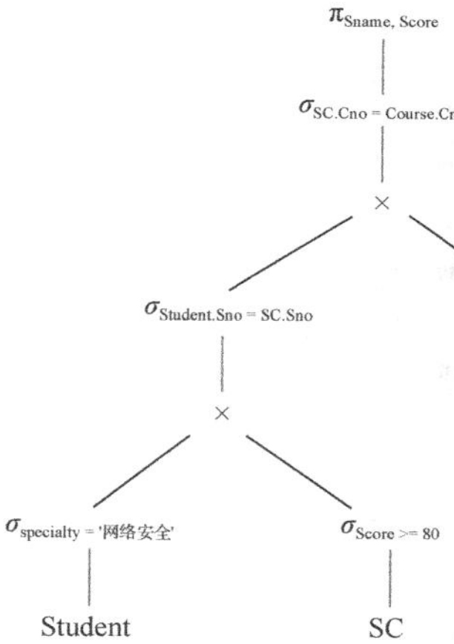

图 5.3 选择操作先做的改进查询树

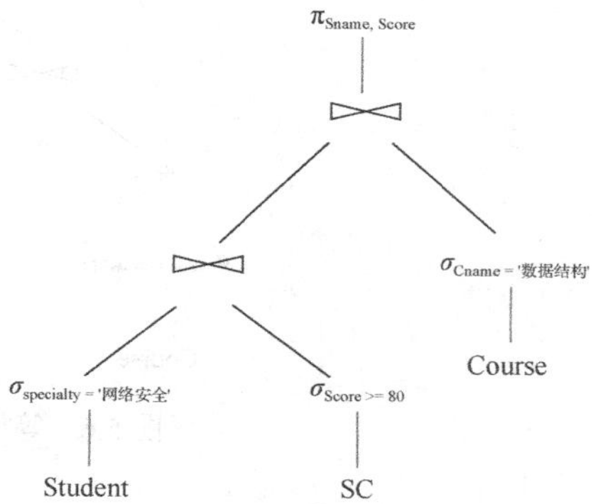

图 5.4 将笛卡儿积改为自然连接的改进查询树

4）将投影运算下移到自然连接的下面，以减少连接产生的中间结果所占用的空间，根据最终结果只需保留用于连接的列和查询列。得到的关系代数表达式如下，对应的查询树如图 5.5 所示。

$$\pi_{Sname, Score}(\pi_{Sno, Sname}(\sigma_{specialty='网络安全'}(Student)) \bowtie \sigma_{Score>=80}(SC) \bowtie \pi_{Cno}(\sigma_{Cname='数据结构'}(Course)))$$

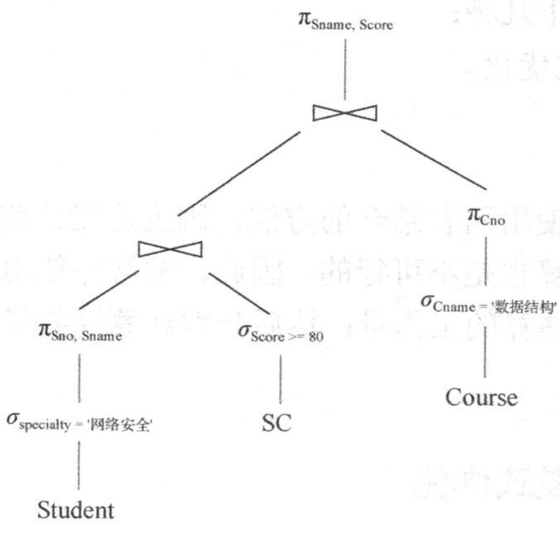

图 5.5 下移投影运算得到的改进查询树

5）根据统计信息或常规情况，Course 表中课程名为“数据结构”的元组数比 Student 表中专业为“网络安全”的元组数应该少得多，因此先执行对 Course 表的选择运算可减少参与连接的元组数。用等价变换规则 2（连接、笛卡儿积结合律）变换为如下关系代数表达式，对应的查询树如图 5.6 所示。到此该语句优化结束。

$\pi_{\text{Sname, Score}}(\pi_{\text{Cno}}(\sigma_{\text{Cname = '数据结构'}}(\text{Course})) \bowtie \sigma_{\text{Score >= 80}}(\text{SC}) \bowtie \pi_{\text{Sno, Sname}}(\sigma_{\text{specialty = '网络安全'}}(\text{Student})))$

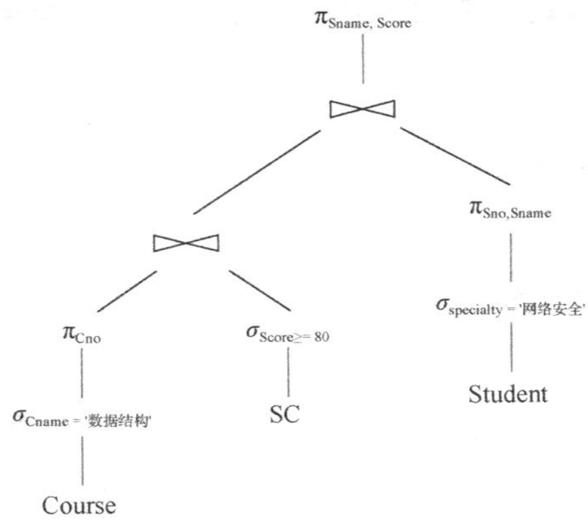

图 5.6 等价变换后的最终查询树

5.4 物理优化

代数优化改变查询语句中的运算次序和组合，不涉及底层的存取路径。单纯依靠代数优化是不完善的，优化的效果也是有限的。5.1.2 小节中已经讲解了对于每一种操作有许多存取方案，它们的执行效率不同，有的差别甚至很大。本节将讨论依赖于存取路径的优化规则，即物理优化；并结合存取路径，讨论各种操作执行的策略及选择方法。

选择的方法可以是以下几种：

1）基于规则的启发式优化。

2）基于代价的优化。

3）两者结合的优化。

通常情况下，优化器使用两者结合的方法。因为启发式优化不是每种情况都适用，要穷尽所有策略的代价估算也是不可行的。因此，常常先使用启发式规则，选取若干较优的候选方案，减少代价估算的工作量；然后分别计算这些候选方案的执行代价，较快地选出最终的优化方案。

5.4.1 基于规则的启发式优化

1）选择运算可按下列启发式规则选择存取路径。

① 对于小关系，不必考虑其他存取路径，直接使用全表顺序扫描。

② 对于主键的等值条件查询，最多只有一个元组可以满足条件，因此应优先采用主键上的索引或散列。

③ 对于非主键的等值条件查询，要估计选择的元组数在关系中所占比例。如果比

例较小（<10%），可用非聚集索引，否则只能用聚集索引或全表顺序扫描。

④ 对于非等值或范围查询，并且选择列上有索引，同样要估计选择的元组数在关系中所占比例。如果比例较小（<10%），可用非聚集索引，否则只能用聚集索引或全表顺序扫描。

⑤ 对于用 AND 连接的合取选择条件查询，如果有涉及这些属性的组合索引，则应先采用组合索引扫描；如果某些属性上有一般索引，则先对已有索引的表进行检索，求结果的交集。否则使用全表顺序扫描。

⑥ 对于 OR 连接的析取选择条件查询，一般使用全表顺序扫描。因此，在编写查询语句时，应尽量避免采用 OR 运算符。

⑦ 有些选择操作只要访问索引就可以获得结果，如查询索引属性的最大值、最小值、平均值等。这种情况应优先采用索引，避免访问数据表。

2）连接运算的启发式规则选择存取路径。

连接运算是开销很大的操作，一直以来是查询优化研究的重点。二元连接的优化是最基本、使用最多的连接操作，可以使用以下启发式规则选择存取路径：

① 如果 1 个表在连接属性上有索引，则可以选用索引连接方法。

② 如果 2 个表都已按连接属性建立索引，则可选用排序-合并方法。

③ 如果规则①和②都不适用，其中一个表较小，则可以选用哈希连接方法。

④ 最后可以选用嵌套循环方法，并选择较小的表（占用与块数较少的表）作为外表（外循环表）。

5.4.2 基于代价的优化

启发式规则优化是定性的选择，较适合解释执行的系统。在编译执行的系统中，一次编译优化，多次执行，查询优化和查询执行是分开的，因此可以采用精细复杂一些的基于代价的优化方法。

基于代价的优化方法要计算各种运算算法的执行代价。优化器估算代价的依据来源于数据字典中存储的统计信息。

统计信息主要包括以下几方面。

1）基本表：元组总数、元组长度、占用块数、占用的溢出块数等。

2）属性列：不同值的个数、选择率、最大值、最小值、是否有索引、哪种索引等。

3）索引：如 B+树索引的层数、不同索引值的个数、索引的选择基数、索引的叶节点数等。

优化器根据统计信息对不同操作算法的执行代价进行估算，最终选择估算代价最小（或较小）的执行策略。

5.5 习　　题

设有如下查询语句：

```
SELECT Sname, Cname, Score
FROM (Student inner join SC on Student.Sno = SC.Sno )
    Inner join Course on SC.Cno = Course.Cno
WHERE Ssex = '男' And credit = 3
```

1. 绘制该查询语句对应的初始关系代数表达式查询树。

2. 利用代数优化等价变换规则对该查询树进行优化，绘制优化过程中的关系代数表达式和对应的查询树。

第6章　事务与并发控制

本章要点

- 事务的概念
- 事务的管理方法
- 并发的概念
- 并发控制的实现方法

创建数据库的主要目的是使数据以共享方式为多个用户提供有效的、安全的数据服务，但当多个用户同时使用数据库时，可能就会引发一些问题。本章通过一些问题举例介绍事务（transaction）的概念及管理方法、并发产生的问题，以及如何实现并发控制等内容。

6.1　事务的基本概念

事务是数据库并发控制技术和数据库恢复技术涉及的基本概念，在并发控制和数据恢复中有着重要的应用。

6.1.1　事务

事务是用户定义的一个数据库操作序列，是一个不可分割的逻辑工作单元。这些操作是一个统一的整体，在程序运行过程中，事务要么全部成功执行完成（这些操作结果被永久地存入数据库中），要么全部不执行（该事务对数据库和其他事务没有任何影响）。也可以这样理解，事务是若干操作语句的序列，这些语句序列要么全部成功执行，要么全部都不执行。

例如，对于银行转账问题：把A账户上的1000元转到B账户，这就是一个完整的事务。如果转账程序在刚好把A账户上1000元取出但还没来得及存入B账户时出现硬件故障，并导致程序运行中断，那么数据库就处于这样的状态：A账户已经被扣除1000元（转出部分），而B账户却没有增加1000元（转入部分），即此时A和B账户金额总和不等于转账前的A和B账户总和，这是严重错误的。造成这一情况的原因是转入和转出程序没有全部成功执行。事务要么全都执行，要么全都不执行，这样可以避免出现上述问题的状态。

6.1.2 事务的ACID特性

事务具有4个特性：原子性（atomicity）、一致性（consistency）、隔离性（isolation）和持久性（durability）。这4个特性简称为ACID特性（ACID properties）。

1. 原子性

事务是数据库操作的逻辑工作单位，是一个整体，即事务中包括的所有操作要么全做，要么都不做。

2. 一致性

事务的执行结果必须是使数据库从一个一致性状态变到另一个一致性状态，即事务执行前后都能保持数据库状态的一致性。

实际上，事务的一致性和原子性是密切相关的。例如，上述银行转账示例中，转出和转入两段操作要么都做，要么都不做，就可保持执行前后账户状态的一致性。若只做一半（转出而没有转入），就会破坏执行前后账户状态的一致性，产生不一致问题。

3. 隔离性

隔离性是指一个事务的执行不能被其他事务干扰，或者说，多个事务在执行时不相互干扰，即一个事务的内部操作及其使用的数据对其他事务是隔离的。

4. 持久性

持久性或称永久性（permanence）是指一个事务一旦提交成功，其对数据库中的数据的修改将是永久性的，即使以后的其他操作或出现系统故障等问题，也不应该对该事务的执行结果有任何影响。

事务是数据库恢复和并发控制的基本单位。保证事务ACID特性是事务管理的重要任务。破坏或影响事务ACID特性的可能因素如下：

1）多个事务并行运行时，不同事务的操作交叉执行。

2）事务在执行过程中被迫强行终止。

在第一种情况下，DBMS必须保证多个事务的交叉运行不影响这些事务的原子性；在第二种情况下，DBMS必须保证被迫强行终止的事务对数据库和其他事务没有任何影响。

以上这些工作就是DBMS中恢复机制和并发控制机制的责任。

6.1.3 事务处理模型

ANSI给出了管理数据库事务的定义，有两个SQL语句用来提供对事务的支持，它们是COMMIT和ROLLBACK。

1）提交事务：COMMIT语句。如果事务执行成功，则提交。提交就是将事务中所有对数据库的更新写回到磁盘上的物理数据库中，事务正常结束。COMMIT语句保证事务的所有修改在数据库中都永久有效。

2）撤销事务：ROLLBACK 语句。如果事务执行过程中出现错误，或者用户决定取消事务，可撤销（回滚）该事务。回滚是指在事务执行过程中发生了某种故障，事务不能继续执行，系统将事务中对数据库的所有已完成的更新操作全部撤销，即撤销在该事务中对数据库所做的更新操作，使数据库回滚到事务的起始点。

ROLLBACK 语句通过将数据返回其在事务开始时所有的状态，来恢复在该事务中所做的所有修改。

ANSI 标准要求，当用户或者是应用程序开始一个事务序列后，其必须连续地执行全部后续的 SQL 语句，直到出现下列 4 个事件之一：

1）到达了一个 COMMIT 语句。

2）到达了一个 ROLLBACK 语句。

3）成功地到达了程序的结束，等同于 COMMIT 语句。

4）程序被异常终止，等同于 ROLLBACK 语句。

事务有以下 2 种类型。

1）**隐式事务**：每一条数据操作语句都自动地成为一个事务。

2）**显式事务**：有显式的开始和结束标记的事务。

对于显式事务，不同的数据库管理系统有不同的表达形式，一类是采用 ISO 的事务处理模型，另一类是采用 T-SQL 的事务处理模型。下面分别介绍这两种模型。

1. ISO 的事务处理模型

ISO 的事务处理模型是明尾暗头，即事务的开始是隐式的，而事务的结束有明确的标记。在这种事务处理模型中，程序的首条 SQL 语句或上一个事务结束语句后的第一条 SOL 语句自动作为事务的开始，而在程序正常结束处或在 COMMIT 或 ROLLBACK 语句处是事务的终止。

以银行转账的事务为例，用 ISO 事务处理模型可描述如下：

```
UPDATE 账户表
    SET 账户金额 = 账户金额 - 1000
    WHERE 账户号 =  'A'
UPDATE 账户表
    SET 账户金额 = 账户金额 + 1000
    WHERE 账户号 =  'B'
COMMIT
```

2. T-SQL 的事务处理模型

T-SQL 的事务处理模型对每个事务都有显式的开始和结束标记（语句）。事务的开始语句如下：

```
BEGIN TRAN[SACTION]  [事务名]
```

以银行转账的事务为例，用 T-SQL 事务处理模型可描述如下：

```
BEGIN TRANSACTION
UPDATE 账户表
    SET 账户金额 = 账户金额 - 1000
    WHERE 账户号 = 'A'
UPDATE 账户表
    SET 账户金额 = 账户金额 + 1000
    WHERE 账户号 = 'B'
COMMIT
```

SQL Server 提供以下 3 种事务类型。

1）自动提交事务：每一条单独的 SQL 语句都是一个事务。可以使用 GO 关键字指定一次事务的执行。设置/取消隐含事务方式的命令如下：

```
SET IMPLICIT_TRANSACTIONS ON | OFF
```

2）显式事务：每一个事务均以 BEGIN TRANSACTION 语句显式开始，以 COMMIT 或 ROLLBACK 语句显式结束。

3）隐式事务：在前一个事务完成时新事务隐式启动，但每个事务仍以 COMMIT 或 ROLLBACK 语句显式结束。

其中，ROLLBACK 语句可添加可选语句（SAVE TRANSACTION<保存点>），即在事务内部设置保存点，可以使事务回滚到保存点（ROLLBACK TRANSACTION<保存点>），而不是回滚到事务的起点。

6.2 并发控制

数据库一个明显的特点是资源（数据）共享，可供多个用户同时使用，但若不加以控制，可能会带来一些问题。

6.2.1 并发控制的概念

数据共享是数据库的基本功能之一。一个数据库可能有多个用户同时使用，如火车订票系统、飞机订票系统、银行系统的数据库等都是典型的多用户共享的数据库系统。在这样的系统中，同一时刻并发执行的事务可能成百上千个，而每个事务又是由若干个数据库操作构成的操作序列，有效地控制这些操作的执行对提高系统的安全性和运行效率有着十分重要的意义，否则就会造成数据存取的错误，破坏数据的一致性和完整性。

事务的运行有 2 种方式，一种是**串行执行**，另一种是**并发执行**。

串行执行是指每个时刻系统中只有一个事务在运行，其他事务必须等到该事务中所有的操作执行完了以后才能运行，如图 6.1（a）所示。这种执行方式的优点是方便控制，但其缺点是整个系统的运行效率很低。因为事务在执行过程中需要不同的资源，有时需要 CPU，有时需要存取数据库，有时需要 I/O，有时需要通信。因此，在串行方式中，许多系统资源处于空闲状态。因此，为了充分利用系统资源发挥数据库共享资源的特点，应该允许多个事务并行地执行。

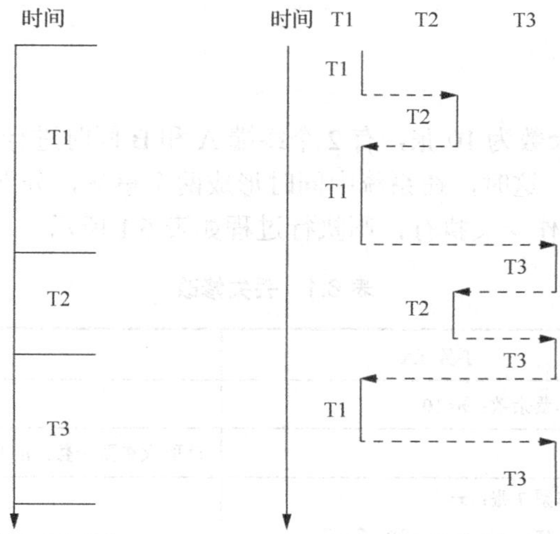

（a）串行执行　（b）交叉并行执行

图 6.1　多个事务执行方式

在并发执行方式中，系统允许同一个时刻有多个事务并行执行。这种并行执行实际上是通过事务操作的轮流交叉执行来实现的。在单 CPU 系统中，同一时间只能有一个事务占据 CPU，各个事务交叉地使用 CPU，这种并发方式称为交叉并发；在多 CPU 系统中，多个事务可以同时占有 CPU，这种并发方式称为同时并发。交叉并行执行如图 6.1（b）所示。这里主要讨论单 CPU 中的交叉并发情况。

对于并发运行的事务，如果没有有效地控制其执行，就可能导致对资源的不合理使用，对数据库而言，就可能导致数据的不一致性和不完整性等问题。因此，DBMS 必须提供一种允许多个用户同时对数据进行存取访问的并发控制机制，使各事务的执行不会相互干扰，保证事务的 ACID 特性，确保数据库的一致性和完整性。

6.2.2 并发带来的问题

6.1 节已经讲到，事务是并发控制的基本单位，保证事务 ACID 特性是事务处理的重要责任，而事务的 ACID 特性会因多个事务对数据的并发执行而遭到破坏。为了保证事务之间的隔离性和一致性，DBMS 应该对并发执行的事务进行正确的调度。

事务并发执行时，若不能进行正确的调度，将带来数据一致性问题，其大致可以概括为 4 种情况：丢失修改、读“脏”数据、不可重复读和幻影读。下面以火车订票系统为例，分别介绍这 4 种情况。

假设系统把一次订票业务定义为一个事务，其包含的数据库操作序列如下：

```
Begin Transaction
    读取火车票余数 n;
```

```
售出火车票 x 张，火车票余数 n = n - x;
把 n 写回数据库，修改数据库中火车票的余数;
Commit;
```

1. 丢失修改

假设当前火车票余数为 10 张，有 2 个终端 A 和 B 同时进行一次订票业务，分别订购 7 张和 5 张火车票。这时，在系统中同时形成两个事务，分别记为 TA 和 TB。如果事务 TA 和 TB 中的操作交叉执行，则执行过程如表 6.1 所示。

表 6.1 丢失修改

时间次序	事务 TA	事务 TB
t_1	读取火车票余数：n=10	
t_2		读取火车票余数：n=10
t_3	订购火车票 7 张：x=7 火车票余数：$n=n-x=10-7=3$	
t_4		订购火车票 5 张：x=5 火车票余数：$n=n-x=10-5=5$
t_5	把 n 写回数据库，数据库中的火车票余数被修改为 3	
t_6		把 n 写回数据库，数据库中的火车票余数被修改为 5（覆盖了事务 TA 的修改结果 3）

从上述执行过程中可以看出，事务开始前，数据库中余票数为 10，现从终端 A 和 B 分别售出 7 张和 5 张火车票，最后数据库中的余票还有 5 张，该操作结果明显是错误的。这就造成了数据库反映的信息与实际情况不符，从而产生了数据的不一致性问题。具体产生的原因是事务 TB 的修改结果（对数据库的修改）把事务 TA 的修改结果覆盖了，造成事务 TA 的修改结果丢失，这种现象称为**丢失修改**。

2. 读“脏”数据

事务 TA 对某一数据处理以后，将结果写回数据区，事务 TB 从数据区中读取该数据，但事务 TA 出于某种原因进行回滚操作，撤销已做的操作，这时事务 TB 刚读取的数据又被恢复到原值（事务 TA 开始执行时的值），这样事务 TB 读到的数据与数据库中的实际数据是不一致的，这时就可以说事务 TB 读到的数据是事务 TA 的“脏”数据，或不正确的数据。

简而言之，**“脏”数据**就是其他事务正在修改而没有提交确认过的数据。

例如，在火车订票系统中，事务 TA 在读出火车票余数 10 并订购 6 张票后，将车票余数 10-6=4 写到数据区（还没有来得及提交），恰在此时事务 TB 读取车票余数 4，而 TA 出于某种原因（如断电等）进行回滚操作，火车票余数恢复到了原来的值 10 并撤销此次订票操作，但这时事务 TB 仍然使用着读到的火车票余数 4，这与数据库中实际的火车票余数不一致，这个“火车票余数4”就是“脏”数据。具体执行过程如表6.2所示。

表6.2 读“脏”数据

时间次序	事务TA	事务TB
t_1	读取火车票余数：n=10 订购火车票6张：x=6，$n=n-x=10-6=4$ 写回n=4	
t_2		读取火车票余数：n=4（读取TA的“脏”数据）
t_3	ROLLBACK 恢复火车票余数：n=10	

3. 不可重复读

不可重复读是指事务TA读取某组数据后，事务TB执行了更新操作，修改了事务TA读取的数据，当事务TA再次读取同样的数据时，发现与第一次读取的数据不一样。

例如，在火车订票系统中，事务TA订购6张票价100元的火车票，总价600元，恰在此时铁路局（事务 TB）做了价格调整，原来100元的火车票现只需 95 元，事务TA在付款确认时再次读取数据，只需支付570元，这与第一次的数据不一致。具体执行过程如表6.3所示。

表6.3 不可重复读

时间次序	事务TA	事务TB
t_1	读取火车票价格：c=100 订购火车票6张：n=6 计算总价：$n\times c$=600	
t_2		修改票价：c=95
t_3	读取火车票价格：c=95 订购火车票6张：n=6 计算总价：$n\times c$=570	

4. 幻影读

幻影读数据实际上属于不可重复读的范畴，它是指当事务TA按一定条件从数据库中读取了某些数据后，事务TB删除了其中的部分记录，或在其中添加了部分记录，那么事务TA再次读取同样数据时，发现其中莫名其妙地少了（删除）或多了（添加）一些数据。这样的数据对事务TA来说就像“幽灵”一样，时而有时而没有，给人一种幻觉，故这种现象称为**幻影读**。

例如，在火车订票系统中，事务TA订购某趟火车6张车票，恰在此时铁路局（事务TB）因某种原因取消了这趟火车，事务TA在付款确认时再次读取数据，发现无法支付，因为已经没有这趟火车，造成了幻影读数据的现象。

产生这4种数据不一致现象的主要原因是并发执行破坏了事务的隔离性。并发控制就是用正确的调度方法控制并发的执行过程，使一个事务的执行不受其他事务的干扰，避免造成数据的不一致现象。

6.2.3 可串行化调度

DBMS 对并发事务不同的调度可能会产生不同的结果，那么什么样的调度是正确的呢？显然，串行调度是正确的。在多个事务并发执行时，若一种调度的执行结果等价于串行调度的执行结果，那么该结果也是正确的，这种调度称为**可串行化调度**。也就是说，多个事务的并发执行是正确的，其充分条件是当且仅当其执行结果与按某一次序串行地执行这些事务时的结果相同。**可串行性**是并发事务正确调度的准则。

可串行化描述了几个事务的并发执行。可串行化的目的是找到一个非串行调度，该调度允许事务并发执行并且与其他事务没有相互干扰，使并行执行产生的数据库状态与串行执行产生的状态一样。可串行化调度必须保证能够防止事务间的相互干扰，读、写操作的顺序在可串行化中非常重要。可串行化调度的规则如下：

1）若事务 TA 和 TB 只是读取数据，则它们没有冲突，执行顺序不重要。

2）若事务 TA 和 TB 读或写完全不同的数据，则它们没有冲突，执行顺序不重要。

3）若事务 TA 写数据，而事务 TB 读或是写相同的数据项，则执行顺序很重要。

6.3 基于锁的并发控制

在数据库环境下，进行并发控制的主要方式是使用封锁机制，即加锁（locking）。加锁是一种并行控制技术，是用来调整对共享目标（如数据库中的共享记录）的并行存取的技术。

6.3.1 锁的概念

锁是实现并发控制的一个非常重要的技术。锁就是事务 T 在对某个数据对象（如表、记录等）操作之前，先向系统发出加锁请求。加锁成功后，事务 T 就对该数据对象有一定的控制，在事务 T 释放它的锁之前，其他事务不能更新此数据对象。

以火车订票系统为例，若事务 T 要订票，就需要修改剩余票数，则在读取剩余票数前先封锁该数据，然后对数据进行读取和修改操作。在事务 T 操作过程中，其他事务不能读取和修改剩余票数，直到事务 T 修改完成并将数据写回数据库，并且解除了对该数据的封锁后其他事务才能访问这些数据。

具体的控制权由锁的类型决定。基本的锁类型有 2 种：**排他锁**（exclusive locks，简称 **X** 锁）或**共享锁**（share locks，简称 **S** 锁）。

排他锁与共享锁的控制方式可以用表 6.4 的相容矩阵（compatibility matrix）表示。

表 6.4　锁类型的相容矩阵

TA	TB		
	X	S	—
X	N	N	Y
S	N	Y	Y
—	Y	Y	Y

注：Y=Yes，相容的请求；N=No，不相容的请求。

排他锁又称为**写锁**。若事务 T 对数据对象 A 加上 X 锁，则只允许 T 读取和修改 A，其他任何事务都不能再对 A 加任何类型的锁，直到 T 释放 A 上的 X 锁。这就保证了其他事务在 T 释放 A 上的锁之前不能再读取和修改 A。

共享锁又称为**读锁**。若事务 T 对数据对象 A 加上 S 锁，则事务 T 可以读 A 但不能修改 A，其他事务只能再对 A 加 S 锁，而不能加 X 锁，直到 T 释放 A 上的 S 锁。这就保证了其他事务可以读 A，但在 T 释放 A 上的 S 锁之前不能对 A 做任何修改。

6.3.2　利用锁解决并发产生的问题

利用加锁机制解决事务并发产生的问题：丢失修改、读“脏”数据和不可重复读。

1. 丢失修改

事务 TA 在读取数据 *n* 之前，首先对数据 *n* 施加 X 锁，当事务 TB 再请求对数据 *n* 施加 X 锁时被拒绝，只能等事务 TA 释放 *n* 上的锁后才能对数据 *n* 施加 X 锁，这时事务 TB 读到的是事务 TA 修改后的数据，再对新的数据 *n* 进行运算，并将结果写回数据库，这样就避免了丢失修改。具体执行过程如表 6.5 所示。

表 6.5　加锁避免丢失修改

时间次序	事务 TA	事务 TB
t_1	Xlock(*n*) 读取火车票余数：*n*=10	
t_2		Xlock(*n*)　加锁失败
t_3	订购火车票 7 张：*x*=7 火车票余数：$n=n-x=10-7=3$ 把 *n* 写回数据库，数据库中的火车票余数被修改为 3 COMMIT Unlock(*n*)	等待
t_4		成功获得 Xlock(*n*) 读取火车票余数：*n*=3
t_5		现在最多只能订购 3 张票 订购火车票 3 张：*x*=3 火车票余数：$n=n-x=3-3=0$

续表

时间次序	事务 TA	事务 TB
t_6		把 n 写回数据库，数据库中的火车票余数被修改为 0（覆盖了事务 TA 的修改结果 3） COMMIT Unlock(n)

2. 读“脏”数据

事务 TA 在读取数据 n 之前，首先对数据 n 施加 X 锁，修改后写回数据库。当事务 TB 请求对数据 n 施加 S 锁时，因数据 n 已被加了 X 锁，故只能等待。事务 TA 因某种原因被撤销，数据 n 恢复原值 10，并释放数据 n 上的 X 锁后，事务 TB 才可对数据 n 施加 S 锁，读取数据 n 的值 10，这样就避免了事务 TB 读“脏”数据。具体执行过程如表 6.6 所示。

表 6.6 加锁避免读“脏”数据

时间次序	事务 TA	事务 TB
t_1	Xlock(n) 读取火车票余数：n=10 订购火车票 6 张：x=6，$n=n-x=10-6=4$ 写回 n=4	
t_2		Slock(n)加锁失败
t_3	ROLLBACK 恢复火车票余数：n=10 Unlock(n)	等待
t_4		成功获得 Slock(n) 读取火车票余数：n=10 COMMIT Unlock(n)

3. 不可重复读

事务 TA 在读取数据前先加 S 锁，其他事务只能再对它加 S 锁，而不能加 X 锁，所以事务 TB 只能等待 TA 释放 S 锁后再加 X 锁，这样就避免了不可重复读。具体执行过程如表 6.7 所示。

表 6.7 加锁避免不可重复读

时间次序	事务 TA	事务 TB
t_1	Slock(c) Slock(n) 读取火车票价格：c=100 订购火车票 6 张：n=6 计算总价：$n \times c$=600	
t_2		Xlock(c)加锁失败

续表

时间次序	事务 TA	事务 TB
t_3	读取火车票价格：c=100 订购火车票 6 张：n=6 计算总价：$n×c$=600 COMMIT Unlock(c) Unlock(n)	等待
t_4		成功获得 Xlock(c) 修改票价：c=95 COMMIT Unlock(c)

幻影读数据实际上属于不可重复读的范畴。解决幻影读的方法也是在添加或删除数据之前施加 X 锁，加锁成功后才能进行添加或删除操作。

6.3.3 活锁和死锁

利用加锁的方法来解决并发带来的问题，与操作系统一样，也可能引起活锁和死锁等问题。

1. 活锁

当某个事务请求对某一数据的排他锁时，由于其他事务对该数据的操作而使该事务处于永久等待状态，这种状态称为**活锁**。

例如，在表 6.8 中，如果事务 TA 对数据 R 加锁，事务 TB 又请求对数据 R 加锁但只能处于等待，事务 TC 也请求对数据 R 加锁。这时，事务 TA 对数据 R 释放锁，但事务 TC 的优先级高于事务 TB 的优先级，故事务 TC 优先获得对数据 R 加锁的权限，事务 TB 只能继续等待。当事务 TC 释放锁时，又有优先级比事务 TB 高的其他事务优先获得对数据 R 加锁的权限。如此下去，事务 TB 有可能永远处于等待状态。这就出现了活锁的情形。

表 6.8 活锁情形

时间次序	事务 TA	事务 TB	事务 TC	事务 TD
t_1	Lock(R)			
t_2	…	Lock(R)		
t_3	…	等待	Lock(R)	
t_4	Unlock(R)	等待	等待	Lock(R)
t_5		等待	Lock(R)成功	等待
t_6		等待	…	等待
t_7		等待	Unlock(R)	等待
t_8		等待		Lock(R)成功

解决活锁的简单方法就是采用**“先来先服务”**的策略。当多个事务请求对同一数据对象加锁时，加锁机制按照请求加锁的先后次序对事务排队，一旦有事务释放对数据对象上的锁，首先允许排在请求队列中的第一个事务获得加锁权限。

2. 死锁

在数据库系统中，**死锁**是指多个用户（进程）分别锁定了一个资源，并又试图请求锁定对方已经锁定的资源，这就产生了一个锁定请求环，导致多个用户（进程）都处于等待对方释放所锁定资源的状态。

例如，如果事务TA对数据RA加锁了，事务TB对数据RB加锁了，然后事务TA又请求对数据RB加锁，因TB已对RB加锁，故TA等待TB释放RB上的锁；接着TB又申请对RA加锁，因TA已对RA加锁，故TB也只能等待TA释放RA上的锁。这样就出现了TA在等待RB而TB又在等待RA的情形，TA和TB两个事务永远不能结束，形成死锁。死锁情形如表6.9所示。

表6.9　死锁情形

时间次序	事务TA	事务TB
t_1	Lock(RA)	
t_2		Lock(RB)
t_3	Lock(RB)	
t_4	等待	Lock(RA)
t_5	等待	等待
⋮	等待	等待

在操作系统和一般并行处理中，对死锁的问题已做了较好研究，目前在数据库中解决死锁问题的方法主要有两类：一类是采取一定措施来预防死锁的发生；另一类是允许发生死锁，采用一定的手段定期诊断系统中有无死锁，若有则解除之。

（1）预防死锁

在数据库中，产生死锁的原因是两个或多个事务都已对一些数据对象加锁，但又都请求对已被其他事务加锁的数据对象进行加锁，从而出现死锁的情况。因此，防止死锁的发生其实就是要解除产生死锁的条件。预防死锁通常有两种方法。

1）一次加锁法。**一次加锁法**要求每个事务必须一次将所有要使用的数据全部加锁，否则就不能继续执行。一次加锁法虽然可以有效地防止死锁的发生，但存在一些缺点：

① 事务耗时锁定过多数据，延迟其他事务及时访问，降低了系统的并发程度。

② 无法预知事务需要加锁的数据，被迫扩大加锁范围，降低了系统的并发程度。

2）顺序加锁法。**顺序加锁法**是预先对数据对象规定一个访问的加锁顺序，要求所有事务都按照该顺序实行加锁。顺序加锁法可以有效地防止死锁的发生，但同样也存在一些缺点：

① 需要加锁的数据过多，并且随着数据的增、删等操作而不断变化，维护加锁顺序很困难，代价很大。

② 无法预知事务要访问的数据，也就很难按照规定的顺序加锁数据对象。

由此可见，预防死锁的策略并不很适合数据库的特点。因此，在 DBMS 中，一般不采用预防死锁发生的措施，而普遍采用**先诊断后解除死锁**的办法，即允许发生死锁，采用一定手段定期诊断系统中有无死锁，如有就解除之。

（2）死锁的诊断与解除

在 DBMS 中，与操作系统类似，诊断死锁的方法一般使用超时法或事务等待图。

1）超时法。如果一个事务的等待时间超过了规定的时限，则认为出现了死锁。**超时法**的优点是实现方法简单，但也存在着明显的不足：①对死锁发生误判，事务可能因为某种原因超过了等待时限，系统就会误认为发生了死锁；②若事务等待时限设置得太长，则不能及时发现死锁。

2）等待图法。事务**等待图**动态地反映了所有事务的等待情况。DBMS 中的并发控制子系统周期性地（如每隔几秒）生成事务等待图，同时对其进行检测。如果发现图中存在回路，则说明事务间出现了死锁。

DBMS 中的并发控制子系统一旦检测到事务间存在死锁，就要设法解除。通常采用的方法是选择一个处理死锁代价最小的事务，将其撤销，并释放此事务所持有的所有的锁，使其他事务得以继续运行下去。另外，对撤销的事务所执行的数据修改操作必须加以恢复。

6.3.4 锁的粒度

锁的**粒度**是指锁的生效范围（加锁对象），粒度是由并发控制子系统控制的独立的数据单位。锁的粒度表明加锁使用的级别。尽管可以使用可小可大的单位（如字段、元组或关系），但通常情况下，锁的粒度是数据页。大多数商业数据库管理系统提供了不同的加锁粒度，主要有以下几种。

1）数据库级：对整个数据库进行加锁。

2）表级：对整个表进行加锁。

3）页级：对整个硬盘页（块）进行加锁。

4）行（元组）级：对特定的行（或元组）进行加锁。

5）属性（字段）级：对特定的属性（或字段）进行加锁。

锁的粒度与系统的并发程度和并发控制的开销密切相关。锁的粒度越小，则数据库并发程度越高，但系统开销也就越大。

6.3.5 封锁协议

运用 X 锁和 S 锁给数据对象加锁时，还需要约定一些规则，如何时申请 X 锁或 S 锁、持锁时间、何时释放锁等。我们称这些规则为**封锁协议**或加锁协议（locking protocol）。不同级别的加锁协议为并发操作的正确调度提供不同程度的保证。

1. 一级封锁协议

一级封锁协议：事务 T 在修改数据对象之前，必须对其获准加 X 锁，并且直到事务结束（包括正常结束和异常结束）时才能释放锁。如果未能成功加 X 锁，则事务 T 进入等待状态，直到成功加上 X 锁后才能继续执行。

一级封锁协议可以防止丢失修改，并保证事务 T 是可恢复的，如表 6.5 所示。在一级封锁协议中，如果是读数据，则不需要加锁，所以它不能保证可重复读和不读“脏”数据。

2. 二级封锁协议

二级封锁协议：在一级封锁协议的基础上，增加事务 T 对要读取的数据对象之前必须先对其加 S 锁，**读完数据对象后即可释放 S 锁**。如果未能成功加上 S 锁，则事务 T 进入等待状态，直到成功加上 S 锁后才能继续执行。

二级封锁协议除了可以防止丢失修改的问题外，还可以防止读“脏”数据，如表 6.6 所示。但在二级封锁协议中，由于读完数据对象后即可释放 S 锁，因此不能保证可重复读。

3. 三级封锁协议

三级封锁协议：在一级封锁协议的基础上，增加事务 T 对要读取的数据对象之前必须先对其加 S 锁，**并且直到事务结束才释放**。如果未能成功加上 S 锁，则事务 T 进入等待状态，直到成功加上 S 锁后才能继续执行。

三级封锁协议除了可以防止丢失修改和不读“脏”数据外，还进一步防止了不可重复读，如表 6.7 所示。

6.3.6 两段锁协议

为了保证并发调度的正确性，DBMS 的并发控制机制必须提供一定的手段来保证调度是可串行化的。目前 DBMS 普遍采用两段锁（two-phase locking，2PL）协议的方法实现并发调度的可串行性，从而保证调度的正确性，而且理论上已经证明使用两段锁协议产生的是可串行化调度。除此之外，还有一些其他的方法，如乐观方法等来保证调度的正确性。

两段锁协议是指所有事务必须分两个阶段对数据对象加锁和解锁。

1）**加锁阶段**（扩展阶段）：在对任何数据进行读、写操作之前，首先要申请并成功对该数据加锁，即读数据加 S 锁，写数据加 X 锁。

2）**解锁阶段**（收缩阶段）：当事务释放了一个锁之后，事务不再申请和获得任何其他加锁，即事务只能解锁，不能再进行加锁。

例如，事务 T 遵守两段锁协议，其封锁序列如下：

Slock A → Slock B → Xlock C → Unlock B → Unlock A → Unlock C

又如，事务 T 不遵守两段锁协议，其封锁序列如下：

Slock A → Unlock A → Slock B → Xlock C → Unlock B → Unlock C

可以证明，若并发执行的所有事务均遵守两段锁协议，则对这些事务的任何并发调度策略都是可串行化的。

两段锁协议是并发调度可串行化的**充分条件**，但不是必要条件。也就是说，如果存在事务不遵守两段锁协议，那么它们并发调度或许是可串行化的，或许不是。

两段锁协议和防止死锁的一次封锁法的异同之处：一次封锁法要求每个事务必须一次将所有要使用的数据全部加锁，否则就不能继续执行，因此一次封锁法遵守两段锁协议；但是两段锁协议并不要求事务必须一次将所有要使用的数据全部加锁，因此遵守两段锁协议的事务可能发生死锁，如表 6.9 所示。

最后，需要说明的是，并发控制机制实质上是对并发事务实行隔离策略，事务并发执行结果的正确程度与事务隔离级别有直接的关系。**事务隔离级别**是控制一个事务与其他事务隔离的程度，它是系统内置的一组加锁策略。对于编程人员来说，不是通过手工设置来控制锁的使用，而是通过设置事务的隔离级别来控制锁的使用，从而实现并发控制。

6.4 习 题

1. 什么是事务？事务有哪些特性？每个特性的含义是什么？
2. 并发操作可能会产生哪些数据不一致问题？用什么方法能避免各种不一致的情况？
3. 判断并发操作正确调度的准则是什么？
4. 什么是锁？基本的锁类型有几种？试述它们的含义。
5. 什么是活锁和死锁？试述产生的原因和解决方法。
6. 什么是锁的粒度？常见的粒度有哪些？
7. 什么是封锁协议？有哪些封锁协议？
8. 什么是两段锁协议？两段锁协议能防止死锁吗？为什么？

第 2 部分

数据库安全

第7章 数据库安全概述

本章要点

- 数据库安全的概念
- 数据库安全的威胁
- 数据库安全技术
- 安全标准
- 数据安全的政策和法律法规

数据库作为非常重要的存储工具，保存着重要的、敏感的、有价值的商业和公共安全中最具有战略性的资产，其安全性至关重要。

7.1 数据库安全的概念

数据库安全（database security）是指采取各种安全措施对数据库及其相关文件和数据进行保护。数据库安全包括数据库系统安全和数据库中数据的安全。数据库系统安全涉及系统运行安全和系统信息安全两个方面，一方面指数据库系统所依赖的环境安全；另一方面指以各种防范措施防止非授权使用数据库，主要通过 DBMS 实现。这两个方面构成了数据库系统安全的基础。数据库中数据的安全是数据库安全的主要内容。国家标准《信息安全技术　数据库管理系统安全技术要求》（GB/T 20273—2019）对数据库管理系统安全定义为“数据库管理系统所存储、传输和处理的信息**保密性**、**完整性**和**可用性**的表征”。

数据库管理系统的安全性主要体现在以下几方面。

1）保密性：保护存储在数据库中的数据不被泄露和未授权获取。

2）完整性：保护存储在数据库中的数据不被破坏和删除。

3）一致性：确保存储在数据库中的数据满足实体完整性、参照完整性和用户定义完整性要求。

4）可用性：确保存储在数据库中的数据不因人为和自然原因对授权用户不可用。

为了达到这一目标，应该有一个清晰的、一致的安全策略来描述那些必须实施的安全措施。特别地，必须决定哪些数据是受保护的，哪些用户能访问哪些数据。另外，DBMS 和操作系统及外部机制（如进出大楼的安检等）一样，其安全机制必须是可利用的，以保证安全策略的实施。这里必须强调的是要在多个层次上实施安全措施。

从系统与数据的关系上，也可将数据库安全分为数据库的**系统安全**和**数据安全**。

数据库系统安全主要利用在系统级控制数据库的存取和使用的机制，具体如下。

1）系统的安全设置及管理，包括法律法规、政策制度、实体安全等。

2）数据库的访问控制和权限管理。

3）用户的资源限制，包括访问、使用、存取、维护与管理等。

4）系统运行安全及用户可执行的系统操作。

5）数据库审计有效性。

6）用户对象可用的磁盘空间及数量。

数据库安全的核心和关键是其数据安全。数据安全是在对象级控制数据库的访问、存取、加密、使用、应急处理和审计等机制，包括用户可存取指定的模式对象及在对象上允许做具体操作类型等。

一般来说，数据库系统安全涉及以下 5 个层次。

1）用户层：侧重用户权限管理及身份认证等，防范非授权用户以各种方式对数据库及数据的非法访问。

2）物理层：系统最外层最容易受到攻击和破坏，主要侧重保护计算机网络系统、网络链路及其网络节点的实体安全。

3）网络层：所有网络数据库系统都允许通过网络进行远程访问，网络层安全性和物理层安全性一样极为重要。

4）操作系统层：操作系统在数据库系统中与 DBMS 交互并协助控制管理数据库，操作系统安全漏洞和隐患将成为对数据库进行非授权访问的手段。

5）数据库系统层：数据库存储着重要程度和敏感程度不同的各种数据，并为拥有不同授权的用户所共享，数据库系统必须采取授权限制、访问控制、加密和审计等安全措施。

为了确保数据库安全，必须在所有层次上进行安全性保护措施。若较低层次上安全性存在缺陷，则再严格的高层安全性措施也可能被绕过而出现安全问题。

7.2 数据库安全的威胁

近年来数据泄露的安全事件频发，信息泄露造成的危害不可估量。对于国家而言，机密泄露将会严重危害国家战略；对于企业而言，信息泄露会降低品牌可信度，甚至阻碍企业健康发展；对于个人而言，欺诈带来的个人财产损失将严重影响个人生活。信息泄露造成的危害显而易见，国家和相关单位对数据安全的重视程度也不断提高。数据安全已经与关键信息基础设施一并成为影响国家稳定、民生安全及社会安全的关键因素。

7.2.1　数据安全面临的威胁①

数据安全面临的威胁有来自外部的，也有来自内部的，以及意外丢失风险。

1. 外部数据安全威胁持续升级

随着业务数字化、信息系统云化、安全边界模糊化等趋势正在加速演进的时代发展，企业或组织面临的外部数据安全威胁也在相应发生变化。

在数据时代，通过漏洞利用、防护绕过等手段侵入企业或组织的内部网络实现数据窃取或破坏的安全事件仍常有发生，但随着网络安全防护设施的普及和加强，侵入内部网络的难度明显增加。伴随而来的新型攻击和外部数据安全威胁层出不穷，导致数据被窃取、篡改和非法使用等威胁加剧。

（1）数据窃取

1）通过向软件中植入木马窃取数据。

2）盗用特权账户导致数据泄露。

3）数据委托处理时被合作方盗用数据。

4）关联利用已泄露数据发动撞库攻击。

5）APT（advanced persistent threat，高级持续性威胁）攻击窃取组织核心机密等。

其中，APT 攻击通过具有专业水平的攻击人员和丰富的攻击资源有组织地对特定对象展开持续有效的定向威胁攻击，隐蔽地运用绕过传统安全方案［如防病毒软件、防火墙、IPS（intrusion prevention system，入侵防御系统）等］、供应链攻击和社会工程学等一切手段，实施持久且有效的威胁和攻击，在目标基础设施上建立并扩展立足点，并进行长期潜伏，逐步学习和适应安全防御措施，对目标进行高水平、低频次交互攻击，窃取组织核心机密。

（2）数据篡改

1）用勒索病毒加密数据敲诈赎金。

2）利用区块链漏洞攻击智能合约。

其中，针对区块链的数据攻击主要体现为两类：一是利用漏洞发起对智能合约的重入攻击、溢出攻击、所有权攻击和拥塞攻击，导致智能合约检查失效或发生节点仿冒及优先级提升；二是对未正确匿名化操作隐私保护的用户，通过交易双方信息推断出地址关联性，造成用户隐私泄露。

（3）数据非法使用

利用网络爬虫抓取和分析隐私数据。数据掘金团体利用批量访问企业或组织向客户提供的正常服务接口，大量抓取数据，通过与具有相关属性的批量数据进行关联，尝试从这些数据中分析出具有高风险的敏感数据。

数据价值和重要性的持续提升，刺激了贩卖数据牟利的作案动机，窃取数据成为大规模、有组织网络犯罪集团的首要目标。同时，数据安全本身存在“易攻难守”的特点，

① 本小节资料来源：中关村网络安全与信息化产业联盟数据安全治理专业委员会编著的《数据安全治理白皮书 4.0》（2022）。

也导致了数据安全攻防双方力量对比的严重失衡，攻方已占据明显优势，外部数据安全威胁持续升级。

2. 内部数据安全风险日益严峻

相比持续升级的外部数据安全威胁，日益严峻的内部数据安全风险更让企业或组织感到迫在眉睫。

（1）内部人员有意或无意行为引发的数据安全风险

随着比特币、暗网等网络匿名性增强技术的出现，数据贩卖黑灰色产业链暗流涌动，为利用数据非法牟利提供了方便，也在一定程度上引发了内部数据安全风险。内部数据安全风险常见类型主要有数据泄露、数据窃取、数据篡改和数据破坏。

1）数据泄露。

① 越权访问攻击成为数据破坏、数据泄露的重要来源。

② 数据跨境自由流动加剧数据安全风险。

2）数据窃取。

① 内部人员窃取商业秘密非法牟利。

② 员工亲友冒用员工身份窃取数据。

③ 研发人员在业务系统中设置后门。

3）数据篡改。

① 业务人员违规篡改数据牟利。

② 研发人员在业务系统中设置后门。

4）运维人员为泄愤恶意破坏数据。拥有数据和系统高级操作权限的运维人员，可能出于个人恩怨等报复动机，对企业或组织的重要数据采取篡改、删除等破坏行为。

（2）敏感个人信息非法利用，严重侵害个人权益

1）敏感个人信息过度收集，对个人权益造成巨大损害。组织未遵循法律法规要求的最小化、必要性原则，过度收集用户个人信息，虽然会给组织带来商业利益，但也潜藏着巨大的风险。

2）大数据杀熟严重侵害消费者权益。大数据杀熟是指通过收集用户个人信息，运用大数据和算法针对用户的消费能力建立画像，进而针对同一商品和服务对不同用户进行区别定价的情况。大数据“杀熟”主要表现为3种类型：①根据用户使用的设备差别定价，如针对高端设备的用户，其商品定价更高；②根据用户消费频率差别定价，针对消费频率高的老用户定价更高，针对低频消费用户定价较低；③根据用户消费时所处的场所差别定价，如针对购买场所较远的用户定价更高。

（3）业务频繁变化引起的数据误用、滥用

在企业或组织数字化转型过程中，难免引入新的业务系统或者对旧业务系统进行升级改造，因培训不足、操作不熟练、个人疏忽等原因导致员工非法利用数据，如误用、滥用等行为正在变多变频，这也是企业或组织在未来一段时间内亟须应对的内部数据安全风险之一。

3. 数据意外丢失风险

造成数据失效的原因很多，防不胜防，包括云平台故障、存储故障、服务器故障、软件故障、设备老化、火灾、机房漏水、机房结构性破坏、供电系统瘫痪、空调故障、人为破坏、人为误操作、病毒感染等，其中最主要的问题是硬件故障和人为因素。任何IT系统都无法保证100%不出现硬件故障，有些故障会导致数据损坏或丢失，人为破坏或误操作也会导致数据失效。

数据是各类信息系统的中枢所在，灾难发生后，计算资源、存储资源、云、服务器等易于快速恢复或重新配置，但若是数据损坏或丢失，信息系统依然不能正常对外提供服务。备份是数据安全保护的有效手段之一。只有进行了备份容灾系统的建设，才可能在灾难发生后快速恢复数据和系统，将灾难对信息系统造成的损害降到最小。

7.2.2 国家标准中安全问题定义的威胁

国家标准《信息安全技术 数据库管理系统安全技术要求》(GB/T 20273—2019)在安全问题定义中描述：TOE（target of evaluation，评估对象）面临过度或合法的特权滥用、软件漏洞被利用和潜在应用安全攻击（如 SQL 注入、拒绝服务、特权提升等）等安全威胁。表7.1给出了DBMS评估保障级（evaluation assurance level，EAL）2、3和4面临的不同威胁。

表7.1 评估对象威胁

序号	威胁	评估保障级		
		EAL2	EAL3	EAL4
T.1	管理员误操作 T.MISOPERATION_ADMIN	√	√	√
T.2	审计机制失效 T.AUDIT_FAILURE	√	√	√
T.3	密码攻击 T.CRYPTO_COMPROMISE	—	√	√
T.4	数据传输窃听 T.EAVESDROP	—	√	√
T.5	设计缺陷 T.FLAWED_DESIGN	—	√	√
T.6	实现缺陷 T.FLAWED_IMPLEMENTATION	—	√	√
T.7	标签数据失控 T.LBAC	—	—	√
T.8	假冒授权用户 T.MASQUERADE	√	√	√
T.9	测试缺陷 T.POOR_TEST	√	√	√
T.10	残余信息利用 T.RESIDUAL_DATA	—	√	√
T.11	安全功能失效 T.TSF_COMPROMISE	—	√	√
T.12	非授权访问 T.UNAUTHORIZED_ACCESS	√	√	√
T.13	服务失效 T.UNAVAILABILITY	√	√	√
T.14	未标识动作 T.UNIDENTIFIED_ACTIONS	—	√	√

注：√代表在该评估保障级下DBMS面临的威胁；—代表在该评估保障级下无须考虑的威胁。

7.2.3 数据库安全问题

在现实情况下，数据库安全问题一直是被关注的焦点。引起数据库安全事件频发的原因较多，美国 Verizon 就“核心数据是如何丢失的”做过一次全面的市场调查，结果发现，75%的数据丢失情况是由于数据库漏洞造成的。另外，数据库安全配置管理措施不够、非结构化数据缺乏安全保护措施也是造成数据库安全事件频发的主要原因。

1. 数据库自身安全问题

数据库自身安全漏洞主要表现为数据库设计缺陷、默认安装配置漏洞、数据库运行漏洞等。

（1）数据库设计缺陷

在当前的主流数据库中，数据库数据文件在操作系统中以明文形式存在，非法使用者可以通过网络、操作系统接触到这些文件，从而导致数据泄密风险。

（2）默认安装配置漏洞

数据库安装后的默认用户名、密码在主流数据库中往往存在默认数据库用户名和密码简单、默认端口等，如 Oracle 端口 1521、SQL Server 端口 1433、MySQL 端口 3306 等。攻击者完全可以利用这些默认用户名、端口登录数据库。

（3）数据库运行漏洞

数据库运行的系统软件本身存在一定漏洞。例如，缓冲区溢出漏洞，通过 HTTP 或者 FTP 服务可以触发该漏洞；假如攻击者拥有数据库合法的账户信息，即使这些服务关闭也能利用这些漏洞。对于通信协议漏洞，往往引发基于通信协议的攻击，如发送超长连接请求、破坏数据库握手协议。操作系统漏洞一般会涉及系统用户权限。通过 SQL 注入攻击，将破坏数据库系统或者盗取敏感信息。拒绝服务攻击、深度嵌套、频繁访问等恶意方式，势必破坏数据库系统可用性。

在数据库系统维护中，如果不重视数据库系统的漏洞修复或制定相应的安全策略，一旦遭到攻击，势必会给数据库的安全带来严重的影响。

2. 数据库安全管理配置问题

（1）安全管理配置不够

数据库的管理组织或维护人员对数据库安全管理配置问题主要表现为：管理意识不强，安全管理措施不严，人员授权管理不到位，日常操作不规范，第三方维护人员的操作监控失效，离职员工账户、权限未注销，这些管理问题往往易于引发越权滥用、权限盗用、恶意操作和机密泄露等行为。

（2）安全审计不足

随着数据库信息的价值及可访问性得到提升，内部和外部的安全风险明显增加，事后难以追溯和审计等问题日渐凸显。数据库服务器自身的日志审计功能未能充分利用，其自身的缺陷主要体现在以下几个方面：

1）数据库自带的审计及访问控制达不到安全要求。

2）数据库开启自身的审计及访问控制功能会影响性能，对 CPU 等资源有一定的消耗，如果要保存的数据瞬间量级增大，会很快占满硬盘，影响数据库的直接存储。

3）数据库自身审计功能缺少可视化，日志就是一堆文件，查询困难，不能生成报表。

4）数据库自身审计记录下来的日志，DBA 用户可进行修改、删除，对日志无加密保护等措施，难以体现审计信息的有效性和公正性。

5）数据库自带的访问控制功能，访问控制粒度粗，规则可设置，但是当发生违规行为时无法报警。此外，对于海量数据的挖掘和迅速定位也是任何审计系统必须面对和解决的核心问题。

3. 分布式数据库安全问题

在大数据应用环境中，其分布式数据库、非结构化数据存储的数据库与传统关系型数据库相比有明显不同，其数据状态（非使用、传输中、使用中）不断发生变化，点对点的非结构化数据快速传播，难以定位和识别，有效管理和安全保护更加复杂。HBase 是一个分布式、面向列的开源数据库，适合于非结构化数据存储，其安全性依托于 Hadoop 提供的安全机制。

上述数据库安全问题，多年来学术界、业界广泛关注，采取了一定的安全防护技术，但黑客盗取数据库的技术也在不断提升，数据库一旦被外部人员、内部人员、社交工程、APT 等攻击利用，将产生严重的安全后果。

在数据库安全事件中，最典型的是数据库“拖库”。“拖库”是指黑客入侵有价值的数据库并把数据库全部盗走的行为。在取得大量的用户数据之后，黑客将通过一系列的技术手段和黑色产业链将有价值的用户数据变现，这通常也被称为“洗库”。最后，黑客将得到的数据在其他网站上尝试登录以收获其他内容，称为“撞库”。

7.3 数据库安全技术

数据库安全涉及诸多方面，这里主要介绍技术体系架构和 DBMS 安全特性。

7.3.1 技术体系架构①

数据安全技术体系并非单一产品或平台的构建，而是覆盖数据全生命周期，结合企业或组织自身使用场景的体系建设。要依照企业或组织数据安全建设的方针总则，围绕数据处理活动各场景的安全要求，借鉴 I（识别）、P（防护）、D（监测）和 R（响应）

① 本小节内容主要来源：中关村网络安全与信息化产业联盟数据安全治理专业委员会编著的《数据安全治理白皮书 4.0》（2022）中的“3.5 数据安全技术体系”。

模型，建立与制度流程相配套的技术和工具，并将这些技术和工具形成平台化应用，发挥技术合力作用。通过持续对数据生命周期内各使用场景进行风险监测，评估企业或组织现有数据安全控制措施的有效性及薄弱环节，对有问题的风险场景及时进行数据安全整改，优化数据安全相关制度流程，进而持续提升企业或组织的数据安全防护能力。

1. 识别技术

（1）法律法规知识库

法律法规是指引组织数据安全建设的重要依据，应对解读的安全标准和规范的合规项进行落实，形成合规库，收录并拆解各类与数据安全相关的规范、标准，为数据安全管理提供参考及评估标准，并根据合规库中的合规项制定各类安全策略规则。

（2）数据资产梳理

数据资产梳理是指对目标环境中的数据资产进行全面清查、摸排，通过了解数据资产类型、数据资产分布、数据资产权限、数据资产使用等信息，构建数据资产目录的过程。在数据安全治理实践中，尤其关注针对敏感数据资产的梳理，这是数据安全体系建设及数据资产管理中的一项基础性工作。对数据资产进行及时准确的梳理以掌握其中敏感资产的分布、数量、权限及使用状况，是进行后续数据安全治理工作的基础与先导。

对数据资产进行梳理，主要包括两种技术。一种是静态梳理技术，通常首先采用对IP地址段和端口范围进行扫描的主动嗅探方式，发现数据库资产；然后应用数据库字段识别技术、数据样本特征识别等技术和元数据接口对接、数据字典导入等方式，形成数据资产清单。另一种是动态梳理技术，通常采用对网络流量进行协议分析的被动监测方式，用于形成数据访问关系清单。二者共同为后续的数据安全治理建设提供必要的基础信息。

（3）数据分类分级

为了能够更好地在保持数据使用的便捷性和实现数据保护的安全性二者之间进行平衡，促进数据安全能力建设降本增效，通常会对企业或组织的数据（资产）进行分类分级，以便对数据采用精细化的安全管控手段，避免“一刀切”。

为应对企业或组织海量数据的分类分级，可采用谓词切分与语义识别技术、知识库与匹配技术和机器建模与匹配等技术，辅助人工快速形成数据分类分级清单。

1）数据分类方法。对数据的分类需要密切贴合企业或组织的自身业务特点，一般没有特别通用的规则和方法，通常会根据数据的用途、内容、业务领域等因素进行，而且可能需要随着业务的变化而动态变化。

2）数据分级方法。数据分级一般会根据数据的价值、敏感程度、被泄露后的影响和后果等因素进行定义，一旦确定就很少再发生变化。

3）数据分类分级落地。在通用规范层面，全国信息安全标准化技术委员会秘书处发布了《网络安全标准实践指南：网络数据分类分级指引》（TC260-PG-2-20212A），对全领域的数据分类分级给出了指引，将数据类别分为个人信息、公共数据、传播数据、行业领域数据等，将数据级别由低到高分为一般数据、重要数据、核心数据。

在对数据进行分类分级的过程中，由于类别和级数增多会导致管理和维护成本上升，因此建议企业或组织在满足国家和行业监管合规要求的前提下，选用尽量简单的分类分级规则，以保障分类分级为基础的数据安全治理的可实施性，后续再伴随治理工作机制的完善和成熟，结合行业监管要求的规范化，逐步进行深入和细化安全管控。

（4）数据安全风险评估

数据安全风险评估的结果通常包括5个基础维度。

1）资产识别。通过数据处理活动要素识别，对数据资产进行识别和业务分类，根据该类数据泄露或篡改后影响的范围定义数据泄露或篡改后的影响程度，再根据业务分类和数据泄露或篡改后的影响程度进行数据资产定级，明确数据资产价值。

2）脆弱性识别。脆弱性一方面源于数据本身及数据载体可能被威胁利用的薄弱环节，另一方面源于法律法规对数据资产利用和防护的要求。数据安全风险脆弱性识别包括脆弱性主体识别、脆弱性类型识别和脆弱性问题描述。

3）威胁识别。威胁识别是对数据资产在数据处理活动中，可能发生的对保密性、完整性、可用性造成的危害识别。通过威胁识别掌握脆弱性被利用的可能性及对数据资产的影响程度，判断数据安全风险的大小。

4）已有安全措施识别。已有安全措施的识别是针对企业或组织已采取安全措施的有效性进行分析确认，已有安全措施可作用于数据本身，如对数据加密后传输；也可以作用于数据载体，如对数据传输链路进行加密。

有效的安全措施实施可降低企业或组织在数据安全管理和技术两个方面的脆弱性，缓解数据资产面对的威胁，整体降低数据安全风险评级。

5）残余风险分析。结合脆弱性、威胁及已有安全措施，针对实施安全措施后满足脆弱性需求和增强抵御威胁的能力进行分析。例如，针对某脆弱性问题，通过安全设备实施了相应的防护策略，则数据安全整体风险降低。

基于以上5个基础维度的评估结果，分析数据处理活动过程中的脆弱性问题及该脆弱性面临的威胁，并相应地检查已有安全措施，判断残余风险，根据数据资产价值和残余风险判定数据安全风险值，最终形成数据安全风险评估报告。

数据安全评估主要包括数据处理活动评估和数据出境安全评估两个场景。

2. 防护技术

（1）身份安全基础设施

身份安全基础设施可以为收集、存储、使用、加工、传输、提供、公开等数据处理活动的访问控制提供基础的数据来源，以便对用户身份、各类设备和应用系统进行身份管理和权限管理。基础的身份安全基础设施包括IAM（identity and access management，身份识别与访问管理）和PKI（public key infrastructure，公钥基础设施）。

1）IAM。IAM是一套全面建立和维护数字身份，提供有效安全的IT资源访问的业务流程和管理手段，实现组织信息资产统一的身份认证、授权和身份数据集中管理与审计。身份和访问管理是一套业务处理流程，也是一个用于创建、维护和使用数字身份的支持基础结构。

IAM能够起到的作用主要包括以下几方面：

① 在数据收集阶段保证数据来源的真实性。

② 在数据传输阶段保证数据传递路径中接收者和传递者身份的可靠。

③ 在数据存储过程中保证对数据进行存取的实体身份是可靠的。

④ 在数据权属转移、数据共享、数据交易中保证数据业务层的安全。

⑤ 在多个异构数据应用域的情况下，保证访问者身份的一致性。

2）PKI。PKI是一种遵循既定标准的密钥管理平台，能够为数据生命周期防护涉及的身份认证、数据传输、数据存储、数据访问、数据应用提供加密和数字签名等密码服务及所必需的密钥和证书管理体系。简单来说，PKI就是利用公钥理论和技术建立的提供安全服务的基础设施。PKI技术是信息安全技术的核心，也是电子商务的关键和基础技术。

PKI公钥基础设施包括密钥管理服务、数字证书服务、密码计算服务、时间戳服务、密码设备管理和硬件安全模块服务。

（2）数据收集、传输安全防护

数据收集应满足数据收集相关的合法性要求，满足数据收集的必要性原则和最小化原则，确保用户数据在收集前已征得用户同意，需要单独征得用户同意的业务确已征得用户同意，应当重新取得用户同意的情况确已重新取得用户同意，并按规定向用户公示其个人信息收集的目的，防止出现超范围收集用户数据、超权限使用用户数据、违法违规交易用户数据及差异化用户决策等违法行为。同时，数据收集源头的安全是数据价值利用的先决条件，在数据收集、传输时，应对数据提供方的身份进行有效验证，并通过安全防护技术防止数据泄露及数据篡改等数据安全事件发生。在数据安全收集方面，应对数据收集设备进行持续的身份认证和数据传输安全防护。在数据中心防护方面，应在网络安全防护的基础上，对数据库操作加强安全防护，构建基于数据安全的纵深防御体系，针对业务数据进行细粒度访问控制，防止数据的越权/非授权访问和利用数据库漏洞发起的攻击行为。

（3）数据存储安全防护

存储作为IT数据基础设施堆栈的底座，对保障数据安全可靠尤为重要。应用数据库加密技术保障结构化数据存储安全、数据DLP（data leakage prevention，数据泄露防护）技术保障非结构化数据安全，数据保护技术保障数据的可用性。建立一套完整的数据存储安全机制，对数据的存储安全具有重要意义。

（4）数据使用安全防护

数据在使用中发挥价值，但数据在使用过程中的流动性特征极易导致数据泄露事件的发生。因此，在数据使用阶段，应从数据内容识别和数据权限细粒度管控两个方面实施数据安全防护措施。一方面，通过网络 DLP 在网络传输过程中精确识别出各类敏感数据，及时切断数据传输通道，避免数据外泄；另一方面，在传统的用户身份认证技术的基础上，通过数据动态脱敏技术，根据用户身份，对用户查询的数据进行动态脱敏，在业务应用无须配合改造的情况下，实现基于“身份 - 数据”的访问权限控制。同时，也可应用数据库安全防护能力对应用访问数据库的权限进行细粒度管控，加强数据库访问的安全防护。

其中，**动态脱敏**一般用在生产环境中。在数据访问者读取数据的过程中，部署于访问通道上的动态脱敏系统会监测和拦截数据访问请求，并根据请求中数据使用者的角色、权限、待访问数据的类别级别等信息，按照脱敏策略和规则实时对数据中的敏感信息进行脱敏处理，并将脱敏后的数据提供给数据访问者。

动态脱敏与数据访问控制作为两种保障数据安全的机制和技术手段，通常会在数据安全的产品和系统实现中被联合使用。

（5）数据加工安全防护

在数据加工阶段，运维人员需要协助业务部门将大量的生产数据频繁地导出到加工、测试环节。采用手工导出的方式除效率较低外，还难以确保数据脱敏的有效性。同时，对运维人员的特权账户访问控制堡垒机等传统安全运维管控技术无法细化到字段级别，这给数据加工、测试阶段的数据安全造成了极大的数据泄露风险。

1）数据静态脱敏。**静态脱敏**一般用于数据在非生产环境（如开发、测试、培训、外包和数据分析等）被使用时，对数据中含有的敏感信息进行保护。静态脱敏通常会涉及对较大数量的数据进行批量化的处理：静态脱敏系统首先从数据的原始存储环境（通常为生产环境）读入含有敏感信息的数据，然后在非持久化存储条件（系统内存）下按照脱敏策略、规则和算法对数据进行变形等脱敏处理，再将经过处理后的脱敏数据存储到新的目标存储环境中。

存储到新的目标环境中的脱敏数据固然已被消除信息敏感性，可以安全地在开发、测试、外包和数据分析等场景中放心使用，但为了能够得到具有业务应用价值的最终结果，脱敏数据应尽可能在统计意义上保留与生产环境中原始数据一致的数据特征。为此，在静态脱敏场景下，通常需要关注脱敏数据的有效性、真实性、高效性、可重现性、关联性与可配置性六大基本原则。

2）数据库安全运维。数据访问控制通常被用在数据生存周期中的数据使用环节，主要包括两种应用场景：一种是内部业务人员通过业务系统访问数据，另一种是运维或系统管理人员通过运维客户端访问数据存储系统。

内部业务人员通过业务系统访问数据存在的数据安全风险主要如下：

① 业务系统可能因存在漏洞或后门而被攻击者控制和恶意利用。

② 业务人员可能出于自身牟利目的而盗用、滥用业务系统访问数据。

③ 业务人员（尤其是有高权限者）可能因疏忽而执行错误操作。

运维或系统管理人员通过运维客户端访问数据存储系统存在的数据安全风险如下：

① 运维工作中的操作、流程等违反外部合规要求或内部制度规范。

② 管理人员因疏忽错误执行对数据具有破坏性的高位操作。

③ 出于个人牟利或发泄报复等原因而对数据进行恶意删除或篡改。

为防范和应对以上数据安全风险，数据访问控制系统通常具备以下主要功能：

① 对用户的身份、权限和访问控制策略的配置管理功能。

② 对访问请求进行拦截和解析，认证发起请求的用户身份，识别请求的操作目标。

③ 根据身份认证和操作目标的解析结果，判断数据访问请求是否符合访问控制策略。

④ 按照访问控制策略，对非法的数据访问请求进行阻断和告警。

（6）数据提供与公开安全防护

在对外提供数据共享与公开时，为保障数据安全，可综合运用静态脱敏和动态脱敏技术提供脱敏后的数据给数据使用方，但数据的二次传播特性决定了数据一旦共享或公开给其他使用方或处理方，数据所有者可能全面失去数据的管理权和监督权。数据水印技术能够在一定程度上对二次传播的数据进行溯源，但是不能从根本上阻断数据二次传播。当前更为安全的数据共享与公开方式是通过隐私计算技术，按照数据使用方的数据使用需求，直接向使用方提供数据结果。隐私计算技术可在数据不出本地的情况下，和其他组织共同挖掘数据的价值，既保证了组织数据的安全性，又实现了数据价值的最大化。同时，在数据对外共享与公开、数据出境时，可应用网络 DLP 实时监测非授权敏感数据外发的风险，防止数据泄露。

1）数据隐私计算。数据安全计算技术是指让数据在充分保护隐私的前提下参与计算，这样的数据计算技术将有助于在提高数据处理安全性的同时，更好地平衡数据融合应用和安全合规的需求。其中，安全多方计算、联邦学习作为数据计算的核心技术，能在多个数据归属方在融合使用数据的过程中保证各自数据不被泄露，让数据有效地融合利用，助力多个数据归属方的数据有效实现使用价值。

在新数据观下，实现数据要素化的关键在于两点：一是通过多方安全计算等新数据技术实现数据“可用不可见”，保护数据敏感信息的同时也能充分利用数据的计算价值；二是通过多方安全计算等新数据技术规定数据具体的用途和用量。基于上述两点，流通于市场的不再是明文数据，而是数据的特定使用权。市场可对数据的特定使用权进行定性、定量以形成可控的供给，数据才能成为生产要素并实现大规模流通，同时也有效规避数据被滥用的风险，数据的责、权、利得到厘清与保障。

2）数据水印和溯源。数据水印和溯源是指通过事先向数据中嵌入类似于水印的特征而实现事后能够对数据的违规使用行为进行追溯和核查。这项技术主要用于在数据安全治理中的事后追责活动：通过对数据安全损害已经发生事件中的特定行为成因进行探究，从导致结果的成因中找出权重最大或最初始阶段的行为主体，再以规章为依据追究其相关责任。

3）差分隐私。差分隐私是一种基于严格数学证明的隐私定义，可用于数据收集、发布、分析等场景中，为用户数据提供合理的隐私保护。作为一种被学界广泛认同的隐私黄金标准，差分隐私要求输出数据集上的统计结果对于任意单个记录的变化是不敏感的，其背后的原始直觉在于，如果统计结果是隐私的，改变一条记录应当不会对输出产生太大的影响。

作为时下流行的隐私定义，差分隐私被广泛应用于数据库查询、数据挖掘、网络踪迹分析、智能计量系统等多个领域。

3. 监测技术

（1）集中流转监测

构建全链路数据安全审计能力体系：全链路数据安全审计综合采用数据库审计技术和应用及API审计技术，贯穿数据全生命周期各个阶段，覆盖用户访问、系统运维、开发测试、数据对外提供、数据出境等全部业务场景，通过可视化方式按数据分类分级全面分析、展示数据的分布、流动、命令执行成功/失败、风险事件等综合态势。

完善的审计机制是基于敏感数据、策略、数据流转基线等多个维度的集合体，对数据的生产流转、数据操作进行监控、审计、分析，及时发现异常数据流向、异常数据操作行为，并进行告警，输出报告。它为数据安全带来的价值主要体现在两个方面：事中告警和事后溯源。

（2）集中风险分析

在传统依赖于规则检查、专家经验和阈值设定的基础上，补充用户和实体行为分析技术（user and entity behavior analytics，UEBA），从单维度检测到多维度检测，从单点检测到长周期分析，从基于规则分析到关联分析、行为建模、异常分析来发现更多更隐蔽的安全风险。

4. 响应技术

安全编排、自动化和响应（security orchestration, automation and response，SOAR）通过联动多个系统和设备来调度不同的安全能力，将人、技术与制度相融合，建立手动与自动相结合的协同响应与处置机制，简化事件处置流程，加快事件响应速度，减少事件响应时间。

SOAR可收集不同来源、不同类型的安全威胁数据，运用数据分析方法进行安全事件分析与分类，根据定义的事件响应与处置流程制定自动化事件响应与处置流程。SOAR为安全运营团队提供定制化的自动编排程序框架，加速安全事件的响应与处置，安全运营团队的日常事务性工作也可借助SOAR自动化完成。同时，还可以帮助运营团队在单一平台上响应和缓解威胁，节约事件响应和处置的宝贵时间。

5. 集中管控能力

为充分发挥各单点技术能力的优势，形成安全能力合力，可通过单点技术的平台化应用，构建满足数据安全集中运营的数据安全运营平台，支撑监管单位统一监测和预警的数据安全监测平台及持续评估访问过程可信的零信任数据安全平台。

（1）数据安全运营平台

以“实用、可持续”为设计初衷建设一站式、体系化的数据安全运营平台，集全生命周期防护与监测的安全能力于一身，实现数据资产运营、标准策略运营、安全事件运营和安全风险运营。

（2）数据安全监测平台

面向数据安全监管机构和大型企业集团数据安全总体责任部门，依托国家数据安全法规、行业数据安全监管政策和企业数据安全总体策略，提供面向物理和网络分散的数据使用组织和信息系统的分布式数据安全检测平台；以分布式的数据库流量探针、应用流量探针、运维流量探针、数据安全指标收集前置机、数据安全扫描评估工具为基础，实现对数据全生命周期的在线和离线合规监测；通过平台化的数据安全备案、数据访问行为分析、数据安全合规汇总能力，实现集中式的数据安全统一监测和预警。

（3）零信任数据安全接入平台

传统场景中，网络安全往往以防火墙为边界，其前提是内网完全可信。但是，随着技术的更新，远程办公变得普遍，诸如 VPN（virtual private network，虚拟专用网络）之类的技术在网络应用中非常普遍，这使得企业的安全边界必须进行扩大以允许来自全球各地各种类型终端的访问。

零信任代表了新一代的网络安全防护理念，打破默认的“信任”，用一句通俗的话来概括，就是“持续验证，永不信任”。零信任数据安全平台默认不信任企业网络内外的任何人、设备和系统，而是以身份认证和授权重新构建访问控制的信任基础，任何在授权前的人/设备/应用程序都视为不被信任的，在访问数据前都应取得信任，细粒度数据访问权限，采用最小权限原则，将网络防御的对象从边界缩小到了单个或者更小的资源组，从而确保身份可信、设备可信、应用可信和链路可信。基于零信任原则，可以保障办公系统的 3 个“安全”：终端安全、链路安全和访问控制安全。

7.3.2 DBMS 安全特性

国家标准《信息安全技术　数据库管理系统安全技术要求》（GB/T 20273—2019）在评估对象中描述：DBMS 所包含的管理软件应提供数据库语言，对数据库对象进行定义、操作和管理；提供数据库控制语言，通过数据模型语义约束条件维护 DBMS 运行的数据完整性；提供数据库备份、还原与恢复机制，保证 DBMS 运行中出现故障时的数据库可用性。RDBMS 应提供事务管理机制，保证多用户数据库并发操作时事务的原子性、隔离性、一致性和持久性（ACID）。

DBMS 安全特性主要包括以下几方面：

1）用户认证：用户标识只有通过身份鉴别后才能通过 TOE 的访问控制引擎控制授权用户对数据库对象的访问和操作。

2）用户授权：每个授权用户都有一组数据库安全域特性，可决定用户下列安全域特性内容：可用特权和授权角色、可用存储空间（如表空间）限额、可用系统资源（如共享缓存、数据读写容量、处理器使用）限制等安全属性。

3）角色管理：提供安全管理员、安全审计员、数据库管理员等默认的数据库角色。授权管理员也可以面向授权用户配置其访问控制策略、定义用户标识与鉴别方式、设置数据库审计策略等数据库安全管理功能。

4）访问控制：在确认授权用户与授权管理员身份及其安全域特性基础上，TSF（TOE security functionality，TOE 安全功能接口）实施授权用户与授权管理员的授权策略，控制主体访问客体活动。例如，自主访问控制、基于角色的访问控制、基于标签的访问控制等。

5）安全审计：提供与 TSF 相关的数据库操作是否被记录到数据库审计文件的机制。审计踪迹记录可以存储在 DBMS 审计表或外部 IT 环境的系统文件中。TSF 应提供审计记录的安全保护。

6）备份恢复：DBMS 运行出现故障后，利用 TSF 数据库备份与恢复机制实现对备份数据的还原，在数据库还原的基础上利用数据库日志进行数据库恢复，重新建立一个完整的数据库。

7）数据加密：提供对数据库中的数据进行加密存储、传输或处理，以及密钥管理服务接口功能，从而保证用户数据的保密性。

8）资源限制：防止授权用户无控制地使用主机处理器（CPU）、共享缓存、数据库存储介质等数据库服务器资源，限制每个授权用户/授权管理员的并行会话数等功能。

注意：DBMS 软件及其管理数据资产的安全性不是孤立的。在生产环境下，操作系统、网络系统与硬件等 DBMS 运行 IT 环境和 DBMS 一起共同构筑起 TOE 的安全体系。

7.4 安全标准简介

计算机及信息安全技术方面有一系列的安全标准，其中非常有影响的是 TCSEC 和 CC 这两个标准。

TCSEC 是指 1985 年美国国防部（United States Department of Defense，DoD）正式颁布的《DoD 可信计算机系统评估准则》（Trusted Computer System Evaluation Criteria，TCSEC 或 DoD85，即橘皮书）。

在 TCSEC 推出后的 10 年里，许多国家都开始启动开发建立在 TCSEC 概念上的评估准则。为满足全球 IT 市场上互认标准化安全评估结果的需要，CTCPEC、FC、TCSEC 和 ITSEC 的发起组织于 1993 年起开始联合行动，解决原标准中概念和技术上的差异，将各自独立的准则集合成一组单一的、能被广泛使用的 IT 安全准则，这一行动被称为

CC（common criteria）项目。历经多次讨论和修订，CC V2.1 版于 1999 年被 ISO 采用为国际标准，2001 年被我国采用为国家标准（GB/T 18336）。

1991 年 4 月美国 NCSC（National Computer Security Center，国家计算机安全中心）颁布了《可信计算机系统评估准则关于可信数据库系统的解释》（Trusted Database Interpretation，TDI，即紫皮书），将 TCSEC 扩展到数据库管理系统。

TCSEC 和 TDI 对强制存取控制做了全面的描述和定义。TCSEC 定义了任意“可信计算基”（trusted computing base，TCB）应当遵从一系列安全性要求；而 TDI 则定义了数据库管理系统的设计与实现中必须满足和进行安全性级别评估的标准。

TCSEC/TDI 从以下 4 个方面来描述安全性级别划分的指标，即安全策略、责任、保证和文档，每个方面又细分为若干项。根据计算机系统对各项指标的支持情况，定义了 D、C、B 和 A 共 4 类 7 个安全级别，D 类到 A 类级别依次增高。D 类提供最小保护，C 类（C1、C2）提供自主保护，B 类（B1、B2、B3）提供强制保护，A 类（A1）提供验证保护，如表 7.2 所示。

表 7.2 TCSEC/TDI 安全级别划分

安全级别	定义
A1	验证设计（verified design）
B3	安全域（security domains）
B2	结构化保护（structural protection）
B1	标记安全保护（labeled security protection）
C2	受控的存取保护（controlled access protection）
C1	自主安全保护（discretionary security protection）
D	最小保护（minimal protection）

D 级：最低级别。保留 D 级的目的是将一切不符合更高标准的系统统一归于 D 级。

C1 级：只提供了非常初级的自主安全保护，能够实现对用户和数据的分离，进行自主存取控制（discretionary access control，DAC），保护或限制用户权限的传播。

C2 级：实际上是安全产品的最低档次，提供受控的存取保护，要求通过注册、审计及资源隔离支持责任说明（accountability）。

B1 级：标记安全保护。对系统的数据加以标记，并对标记的主体和客体实施强制存取控制（mandatory access control，MAC）及审计等安全机制。B1 级别的产品才认为是真正意义上的安全产品，满足此级别的产品前一般多冠以“安全”（security）或“可信的”（trusted）字样，作为区别于普通产品的安全产品出售。

B2 级：结构化保护。建立形式化的安全策略模型并对系统内的所有主体和客体实施 DAC 和 MAC，能够识别并消除隐蔽通道（covert channel）。隐蔽通道的示例有从合法查询的结果中推断出不合法查询的结果，通过合法的计算推断出敏感信息。

B3 级：安全域。该级的 TCB 必须满足访问监控器的要求，审计跟踪能力更强，并提供系统恢复过程。

A1 级：验证设计，即提供 B3 级保护的同时给出系统的形式化设计说明和验证，以确信各安全保护真正实现。

CC 是在上述各评估准则及具体实践基础上，通过相互总结和互补发展而来的。CC 的文本由 3 部分组成，3 部分相互依存，缺一不可，分别是简介和一般模型、安全功能要求、安全保证要求。

EAL 是在 CC 第 3 部分（安全保证要求）中预先定义的由保证组件组成的保证包，每一保证包描述了一组特定的保证要求，对应着一种评估保证级别。从 EAL1 至 EAL7 共分为 7 级，按保证程度逐渐增高，如表 7.3 所示。

表 7.3 CC EAL 划分

EAL	定义	TCSEC 安全级别
EAL1	功能测试（functionally tested）	
EAL2	结构测试（structurally tested）	C1
EAL3	系统地测试和检查（methodically tested and checked）	C2
EAL4	系统地设计、测试和复查（methodically designed, tested, and reviewed）	B1
EAL5	半形式化设计和测试（semiformally designed and tested）	B2
EAL6	半形式化验证的设计和测试（semiformally verified design and tested）	B3
EAL7	形式化验证的设计和测试（formally verified design and tested）	Al

粗略而言，TCSEC 的 C1 和 C2 级分别相当于 EAL2 和 EAL3；B1、B2 和 B3 分别相当于 EAL4、EAL5 和 EAL6；A1 对应于 EAL7。

7.5 数据安全的政策和法律法规

党中央和国务院高度重视数据安全领域的立法和标准化工作。

2015 年 7 月 1 日，我国正式颁布《中华人民共和国国家安全法》，其中明确提出我国要“实现网络和信息核心技术、关键基础设施和重要领域信息系统及数据的安全可控”；同日，国务院办公厅发布《关于运用大数据加强对市场主体服务和监管的若干意见》。同年 7 月 4 日和 9 月 5 日相继发布了《关于积极推进“互联网+”行动的指导意见》和《促进大数据发展行动纲要》。这几份重磅文件的密集出台，标志着我国大数据战略部署和顶层设计正式确立。此后，我国继续积极推进和落实与数据安全相关的立法工作，至今已出台多项重要政策和法律，分别从不同角度在不同程度上对重要数据和个人信息保护做出指导和规定。

7.5.1 《中华人民共和国网络安全法》解析

《中华人民共和国网络安全法》于 2017 年 6 月 1 日起正式施行，是我国关于网络空间安全的基本法。

《中华人民共和国网络安全法》总则部分第十条就将数据安全目标明确为“维护网

络数据的完整性、保密性和可用性”。第二十一条规定网络运营者（包括关键信息基础设施的运营者）的安全保护义务，明确提出要按照安全等级保护的制度的要求，采取数据分类、重要数据备份和加密等措施，防止网络数据泄露或者被窃取、篡改。第二十七条则要求任何人不得提供专门用于窃取网络数据的程序和工具。第三十一条从数据泄露可能造成的危害角度界定了关键信息基础设施的范围。第三十四条则提到除本法第二十一条的规定外，关键信息基础设施的运营者还应当对重要系统和数据库进行容灾备份；同时，制定网络安全事件应急预案，并定期组织演练。

在个人信息数据保护方面，《中华人民共和国网络安全法》继承了我国现有法律关于个人信息保护的主要内容，并且根据新的时代特征、发展需求和保护理念，创造性地增加了部分规定：第四十条明确将收集和使用个人信息的网络运营者设定为个人信息保护的责任主体；第四十一条增加了对个人信息收集的“最少够用原则”；第四十二条增设了进行个人信息共享的条件；第四十三条增加了个人在一定情形下删除或更正其个人数据的权利；第四十四条在法律层面首次给予个人信息交易一定的合法空间。这5条规定注重保障个人对自己信息的自主权和支配权，与现行国际规则及美欧个人信息保护方面的立法实现了理念上的接轨。

在重要数据保护方面，《中华人民共和国网络安全法》第五十一条规定“国家网信部门应当统筹协调有关部门加强网络安全信息收集、分析和通报工作”；第五十二条规定负责关键信息基础设施安全保护工作的部门应当按照规定报送网络安全监测预警信息。

7.5.2 网络安全等级保护 2.0 解析

为配合《中华人民共和国网络安全法》实施，同时适应新技术、新应用情况，2019年公安部对《信息安全技术 信息系统安全等级保护基本要求》(GB/T 22239—2008)进行修订，修订的思路和方法是调整原标准的内容，针对共性安全保护需求提出安全通用要求，针对云计算、移动互联网、物联网、工业控制和大数据等新技术、新应用提出安全扩展要求，形成新的《信息安全技术 网络安全等级保护基本要求》(GB/T 22239—2019)，并于2019年12月1日正式颁布实施，简称“等保2.0”。

等保2.0由等保1.0一个单独的基本要求演变为通用安全要求+新技术安全扩展要求，其中通用安全要求是不管等级保护对象形态如何都必须满足的要求；针对云计算、移动互联、物联网和工业控制系统提出了特殊要求，称为安全扩展要求。

网络安全等级保护工作包括定级、备案、建设整改、等级测评、监督检查5个阶段。除等保1.0的5个规定动作外，等保2.0增加了风险评估、安全监测、通报预警、案事件调查、数据防护、灾难备份、应急处置、自主可控、供应链安全、效果评价、综治考核等。

等保2.0明确了各种情况的数据安全责任主体。在云计算扩展安全部分，又提到“无论是IaaS、PaaS、SaaS服务模式，还是云租户业务相关数据安全的责任主体都是云租户”。等保2.0对等保1～5级都明确提出了本地或异地、定时或实时等业务连续要求。

7.5.3 《中华人民共和国数据安全法》解析

《中华人民共和国数据安全法》于2021年9月1日正式施行，共有7章55条。《中华人民共和国数据安全法》体现了总体国家安全观的立法目标，聚焦数据安全领域的突出问题，确立了数据分类分级管理，建立了数据安全风险评估、监测预警、应急处置、数据安全审查等基本制度，并明确了相关主体的数据安全保护义务。这是我国首部数据安全领域的基础性立法，标志着我国在数据安全领域有法可依，为各行业数据安全提供监管依据。

《中华人民共和国数据安全法》第一条确立该法的立法目的：“为了规范数据处理活动，保障数据安全，促进数据开发利用，保护个人、组织的合法权益，维护国家主权、安全和发展利益，制定本法。”第二条明确我国数据保护的域外法律效力：“在中华人民共和国境外开展数据处理活动，损害中华人民共和国国家安全、公共利益或者公民、组织合法权益的，依法追究法律责任。”第五条明确行业监管机制：“中央国家安全领导机构负责国家数据安全工作的决策和议事协调，研究制定、指导实施国家数据安全战略和有关重大方针政策，统筹协调国家数据安全的重大事项和重要工作，建立国家数据安全工作协调机制。”第七条规定：“国家保护个人、组织与数据有关的权益，鼓励数据依法合理有效利用，保障数据依法有序自由流动，促进以数据为关键要素的数字经济发展。”

《中华人民共和国数据安全法》第二十一条规定国家建立数据分类分级保护制度，采用了数据的“重要程度”+“危害程度”的立法手段，对数据实行分类分级保护，特别是将“关系国家安全、国民经济命脉、重要民生、重大公共利益等数据”列为国家核心数据，实行更加严格的管理制度。《中华人民共和国数据安全法》从国家层面提出了数据分类分级，是确定数据保护和利用之间平衡点的一个重要依据，为政务数据、企业数据、工业数据和个人数据的保护奠定了法律基础。

“国家安全审查”是《中华人民共和国国家安全法》设立的一项国家安全审查与监管制度。数据安全审查制度与网络安全审查是依法确立的国家安全审查制度中两项重要的安全审查制度。《中华人民共和国数据安全法》第二十四条规定：“国家建立数据安全审查制度，对影响或者可能影响国家安全的数据处理活动进行国家安全审查。”《中华人民共和国网络安全法》第三十五条规定：“关键信息基础设施的运营者采购网络产品和服务，可能影响国家安全的，应当通过国家网信部门会同国务院有关部门组织的国家安全审查。”但两者有所不同，数据安全审查的审查对象主要针对影响或者可能影响国家安全的数据处理活动，数据处理活动包括数据的收集、存储、使用、加工、传输、提供、公开等；网络安全审查的审查对象主要是针对关键信息基础设施运营者采购网络产品和服务，影响或可能影响国家安全的情形。

数据合规是指数据处理者及其工作人员的数据处理行为符合法律法规、监管规定、行业准则和数据安全管理规章制度及国际条约、规则等要求。《中华人民共和国数据安全法》第二十七条至第三十条明确了数据处理者履行数据安全的4项重要合规义务。

随着《中华人民共和国数据安全法》的出台，我国在网络与信息安全领域的法律法规体系得到了进一步的完善。按照总体国家安全观的要求，《中华人民共和国数据安全法》明确数据安全主管机构的监管职责，建立健全数据安全协同治理体系，提高数据安全保障能力，促进数据出境安全和自由流动，促进数据开发利用，保护个人、组织的合法权益，维护国家主权、安全和发展利益，让数据安全有法可依、有章可循，为数字化经济的安全健康发展提供了有力支撑。

7.5.4 《中华人民共和国个人信息保护法》简介

《中华人民共和国个人信息保护法》于2021年11月1日正式施行。

《中华人民共和国个人信息保护法》共8章74条。在有关法律的基础上，该法进一步细化、完善个人信息保护应遵循的原则和个人信息处理规则，明确个人信息处理活动中的权利义务边界，健全个人信息保护工作体制机制。

《中华人民共和国个人信息保护法》明确不得过度收集个人信息、大数据杀熟，对人脸信息等敏感个人信息的处理做出规定，完善个人信息保护投诉、举报工作机制等，充分回应了社会关切，为破解个人信息保护中的热点难点问题提供了强有力的法律保障。

7.5.5 政策和其他法律法规

2018年12月8日，习近平总书记在中央政治局第二次集体学习中提出“要切实保障国家数据安全，增强数据安全预警和溯源能力”。

除了《中华人民共和国网络安全法》《中华人民共和国数据安全法》《中华人民共和国个人信息保护法》这3部基本法外，我国很多其他领域或方向的法律、法规中也存在涉及保护重要数据和个人信息安全的条款和内容，如《个人信用信息基础数据库管理暂行办法》《电子商务法》《国家网络空间安全战略》《数据安全管理办法》《儿童个人信息网络保护规定》《加强工业互联网安全工作的指导意见》《密码法》《网络安全审查办法》等。

第十三届全国人大三次会议于2020年5月28日表决通过的《中华人民共和国民法典》首次规定了隐私权和个人信息的保护原则，界定了个人信息的概念，指明了处理个人信息的合法基础，规范了个人信息处理者的义务、自然人对其个人信息的权利及行政机关的职责。《中华人民共和国民法典》为未来有关个人信息保护的立法奠定了基础，为个人提起针对侵犯其个人信息的民事诉讼铺平了道路。

党的二十大报告指出，健全国家安全体系，强化经济、重大基础建设、金融、网络、数据、生物、资源、核、太空、海洋等安全保障体系建设。

7.6 习　题

1. 简要说明数据库安全的概念。
2. 简要说明数据库安全可能面临的威胁。
3. 简要说明数据库安全技术。

第 8 章 数据库访问控制技术

本章要点

- 数据库访问控制
- 自主存取控制
- 强制存取控制

操作系统或网络连接中的安全漏洞可能会绕过数据库的安全机制。例如，这种漏洞可能使得一个入侵者以 DBA 的身份登录到数据库系统中，并且具有所有数据库的访问权限。人为因素是产生安全漏洞的另一个原因。例如，用户可能选择了一个很容易被猜到的密码，或者是有权访问敏感数据的用户误用了数据。事实上这些错误占了安全缺口中的很大比例。尽管它们都很重要，但由于不属于数据库管理系统的范畴，因此这里不对它们进行讨论，而是主要讨论支持安全策略的数据库访问控制机制。

第 3 章中介绍的视图是实施安全策略的一个很好的工具。可以利用视图机制为部分用户在一组数据上创建一个“窗口”，这些用户具有访问这组数据的权利。通过提供访问那些数据的一个严格版本（通过视图定义）而不是访问数据本身，视图限制了对敏感数据的访问。

本章主要讨论数据库访问控制的基本概念及访问控制的方法。

8.1 数据库访问控制

数据库的安全性是指保护数据库，防止不合法的使用，以免数据的泄露、非法修改和破坏，因此对数据库的访问必须加以控制。

8.1.1 安全控制模型

一般的计算机系统中，安全措施是一级一级层层设置的。如图 8.1 所示的安全模型中，从用户使用数据库应用系统开始一直到访问后台数据库中的数据，需要经过一级一级的安全认证过程。

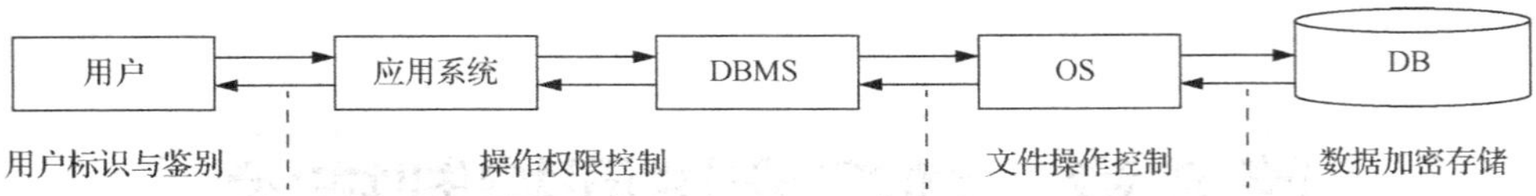

图 8.1　计算机系统的安全模型

用户要求访问数据库时，首先根据输入的用户标识（用户名和密码）通过数据库应用系统进行用户身份鉴别，只有合法的用户才准许进入数据库系统。对于合法的用户，当其要在数据库中执行某个操作时，DBMS 还要验证该用户是否具有执行该操作的权限。如果有操作权限，就执行操作；否则拒绝执行用户的操作。

操作系统一级也会有自己的保护措施，如设置文件的访问权限等。对于存储在磁盘上的数据库文件，还可以进行加密存储，这样即使数据被人窃取，也很难获得有意义的数据。另外，还可以将数据库文件备份多份，当出现意外情况（如磁盘破损）时，可以进行恢复，减少数据丢失。

8.1.2 用户标识与鉴别

用户标识与鉴别(identification & authentication)是系统提供的最外层安全保护措施，其方法是由系统提供一定的方式让用户标识自己的名字或身份。每次用户要求进入系统时，由系统进行核对，通过鉴定后方可进入。用户标识与鉴别的方法有多种，而且在一个系统中往往是多种方法并举，以获得更强的安全性。常用的用户标识与鉴别方法如下。

1. 用户标识

用户标识(user identification)是指用一个用户名(user name)或者用户标识号(UID)来标明用户身份。系统内部记录所有合法用户的标识，系统鉴别该用户是否为合法用户，若是，则可以进入下一步的核实；若不是，则被拒绝使用系统。

2. 口令

为了进一步核实用户，系统常常要求用户输入口令（password），系统核对口令以鉴别用户身份。为保密起见，口令不以明码显示。

通过用户名和口令来鉴别用户的方法简单易行，但用户名与口令容易被人窃取，因此还可以用更复杂的方法，如验证码、指纹识别、交叉认证等。

8.1.3 存取控制

用户鉴别只是检验用户是否被准许操作数据库，但具体能访问哪些数据及能进行什么操作，则取决于该用户被授予什么权限。授权是将访问数据库或数据对象的权限授予用户的过程，具体授予哪些用户对数据库的哪些数据具有哪些操作是由实际情况决定的。授权主要通过数据库系统的存取控制机制实现。

存取控制机制主要包括以下两部分：

1）定义用户权限，并将用户权限登记到数据字典中。用户对某一数据对象的操作权力称为权限。某个用户应该具有何种权限是一个管理问题和政策问题而不是技术问题。DBMS 的功能是保证这些决定的执行，为此 DBMS 必须提供适当的语言来定义用户权限，这些定义经过编译后存放在数据字典中，被称为安全规则或授权规则。

2）合法权限检查。每当用户发出存取数据库的操作请求后（请求一般应包括操作类型、操作对象和操作用户等信息），DBMS 查找数据字典，根据安全规则进行合法权限检查，若用户的操作请求超出了定义的权限，系统将拒绝执行此操作。

用户权限定义和合法权限检查机制一起组成 DBMS 的安全子系统。该安全子系统主要由 3 部分组成：主体、权限和安全对象（客体）。若要对安全对象执行某种操作，主体必须获得该对象的操作权限，否则将禁止这种操作。

现在的 DBMS 通常采用 DAC 和 MAC 两种方法来解决数据库安全系统的访问控制问题，有的 DBMS 只提供一种方法（DAC），有的两种都提供。无论采用哪种存取控制方法，都需要保护的数据单元或数据对象包括整个数据库到某个元组的某个部分。

这两种方法的简单定义如下：

1）DAC。用户对不同的数据对象具有不同的存取权限，不同用户对同一对象也有不同的权限，而且用户还可将其拥有的存取权限转授给其他用户。例如，用户 User1 能操作数据 A 但不能操作数据 B，而用户 User2 能操作数据 B 而不能操作数据 A，用户 User1 可以把自己的权限授予 User3，这在 DAC 方式下是允许的。因此，DAC 非常灵活。

2）MAC。每一个数据对象被标以一定的密级，每一个用户也被授予某一级别的许可证。对于任意一个对象，只有具有合法许可证的用户才可以存取。因此，MAC 在本质上具有分层的特点，且相对比较严格。例如，如果用户 User1 能操作数据 A 但不能操作数据 B，则说明数据 B 的密级高于数据 A，因此不存在用户 User2 能操作数据 B 但不能操作数据 A 的情况。

8.2 自主存取控制

目前的 SQL 标准也对 DAC 提供支持，这主要通过 SQL 中的 GRANT（授予）和 REVOKE（收回）语句来实现。

绝大多数大型数据库管理系统支持 DAC（自主安全模式）。用户访问数据库数据通常要经过以下 3 个安全认证过程。

第 1 个过程：确认用户是否是数据库**服务器的合法用户**（具有登录名，有连接到数据库服务器的权限）。

第 2 个过程：确认用户是否是要访问的**数据库的合法用户**（数据库用户，有访问数据库的权限）。

第 3 个过程：确认用户是否具有**合规的操作权限**（权限认证）。

8.2.1 服务器认证

访问数据库之前，首先要有合法的登录名（登录账号），且具有连接到数据库服务器的权限，才能登录（或连接）到数据库服务器，登录属于服务器级的安全策略。不同的数据库产品登录方式不尽相同，下面以 SQL Server 为例介绍登录账号创建和删除方法。

SQL Server 支持两类登录名对应的两种身份验证模式。

1. Windows 身份验证模式

由于 SQL Server 和 Windows 都是微软公司的产品，因此微软公司将 SQL Server 与 Windows 操作系统进行了绑定，提供了以 Windows 操作系统用户身份登录到 SQL Server 的方式，即 SQL Server 将用户的身份验证交给了 Windows 操作系统来完成。

用户登录 Windows 操作系统后，启动 SQL Server 时，只需选择 Windows 身份验证模式，无须再提供登录名和密码，系统会从用户登录到 Windows 操作系统时提供的用户名和密码中查找当前用户的登录信息，以判断其是否是 SQL Server 的合法用户。

一般推荐使用 Windows 身份验证模式，因为这种安全模式能与 Windows 操作系统的安全系统集成在一起，以提供更多的安全功能。

2. 混合身份验证模式

混合身份验证模式允许 Windows 授权用户和 SQL 授权用户登录到 SQL Server 数据库服务器。如果希望非 Windows 用户也能登录 SQL Server，则应选择混合身份验证模式。

使用 SQL 授权用户登录 SQL Server 数据库服务器，则用户必须提供登录名和密码。系统默认的系统管理员登录名为 sa，在安装过程中，以及安装以后在“服务器属性”中均可为登录名 sa 设置（修改）密码。

系统管理员可为其他用户设置登录名，有以下 3 种方法。

方法 1：使用 SSMS 工具添加（删除）登录名及设置密码策略。

添加登录名的步骤：系统管理员登录到 SSMS→安全性→右击“登录名”→新建登录名→输入登录名及密码策略。

由于 SQL Server 的登录名可以关联多个数据库用户，因此删除登录名前，需先删除关联的数据库用户（如果有），否则会遗留没有对应登录名而孤立的数据库用户。

删除登录名的步骤：系统管理员登录到 SSMS→安全性→登录名→右击“要删除的登录名”→删除。

方法 2：使用 SQL 命令 CREATE LOGIN（创建）和 DROP LOGIN（删除）。

（1）创建登录名的一般命令格式

```
CREATE LOGIN login_name { WITH <option_list1> | FROM <sources> }
```

其中：

```
<option_list1> ::=
    PASSWORD = { 'password' | hashed_password HASHED } [ MUST_CHANGE ]
    [ , <option_list2> [ ,… ] ]
<option_list2> ::=
    SID = sid
    | DEFAULT_DATABASE = database
    | DEFAULT_LANGUAGE = language
    | CHECK_EXPIRATION = { ON | OFF}
    | CHECK_POLICY = { ON | OFF}
    | CREDENTIAL = credential_name
<sources> ::=
    WINDOWS [ WITH <windows_options>[ ,… ] ]
    | CERTIFICATE certname
    | ASYMMETRIC KEY asym_key_name
<windows_options> ::=
    DEFAULT_DATABASE = database
    | DEFAULT_LANGUAGE = language
```

【例 8-1】 创建一个 SQL Server 登录名 zhangsan，其密码为 zs-1234，不指定默认数据库。

```
CREATE LOGIN zhangsan WITH PASSWORD='zs-1234';
GO
```

执行该语句后，即可用 zhangsan 登录服务器，但不能访问用户数据库，可以打开 master 数据库。

如果在密码设置项后面加上选项 MUST_CHANGE，则在第一次用 zhangsan 登录服务器时会强制用户更改密码。

需要说明的是，在实际应用中，密码应该使用**强密码**，即密码由字母、数字、字符等多种字符构成，过于简单容易被破解。

【例 8-2】 创建一个 SQL Server 登录名 lisi，其密码为 ls-1234，指定默认数据库为 Student。

```
CREATE LOGIN lisi WITH PASSWORD='ls-1234',
                  DEFAULT_DATABASE= Student;
GO
```

由于指定了 master 数据库以外的数据库 Student 作为默认数据库，因此必须创建一个基于 lisi 登录名的数据库用户，否则 lisi 登录名不能正常登录服务器。

【例 8-3】 创建 Windows 登录名 wangwu，指定默认数据库为 Student。

首先用 Windows 操作系统的控制面板创建一个名为 wangwu 的 Windows 用户，然后利用下列代码将其设置为 SQL Server 服务器的登录名：

```
CREATE LOGIN [FAFU\wangwu] FROM WINDOWS
             WITH DEFAULT_DATABASE= Student;
GO
```

其中，FAFU 为笔者的机器名（计算机名），[FAFU\wangwu]中的方括号不能省略。

登录账号创建以后，要切换 Windows 用户 wangwu 登录 Windows 操作系统，登录数据库时选择 Windows 认证验证方式，并选择用户 wangwu 登录。但此时还不能正常登录，因为缺少 Student 数据库用户。

（2）删除登录名的一般命令格式

```
DROP LOGIN login_name
```

其中，login_name 为指定要删除的登录名。

需要指出的是，删除登录名需要对服务器具有 ALTER ANY LOGIN 权限。不能删除正在登录的登录名，也不能删除拥有任何安全对象、服务器级对象或 SQL Server 代理作业的登录名。可以删除数据库用户映射到的登录名，但这会创建孤立用户。

【例 8-4】 删除 SQL Server 登录名为 zhangsan 的用户。

```
DROP LOGIN zhangsan;
GO
```

方法 3：还可以使用系统存储过程 sp_addlogin（添加）和 sp_droplogin（删除），请读者自行查阅文档练习。

8.2.2 数据库认证

用户登录到数据库服务器后，是不能访问任何用户数据库的，因此需要第二阶段认证过程，让用户成为某个数据库的合法用户后，才能访问该数据库。数据库用户是数据库级的安全策略。

1. 数据库用户的种类

数据库用户按其操作权限的不同可分为 3 类。

（1）系统管理员

系统管理员在数据库服务器中具有全部权限，包括对服务器的配置和管理权限，也包括对全部数据库的操作权限。每个数据库管理系统安装以后都有自己默认的系统管理员。SQL Server 的默认系统管理员为 sa，MySQL 的默认系统管理员为 root，Oracle 的默认系统管理员为 sys 和 system。

在对数据库的日常管理和操作中，为了避免有人恶意使用默认系统管理员控制数据库，通常创建一些具有适当权限的用户，尽可能地不用或少用默认系统管理员用户登录系统，以此确保数据的安全访问。

（2）数据库对象拥有者

数据库对象拥有者是指创建数据库对象的用户，其对所拥有的对象具有全部操作权限。例如，在 SQL Server 中，创建数据库时会自动生成两个特殊的数据库用户——dbo 和 guest。dbo 在数据库范围内拥有最高的权限，可以执行一切操作。固定服务器角色 sysadmin 的任何成员都映射到每个数据库内的用户 dbo 上。guest 用户允许任何已登录到 SQL Server 服务器的用户都可以访问数据库，但访问的前提是需要对该用户授予 CONNECT 权限。

（3）普通用户

普通用户只具有对数据库的数据进行增、删、改、查等操作权限，具体拥有什么权限是由系统管理员或数据库对象拥有者根据实际需要授予的。

2. 数据库用户管理

数据库用户一般来自服务器上已有的登录名。让登录名成为数据库用户的操作称为映射。一个登录名可以映射为多个数据库中的用户，这种映射关系为同一服务器不同数据库的权限管理提供了方便。管理数据库用户的过程实际上就是建立登录名和数据库用户之间的映射关系的过程。

不同的数据库产品，数据库用户管理方式也不尽相同。下面以 SQL Server 为例介绍数据库用户创建和删除方法。

系统管理员可为其他用户设置数据库用户账号，具体方法有以下 3 种。

方法 1：使用 SSMS 工具添加（删除）数据库用户账号。

添加数据库用户账号的步骤：系统管理员登录到 SSMS→选择数据库（假设这里选择 Student 数据库）→安全性→右击“用户”→新建用户→弹出“数据库用户-新建”窗口，在窗口中选择用户类型（如带登录名的 SQL 用户），输入用户名（如 lisi），选择登录名（如 lisi），选择架构（如 db_datareader）。到此，只是建立了数据库用户，该用户还没有访问数据库对象的权限。

删除数据库用户的步骤：系统管理员登录到 SSMS→选择数据库（假设这里选择 Student 数据库）→安全性→用户→右击“要删除的用户名”→删除。

方法 2：使用 SQL 命令 CREATE USER（创建）和 DROP USER（删除）。

（1）创建数据库用户的一般命令格式

```
CREATE USER user_name
  [
    {{ FOR | FROM } LOGIN login_name
                  | CERTIFICATE cert_name
                  | ASYMMETRIC KEY asym_key_name
    }
    | WITHOUT LOGIN
  ]
  [ WITH DEFAULT_SCHEMA = schema_name ]
```

在 CREATE USER 语句中，如果省略 FOR LOGIN 子句，则数据库用户名 user_name 必须与其所依赖的登录名同名（否则不能创建该数据库用户），表示将创建的数据库用户映射到同名的服务器登录。

【例 8-5】 利用服务器登录名 lisi 为数据库 Student 创建数据库用户 lisi。

```
USE Student;        --必须指定数据库
GO
```

```
CREATE USER lisi FOR LOGIN lisi;
GO
```

【例 8-6】 利用 Windows 登录名 wangwu 为 Student 创建数据库用户 ww。

```
USE Student;        --必须指定数据库
GO
CREATE USER ww FOR LOGIN [FAFU\wangwu];
GO
```

其中，数据库用户名可以与登录名不一致。

【例 8-7】 创建基于同一个登录名的多个数据库用户。

步骤 1：创建一个登录名 login_test，密码为 123456。

```
CREATE LOGIN login_test WITH PASSWORD='123456';
GO
```

步骤 2：创建 3 个数据库 db_test1、db_test2 和 db_test3。

```
CREATE DATABASE db_test1;
GO
CREATE DATABASE db_test2;
GO
CREATE DATABASE db_test3;
GO
```

步骤 3：利用登录名 login_test 分别为 db_test1、db_test2 和 db_test3 数据库创建名为 db_user1、db_user2 和 db_user3 的数据库用户。

```
USE db_test1;       --必须指定数据库
GO
CREATE USER db_user1 FOR LOGIN login_test;
GO
USE db_test2;       --必须指定数据库
GO
CREATE USER db_user2 FOR LOGIN login_test;
GO
USE db_test3;       --必须指定数据库
GO
CREATE USER db_user3 FOR LOGIN login_test;
GO
```

虽然创建了数据库用户，但还不能对数据库进行相关操作，只有被授予相关权限后，才能对数据库进行相对应的操作。

（2）修改数据库用户

修改数据库用户的一般命令格式如下：

```
    ALTER USER userName
```

```
WITH <set_item> [ ,...n ]
```

其中：

```
<set_item>::=
    NAME = newUserName
    | DEFAULT_SCHEMA = { schemaName | NULL }
    | LOGIN = loginName
```

上述代码中，userName 为待修改的数据库用户名；newUserName 为修改后新的数据库用户名；schemaName 为新的架构名；loginName 表示修改后的用户要映射到的登录名。

【例 8-8】 修改数据库 db_test3 中的用户 db_user3 所依赖的登录名为 lisi。

```
USE db_test3;
GO
ALTER USER db_user3 WITH LOGIN=lisi;
GO
```

（3）删除数据库用户

删除数据库用户的一般命令格式如下：

```
DROP USER user_name
```

其中，user_name 为待删除的数据库用户名。

【例 8-9】 删除数据库 db_test2 中的用户 db_user2。

```
USE db_test2;
GO
DROP USER db_user2;
GO
```

方法 3：使用系统存储过程 sp_adduser（添加）和 sp_dropuser（删除），读者可自行查阅相关资料。

8.2.3　角色

角色是数据安全控制中涉及的一个十分重要的概念。角色是为特定的工作组或者任务分类而设置的，可以看作一组具有相同权限的用户构成的组织。利用角色将一些用户集中起来，统一设定操作权限，从而达到简化权限管理的目的。

用户可以根据自己所执行的任务成为一个或多个角色的成员。当然，用户可以不必是任何角色的成员，也可以为用户分配个人权限。

在 SQL Server 中，角色可以分为服务器角色、数据库角色和应用程序角色等。

1. 服务器角色

服务器角色是执行服务器级有关服务器级管理的若干权限的集合。如果将有关服务器级主体作为服务器角色的成员，则这些主体就拥有了该服务器角色包含的所有权限。

显然，服务器角色简化了对服务器级主体的权限管理，但服务器角色已经被 SQL Server“固化”了（因而又称**固定服务器角色**）。用户不能添加、删除或修改服务器角色的任何属性。

服务器级角色有以下 9 种。

1）sysadmin：系统管理员角色，拥有最大、最多权限的服务器角色。

2）serveradmin：该角色成员具有对服务器进行设置和关闭的权限。

3）securityadmin：该角色成员可以对登录名及其属性进行管理。

4）processadmin：该角色成员具有终止 SQL Server 实例中运行进程的权限。

5）setupadmin：设置管理员角色，该角色成员可以添加和删除链接服务器。

6）bulkadmin：该角色成员可以执行 BULK INSERT（大容量插入）语句。

7）diskadmin：磁盘管理角色，该角色具有管理磁盘文件的权限。

8）dbcreator：数据库创建角色，该角色可以创建、更改、删除和还原任何数据库。

9）public：其角色成员可以查看任何数据库。

2. 数据库角色

数据库角色是数据库级的相关操作权限的集合。数据库角色分为两类：一类是**固定数据库角色**，另一类是**用户自定义数据库角色**。

（1）固定数据库角色

固定数据库角色是指数据库创建后自动产生的数据库角色，用户不能更改或删除这些角色，可以用系统存储过程 sp_helpdbfixedrole 查看这类数据库角色。固定数据库角色有以下 9 种。

1）db_owner：拥有者角色，具有数据库中的全部权限。

2）db_securityadmin：安全管理员角色，可以修改角色成员身份和管理权限，向此角色中添加主体可能导致意外的权限升级。

3）db_accessadmin：访问管理员角色，可以为 Windows 登录名、Windows 组和 SQL Server 登录名添加或删除数据库访问权限，即添加和删除用户。

4）db_backupoperator：备份操作员角色，具有备份数据库的权限。

5）db_ddladmin：该角色可以在数据库中运行 DDL 命令。

6）db_datawriter：该角色可以更改数据库内所有用户表中的任何数据。

7）db_datareader：该角色可以读取数据库内所有用户表中的任何数据。

8）db_denydatawriter：该角色不能更改数据库内所有用户表中的任何数据。

9）db_denydatareader：该角色不能读取数据库内所有用户表中的任何数据。

（2）用户自定义数据库角色

管理员可根据实际需要创建数据库角色，以便对用户进行权限管理，这类角色称为用户自定义数据库角色。管理角色的方法有以下 3 种。

方法 1：使用 SSMS 工具添加（删除）自定义数据库角色。

添加自定义数据库角色的步骤：管理员登录到 SSMS→选择数据库（假设这里选择 Student 数据库）→安全性→右击“角色”→新建→新建数据库角色→弹出“数据库角色-

新建”窗口，在窗口中输入角色名（如 teacher），选择所有者（若未选择，默认 dbo），选择架构（如 db_datareader）。至此，只是建立了数据库角色，该角色还没有访问数据库对象的权限。接着还要为该角色授权，并添加角色成员。

删除自定义数据库角色的步骤：管理员登录到 SSMS→选择数据库（假设这里选择 Student 数据库）→安全性→角色→数据库角色→右击“要删除的角色名”→删除。

方法 2： 利用 CREATE ROLE 语句创建自定义数据库角色，其一般命令格式如下：

```
CREATE ROLE role_name [ AUTHORIZATION owner_name ]
```

其中，role_name 为待创建角色的名称；owner_name 为将拥有新角色的数据库用户或角色的名称。

如果未指定 owner_name，则执行 CREATE ROLE 的用户将拥有该角色。

【例 8-10】 在数据库 Student 中创建名为 stud 的自定义数据库角色，并拥有数据库用户 ww。

```
USE Student
GO
CREATE ROLE stud AUTHORIZATION ww
GO
```

如果省略了 AUTHORIZATION 子句，则 stud 为当前数据库用户所拥有。

角色是若干操作权限的集合，但是刚创建的角色是“空的”，没有包含任何权限。为使角色形成权限的集合，需要利用 GRANT 等语句对空角色“填充”权限。

删除自定义数据库角色可用 DROP ROLE 语句来完成，其一般命令格式如下：

```
DROP ROLE role_name
```

其中，role_name 为要删除的角色名称。

【例 8-11】 在数据库 db_test1 中创建名为 db_role1 的自定义数据库角色，并拥有数据库用户 db_user1；删除数据库角色 db_role1。

```
USE db_test1
GO
CREATE ROLE db_role1 AUTHORIZATION db_user1
GO
DROP ROLE db_role1
GO
```

不能使用 DROP ROLE 删除固定数据库角色。

方法 3： 使用系统存储过程 sp_addrole（添加）和 sp_droprole（删除），读者可自行查阅相关资料。

3. 应用程序角色

应用程序角色是一种比较特殊的由用户定义的数据库角色。

应用程序角色是用于给应用程序（而不是数据库角色或用户）分配权限的一种数据

库级角色。如果想让某些用户只能通过特定的应用程序间接地存取数据库中的数据而不是直接地存取数据库数据，就应该考虑使用应用程序角色。当某一用户使用了应用程序角色时，便放弃了已被赋予的所有数据库专有权限，所拥有的只是应用程序角色被设置的权限。

应用程序角色可以加强对某一特别的应用程序的安全性，即允许应用程序本身代替DBMS接管用户验证的职责。例如，某公司职员只是使用某个特定的应用程序来修改员工数据信息，那么就可以建立应用程序角色。

应用程序角色创建类似于创建数据库角色的方法，这里不再赘述。

当应用程序连接数据库、激活应用程序角色时，该应用程序将拥有应用程序角色所具有的所有权限，但这些权限只在连接期间有效。

因此，应用程序角色具有以下特点：

1）应用程序角色不包含成员，这与数据库角色不同。

2）当客户端应用程序向系统存储过程 sp_setapprole 提供应用程序角色名称和密码时，可以激活应用程序角色。

3）密码必须存储在客户端计算机上，并运行时提供。

4）应用程序无法从 DBMS 内激活。一旦激活，通过应用程序角色获取的权限在连接期间保持有效。

5）应用程序角色继承授予 public 角色的权限。

6）如果固定服务器角色 sysadmin 的成员激活某一应用程序角色，则安全上下文在连接期间切换为应用程序角色的上下文。

8.2.4 权限管理

用户登录到数据库服务器，并具有对应数据库的合法用户，还需要第三阶段认证，即确认用户是否具有合适的操作权限（权限认证）。

某个用户对某类数据库对象具有什么操作权限是一个政策问题而不是技术问题。这与我们现实生活一样，每个单位的职工都有一定的工作职能及相应的配套权限。数据库管理系统提供了一套完整的权限管理机制，用来保证这些操作权限的有效执行。

权限管理是数据库管理系统的 DBA 的职责。DBA 依照数据的实际应用情况将合适的权限授予相应的用户。不同的 DBMS 对权限管理的实现方式不尽相同，下面以 SQL Server 为例介绍权限管理方法。

1. 权限种类

通常情况下，将数据库中的权限划分为两类。

1）对数据库管理系统进行维护的权限，也称为**服务器权限**。服务器权限允许 DBA 执行管理任务，一般也只把服务器权限授予 DBA，这些权限定义在固定服务器角色中。

2）对数据库中的对象和数据进行操作的权限。这类权限又可分为两类：一类是对数据库对象的操作权限，包括创建、修改和删除数据库对象，通常将这类权限称为**语句权限**；另一类是对数据库数据的操作权限，包括对表、视图数据的增加、修改、删除和查询等权限，通常将这类权限称为**对象权限**。

（1）语句权限

语句权限主要包括以下几部分。

1）CREATE DATABASE：具有创建数据库的权限。

2）CREATE TABLE：具有在数据库中创建数据表的权限。

3）CREATE VIEW：具有在数据库中创建视图的权限。

4）CREATE PROCEDURE：具有在数据库中创建存储过程的权限。

（2）对象权限

对象权限是用户在已经创建好的对象上行使的权限，主要包括以下几方面。

1）INSERT、UPDATE、DELETE 和 SELECT：具有对表和视图中数据进行增加、修改、删除和查询的权限，其中 UPDATE 和 SELECT 可以对表和视图的个别列进行授权。

2）EXECUTE：具有执行存储过程的权限。

3）REFERENCES：具有通过外键引用其他表的权限。

2. 权限操作

SQL Server 中的权限控制操作可以通过在 SSMS 中对用户的权限进行设置（通过用户的属性窗口进行设置）。这里主要使用 SQL 提供的 GRANT（授予）、REVOKE（撤销）和 DENY（拒绝）语句完成权限操作。

执行权限操作的用户可以是 DBA，也可以是数据库对象所有者（拥有者），或者是拥有转授权限的用户。

（1）语句权限

1）授权语句。给用户或角色授予语句权限的语句 GRANT 的一般命令格式如下：

```
GRANT [ALL [PRIVILEGES]] | 语句权限 [, ... ] TO 用户名 | 角色 [, ... ]
[ WITH GRANT OPTION]
```

其中，WITH GRANT OPTION 表示获得该权限的用户还可以把权限转授给其他用户，即该用户同时具有转授权。如果没此选项，则该用户只能自己使用该权限，不得转授该权限。

2）撤销权限语句。从用户或角色中撤销语句权限的语句 REVOKE 的一般命令格式如下：

```
REVOKE [ GRANT OPTION FOR] [ALL [PRIVILEGES]] | 语句权限 [,... ]
    FROM 用户名 | 角色 [,... ]
[ CASCADE ]
```

其中，CASCADE 表示当前正在撤销的权限也将从其他被该用户授权的用户中撤销。使用 CASCADE 参数时，还必须同时指定 GRANT OPTION FOR 参数。

3）拒绝权限语句。拒绝用户或角色执行语句权限的语句 DENY 的一般命令格式如下：

```
DENY 语句权限 [, … ] TO 用户名 | 角色 [, … ]
```

【例 8-12】 给数据库 db_test1 中的用户 db_user1 授予创建表和视图的权限。

```
USE db_test1
GO
GRANT CREATE TABLE, CREATE VIEW TO db_user1
GO
```

【例 8-13】 给数据库 db_test1 中的用户 db_user1 撤销创建视图的权限。

```
USE db_test1
GO
REVOKE CREATE VIEW FROM db_user1
GO
```

【例 8-14】 给数据库 db_test1 中的用户 db_user1 拒绝创建存储过程的权限。

```
USE db_test1
GO
DENY CREATE PROCEDURE TO db_user1
GO
```

（2）对象权限

1）授权语句。给用户或角色授予对象权限的语句 GRANT 的一般命令格式如下：

```
GRANT [ALL [PRIVILEGES]] | 对象权限 [, …]
      ON { 表名 | 视图名 | 存储过程名 }
      TO 用户名 | 角色 [, … ]
[ WITH GRANT OPTION]
```

2）撤销权限语句。从用户或角色中撤销对象权限的语句 REVOKE 的一般命令格式如下：

```
REVOKE [ GRANT OPTION FOR] [ALL [PRIVILEGES]] | 对象权限 [,… ]
      ON { 表名 | 视图名 | 存储过程名 }
      FROM 用户名 | 角色 [, … ]
      [ CASCADE ]
```

3）拒绝权限语句。拒绝用户或角色拥有对象权限的语句 DENY 的一般命令格式如下：

```
DENY 对象权限 [, … ] ON { 表名 | 视图名 | 存储过程名 }
    TO 用户名 | 角色 [, … ]
```

【例 8-15】 给数据库 Student 中的用户 lisi 授予查询 Course 表的权限。

```
GRANT SELECT ON Course TO lisi
```

【例 8-16】 给数据库 Student 中的用户 lisi 授予查询 Studnet 表中 Sno、Sname、Ssex 和 birthday 的权限。

```
GRANT SELECT(Sno,Sname,Ssex,birthday) ON Student TO lisi
```

【例 8-17】 从数据库 Student 中撤销用户 lisi 查询 Student 表中 birthday 的权限。

```
REVOKE SELECT(birthday) ON Student FROM lisi
```

【例 8-18】 拒绝数据库 Student 中用户 lisi 查询 SC 表中 score 的权限。

```
DENY SELECT(score) ON SC TO lisi
```

8.3 强制存取控制

DAC 能够通过授权机制有效地控制对敏感数据的存取，但由于用户对数据的存取权限是“自主”的，因此用户可以自由地决定将数据的存取权限授予何人、决定是否也将“授权”的权限授予别人。在这种授权机制下，仍可能存在数据的“无意泄露”。例如，用户 User1 将自己权限范围内的某些数据存取权限转授给了用户 User2，User1 的意图是只允许 User2 本人操作这些数据。但 User1 的这种安全性要求并不能得到保证，因为 User2 一旦获得对数据的访问权限，就可以获得自己权限内的数据副本，然后在不征得 User1 同意的情况下传播数据副本。造成这一问题的根本原因在于，这种机制仅仅通过对数据的存取权限来进行安全控制，而数据本身并没有安全性标记。要解决这个问题，就需要对系统控制下的所有主客体实施 MAC 策略。

在 MAC 中，DBMS 将全部实体划分为主体和客体两大类。其中，**主体**是系统中的活动实体，既包括 DBMS 管理的实际用户，也包括代表用户的各个进程；**客体**是系统中的被动实体，是受主体操纵的，包括文件、基本表、索引、视图等。对于主体和客体，DBMS 为它们每个实例（值）指派一个敏感度标记（Label）。

敏感度标记被分为若干级别，如绝密（top secret，TS）、秘密（secret，S）、可信（confidential，C）和公开（public，U）等。主体的敏感度标记被称为**许可证级别**（clearance level），客体的敏感度标记被称为**密级**（classificaion level）。MAC 机制就是对比主体的 Label 和客体的 Label，最终确定主体是否能够存取客体。

当某一用户（或某一主体）以标记 Label 注册到系统时，系统要求其对任何客体的存取必须遵循以下规则：

1）仅当主体的许可证级别**大于或等于**客体的密级时，该主体才能**读取**相应的客体。

2）仅当主体的许可证级别**等于**客体的密级时，该主体才能**写**相应的客体。

规则 1）的意义是明显的，而规则 2）与现实系统有些差别。在现实某些系统中规定，仅当主体的许可证级别小于或等于客体的密级时，该主体才能写相应的客体，即用户可以为写入的数据对象赋予高于自己的许可证级别的密级。这样，数据一旦被写入，该用户自己也不能再读取该数据对象。这两种规则的共同点是它们均**禁止了拥有高许可**

证级别的主体更新低密级的数据对象，从而防止了敏感数据的泄露。

MAC 是对数据本身进行密级标记，无论数据如何被复制，标记与数据是一个不可分的整体，只有符合密级标记要求的用户才能操作数据，从而提供了更高级别的安全性。

较高安全性级别提供的安全保护要保护较低级别的所有保护，因此，在实现 MAC 时首先要实现 DAC，即 DAC 与 MAC 共同构成了 DBMS 的安全机制，如图 8.2 所示。系统首先对要进行的数据操作进行 DAC 检查，通过后再对要存取的数据库对象进行 MAC 检查，只有通过 MAC 检查的数据库对象方可存取。强制安全模式本质上是分层次的，其与自主安全模式相比更严格，强调自主访问控制机制的核心。

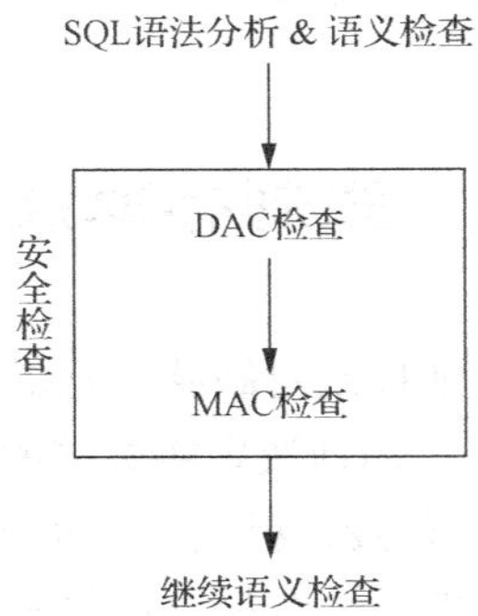

图 8.2　DAC+MAC 安全检查

8.4 习　题

1. 什么是数据库中的 DAC 方法和 MAC 方法？
2. DAC 和 MAC 的区别是什么？
3. 通常情况下，数据库中的权限划分为哪几类？
4. SQL Server 固定服务器角色有哪些？
5. 写出实现下述授权的 SQL 语句。

1）授予用户 user1 具有对 Course 表的查询权限。

2）授予用户 user1 具有对 Course 表的添加和删除数据权限。

3）授予用户 user1 具有对 Student 表的学号、姓名和专业查询的权限。

第 9 章　数据库恢复技术

本章要点

- 故障的种类
- 备份的概念及类型
- 恢复技术
- 容灾技术

在数据库使用过程中，难免会由于各种各样的原因造成数据的丢失或损坏，如软/硬件故障、电源故障、灾害故障、病毒感染、黑客入侵、操作不当等。数据库管理系统必须采取必要的措施，以保证在发生故障以后，避免造成数据丢失，或尽可能减少数据丢失。

备份与恢复是保证数据库的有效性、正确性和可靠性的重要措施。本章主要讨论各种类型的故障、所采用的数据库恢复技术和容灾技术。

9.1 故障的种类

数据库故障是指因某种原因导致数据丢失或不一致性状态的情况。导致故障的原因各种各样，而故障大致可分为以下几类。

1. 事务内部的故障

有些事务内部的故障是可预期的，可以通过事务程序本身发现。例如，第 6 章介绍的银行转账示例：从 A 账户转账 1000 元到 B 账户。

```
BEGIN TRANSACTION
  读取 A 账户余额赋值 X;
  IF X < 1000 THEN
    { 显示余额不足，不能转账;
      ROLLBACK; }
  ELSE
    { UPDATE 账户表
        SET 账户金额 = X - 1000
        WHERE 账户号 = 'A';
      读取 B 账户信息;
```

```
IF B账户信息错误或不存在 THEN
   { 显示提示信息;
     ROLLBACK;}
ELSE
   { UPDATE 账户表
     SET 账户金额 = 账户金额 + 1000
     WHERE 账户号 =  'B';
     COMMIT;}
```

在这段程序中，若账户信息错误或A账户余额不足，则不能转账，程序在执行过程中可以发现并让事务回滚，撤销已做的修改，恢复数据库到正确状态。

但事务内部更多的故障是不可预期的，不能由事务程序自身处理，如运算结果溢出、操作结果违反了某些完整性约束，或因并发事务发生死锁而被撤销的事务等。

事务故障意味着事务没有达到预期的终点（COMMIT 或 ROLLBACK），因此数据库可能处于不正确（不一致）状态。数据库系统的恢复子系统要在不影响其他事务正常运行的情况下，强行撤销该事务已经对数据库做出的任何修改，使得该事务好像根本没有执行过一样。

这类恢复操作称为事务撤销（UNDO）。后面讨论的事务故障均指不可预期的故障。

2. 系统故障

系统故障是指能造成系统停止运转或系统重启的故障，如突然断电、硬件错误（如CPU故障）、操作系统故障等。这类故障影响正在运行的所有事务，但不会破坏数据库。这时内存中的全部内容丢失，所有运行事务都非正常终止。

发生系统故障时，可能会出现两种情况。一种情况是一些尚未完成的事务的结果可能已写入物理数据库，从而造成数据库可能处于不正确（不一致）状态；另一种情况是当发生系统故障时，已完成的事务还没来得及把缓冲区中的全部或部分数据写回到磁盘上的物理数据库中，使得事务对数据库的修改全部或部分丢失，这也会使数据库处于不一致状态。

为保证数据一致性，恢复子系统必须在系统重新启动时，对所有非正常终止的事务回滚，强行撤销（UNDO）这些事务对数据库的所有修改；对于已提交的事务，强行重做（REDO），把事务结果重新写入数据库，以保证数据库真正恢复到一致状态。

3. 介质故障

介质故障是指外存故障，如磁盘损坏、磁头碰撞、瞬时强磁场干扰等。此类故障将破坏整个数据库或部分数据库，并影响正在存取这部分数据的所有事务。虽然此类故障发生的可能性比较小，但破坏性很大。

4. 其他故障

其他故障是指其他影响数据库系统运行、造成数据丢失或数据错误的故障，如病毒感染、黑客入侵、操作不当等。

总结各类故障，对数据库的影响有两种可能性：一种是数据库本身受到破坏；另一种是数据库没有被破坏，但因事务运行被非正常终止造成数据可能不正确（不一致）。

DBMS 必须具有将数据库从错误状态恢复到某一已知的正确（一致）状态的功能，这就是数据库恢复功能，其基本原理很简单，就是冗余。也就是说，数据库中任何一部分数据受到破坏或不正确，可以根据存储在系统之外的冗余数据来重建。尽管恢复的基本原理很简单，但实现的技术细节却很复杂。

9.2 备　份

数据库管理系统的恢复机制涉及的两个关键问题如下：

1）如何建立冗余数据，即选择合适的备份策略。

2）如何利用这些冗余数据实现数据库恢复，即选择合适的恢复技术。

建立冗余数据就是数据备份（转储）和登记日志文件。恢复时根据故障类型选择相应技术，通常备份数据库和日志文件组合，一起使用。

9.2.1 备份概述

1. 备份与恢复

数据备份是数据库恢复中采用的基本技术，也是恢复数据的基础和前提条件。**备份**即 DBA 定期地将整个数据库复制到磁带或另一个磁盘上保存起来的过程，该过程常称为**转储**。这些备用的数据称为**后备副本**（backup）或**后援副本**。当数据库遭到破坏后，可以利用这些后备副本恢复数据库，但只能将数据库恢复到备份时的状态，要想恢复到故障发生时的状态，必须重新运行自备份以后的所有更新事务。

例如，在图 9.1 中，从 T_1 时刻开始备份，到 T_2 时刻备份完毕，得到 T_2 时刻的数据库一致性副本。系统运行到 T_3 时刻发生故障。要恢复数据库，首先由 DBA 将后备副本重装到系统，将数据库恢复至 T_2 时刻的状态，然后重新运行自 T_2 到 T_3 时刻所有的更新事务，这样就把数据库恢复到故障发生前的一致性状态。

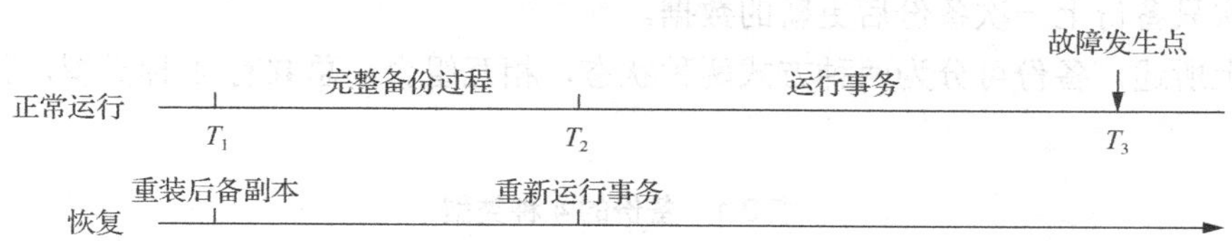

图 9.1　备份和恢复

2. 备份内容

数据库需备份的内容可分为系统数据库、用户数据库和事务日志 3 部分。

1）系统数据库：记录了重要的系统信息，如配置参数、用户资料等，是确保 DBMS

正常运行的重要依据，必须完全备份。

2）用户数据库：是存储用户数据的存储空间集，通常用户数据库中的数据依其重要性可分为关键数据和非关键数据。关键数据是用户的重要数据，不易甚至不能重新创建，必须进行完全备份。

3）事务日志：记录了用户对数据的各种操作，平时系统会自动管理和维护所有的数据库事务日志。相对于数据库备份，事务日志备份所需要的时间较少，但恢复需要的时间比较长。

3. 备份频率

数据库备份频率一般取决于修改数据库的频繁程度，以及一旦出现意外丢失的工作量的大小，还有发生意外丢失数据的可能性大小。

备份十分耗费时间和资源，故不能频繁进行。DBA 应根据数据库使用情况确定一个适当的备份周期。

9.2.2 备份的类型

备份可分为静态备份和动态备份。

静态备份是指在备份期间不允许（或不存在）对数据库进行任何存取、修改活动，即备份期间系统中没有任何正在运行的事务。静态备份很简单，但备份必须等待正在运行的用户事务结束才能进行。同样，新的事务必须等待备份结束才能进行，这样就降低了数据库的可用性。

动态备份是指在备份期间允许对数据库进行存取和更新操作，即备份和用户事务可以并发执行，提高了可用性。但备份结束时的后备副本中的数据并不能保证正确有效。为此，动态备份必须借助日志文件（log file），把备份期间各事务对数据库的修改活动登记下来。这样，故障发生后，使用后备副本和日志文件就能把数据库恢复到某一时刻的正确状态。

备份又可分为海量备份和增量备份。**海量备份**是指每次备份全部数据库，**增量备份**是指每次只备份上一次备份后更新的数据。

综上所述，备份可分为两种方式两种状态，相互组合，总共有 4 种类型，如表 9.1 所示。

表 9.1 备份的 4 种类型

方式	状态	
	动态备份	静态备份
海量备份	动态海量备份	静态海量备份
增量备份	动态增量备份	静态增量备份

9.2.3 日志文件

1. 日志文件的概念

日志文件是指用来记录事务对数据库的更新操作的文件。不同 DBMS 采用的日志文件格式并不完全相同。通常的日志文件格式有两种：以记录为单位的日志文件和以数据块为单位的日志文件。

1）以**记录**为单位的日志文件中，每条日志记录的内容如下：

① 事务标识（标明是哪个事务）。

② 操作类型（插入、删除或修改）。

③ 操作对象（记录 ID、Block NO.）。

④ 更新前数据的旧值（对插入操作而言，此项为空值）。

⑤ 更新后数据的新值（对删除操作而言，此项为空值）。

2）以**数据块**为单位的日志文件中，每条日志记录的内容如下：

① 事务标识。

② 被更新的数据块。

由于以数据块为单位的日志文件将更新前的整个块和更新后的整个块都放入日志文件中，因此操作的类型和操作对象等信息就不必放入日志记录中。

2. 日志文件的作用

日志文件在数据库恢复中起着非常重要的作用，可以用来进行事务故障的恢复和系统故障的恢复，还可以协助后备副本进行介质故障恢复。在静态备份方式中，当数据库被破坏后，首先利用后备副本把数据库恢复到备份结束时刻的正确状态，然后利用日志文件把已完成的事务进行重做处理，对故障发生时尚未完成的事务进行撤销处理使数据库恢复到故障前某一时刻的正确状态，如图 9.2（a）所示。在动态备份方式中，必须建立日志文件，后备副本必须和日志文件结合起来才能有效地恢复数据库，如图 9.2（b）所示。

3. 登记日志文件

为保证数据库是可恢复的，登记日志文件时必须遵循以下两条原则：

1）登记的次序严格按并发事务执行的时间次序。

2）必须先写日志文件，后写数据库。

写数据库和写日志文件是两个不同的操作，在这两个操作之间有可能发生故障。若先写数据库数据，再写日志，万一在写日志前发生故障，则这次的数据库修改未登记，从而不能恢复。若写日志后发生故障而未修改数据库，则事务一定未完成，在恢复时会执行撤销处理。这就是“**先写日志文件**”原则。

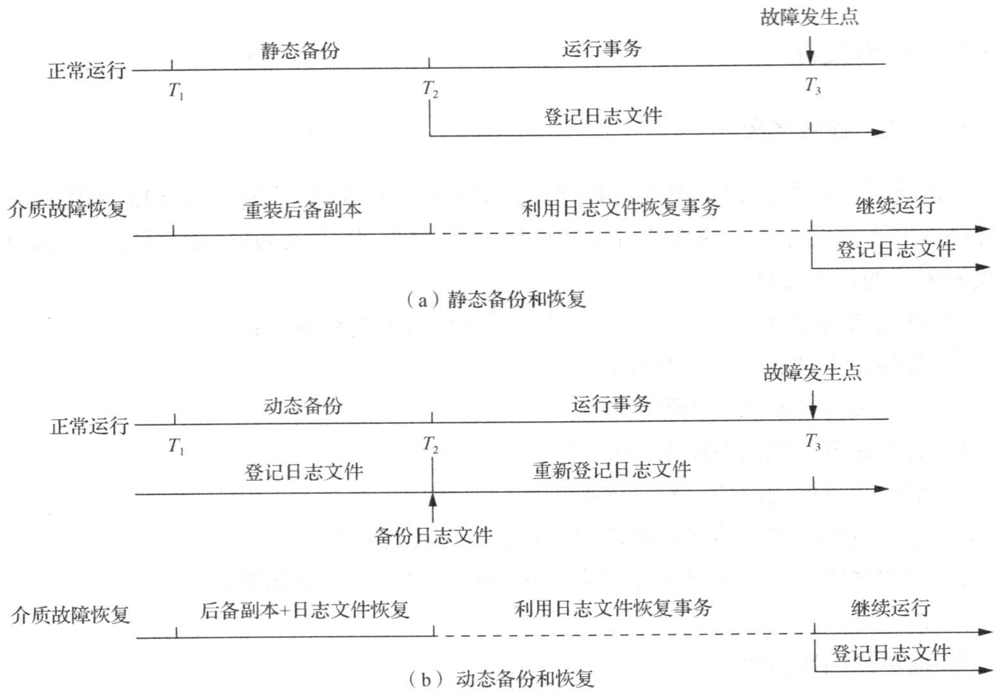

图 9.2　利用日志文件恢复

9.2.4　数据库镜像

存储介质故障是破坏性最严重的故障，虽然发生的可能性较小，但一旦发生，用户应用将全部中断，造成的损失无法估量，而且恢复起来也比较麻烦。为了避免介质故障影响数据库的可用性和造成的损失，DBA 必须周期性备份数据库，既费时又费力。如果不能及时且正确地备份数据库，一旦发生介质故障，同样会造成较大的损失。

为了避免介质故障影响数据库的可用性，许多 DBMS 提供了数据库镜像（mirror）和复制功能，其不同于数据备份（转储），一般由 DBMS 按 DBA 的要求自动把整个数据库或其中关键数据复制到另一个磁盘上。每当主数据库更新时，DBMS 自动把更新后的数据复制到镜像磁盘上，即自动保证镜像数据库与主数据库的一致性，如图 9.3（a）所示。

镜像数据库具有以下作用：

1）当出现介质故障时，可由镜像磁盘继续提供数据库的可用性，同时 DBMS 自动利用镜像磁盘进行数据库的修复，不需要关闭系统和重装数据库副本，如图 9.3（b）所示。

2）没有出现故障时，数据库镜像还可以用于并发操作，即当一个用户对数据库加排他锁修改数据时，其他用户可以读镜像数据库，而不必等待该用户释放锁。

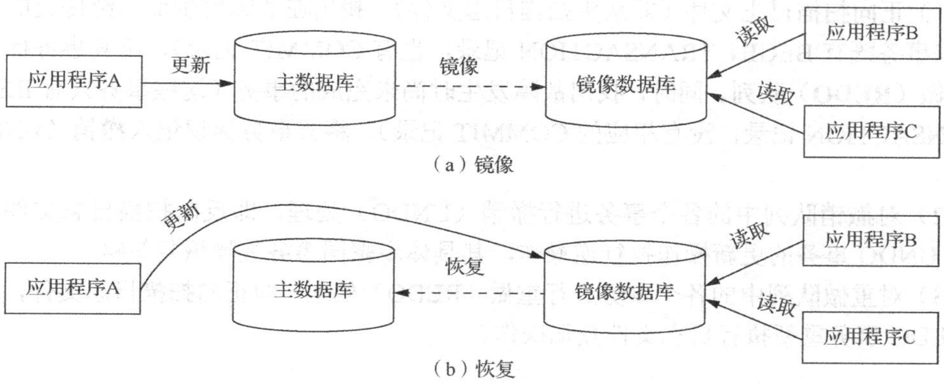

图 9.3 数据库镜像

9.3 恢复技术

恢复（还原）数据库就是故障发生后利用后备副本和日志文件将数据库恢复（还原）到故障发生前的某个一致性状态。但不同的故障，其恢复的策略和方法也不一样。

9.3.1 事务故障的恢复

事务是数据库系统恢复的基本单元。恢复子系统能使事务在执行过程中发生故障时回到一致性状态，保证事务的原子性和持久性。事务故障的恢复由系统自动完成。恢复的基本步骤如下。

1）**反向扫描**日志文件（从最后向前扫描日志文件），查找该事务的更新操作。

2）对该事务的更新操作执行**逆操作**，即将日志记录中“更新前的值”写入数据库。这样，如果是插入记录操作，则相当于做删除记录操作；若是删除记录操作，则做插入记录操作；若是修改操作，则用修改前的值作为修改后的值进行修改操作。

3）继续反向扫描日志文件，查找该事务的其他更新操作，并做同样处理。

4）重复步骤 1）～3），直至读到该事务的开始标记，事务故障恢复即完成。

9.3.2 系统故障的恢复

系统故障造成数据库不一致状态的原因有两个：一是未完成事务对数据的更新可能已经写入数据库（对于推迟更新技术，这种情况一般不会发生）；二是已提交事务对数据库的更新可能还留在缓冲区，没来得及写入数据库。因此，恢复操作必须先撤销故障发生时未完成的事务，重新提交已完成的事务。

系统故障的恢复是由系统重新启动时自动完成的，不需要用户干预，其恢复步骤如下。

1）**正向扫描**日志文件（即从头扫描日志文件），找出在故障发生前已经提交的事务（这些事务既有 BEGIN TRANSACTION 记录，也有 COMMIT 记录），将其事务标识记入**重做（REDO）队列**。同时，找出故障发生时尚未完成的事务（这些事务只有 BEGIN TRANSACTION 记录，没有相应的 COMMIT 记录），将其事务标识记入**撤销（UNDO）队列**。

2）对**撤销队列**中的各个事务进行撤销（UNDO）处理，即**反向扫描**日志文件，对每个 UNDO 事务的更新操作执行逆操作，其具体步骤同事务故障恢复策略。

3）对**重做队列**中的各个事务进行重做（REDO）处理，即**正向扫描**日志文件，对每个 REDO 事务重新执行日志文件登记操作。

9.3.3 介质故障的恢复

当存储介质发生故障时，磁盘上的物理数据和日志文件均遭到破坏，这是最严重的一种故障。从介质故障中恢复数据库的方法是首先排除介质故障，如用新的磁盘更换损坏的磁盘；然后重新安装数据库管理系统，使数据库管理系统能正常运行；最后利用介质损坏前对数据库已做的备份或利用镜像设备恢复数据库。基本步骤如下：

1）装入最新的数据库后备副本（离故障发生时刻最近的静态海量备份副本），使数据库恢复到最近一次备份时的一致性状态。对于动态海量备份的数据库副本，还需同时装入备份开始时刻的日志文件副本，并利用恢复系统故障的方法（即 REDO + UNDO），才能将数据库恢复到一致性状态。

2）装入相应的日志文件副本（备份结束时刻的日志文件副本），重做已完成的事务。也就是说，首先扫描日志文件，找出故障发生时已提交的事务的标识，将其记入重做队列；然后正向扫描日志文件，对重做队列中的所有事务进行重做处理，即将日志记录中“更新后的值”写入数据库。这样就可以将数据库恢复至故障前某一时刻的一致状态，如图 9.2 所示。

介质故障的恢复需要 DBA 介入，但 DBA 只需要重装最近备份的数据库副本和有关的各日志文件副本，然后执行系统提供的恢复命令即可，具体的恢复操作仍由 DBMS 完成。

9.3.4 基于检查点的恢复

在利用日志文件进行数据库恢复时，恢复子系统通常要扫描整个日志文件。日志是一个流水账，往往很长，这样做存在以下两个问题：

1）搜索整个日志文件将耗费大量的时间。

2）许多已提交事务的更新结果实际上已写入数据库中，重新做这些事务只会浪费大量的时间。

因此，确定哪些事务需要重做（REDO）、哪些事务要撤销（UNDO）就很有意义。解决的方法是在日志文件中设置**检查点**（checkpoint）记录，增加重新开始文件，并让恢复子系统在登记日志文件期间动态维护日志。

检查点记录的内容如下：

1）建立检查点时刻所有正在执行的事务清单。

2）这些事务最近一个日志记录的地址。

重新开始文件的内容：记录各个检查点记录在日志文件中的地址。

动态维护日志文件的方法是周期性地执行建立检查点和保存数据库状态的操作。

具体步骤如下：

1）将当前日志缓冲区中的所有日志记录写入磁盘的日志文件上。

2）在日志文件中写入一个检查点记录，该记录包含所有在检查点运行的事务的标识。

3）将当前数据缓冲区的所有数据记录写入磁盘的数据库中。

4）把检查点记录在日志文件中的地址写入一个重新开始文件，以便在发生系统故障而重启时，可以利用该文件找到日志文件中的检查点记录地址。

建立检查点 C_i 时对应的日志文件和重新开始文件的关系如图 9.4 所示。

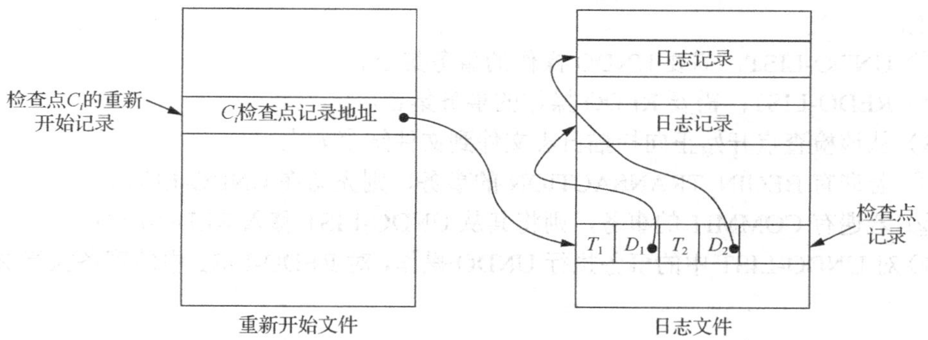

图 9.4　建立检查点 C_i 时对应的日志文件和重新开始文件的关系

恢复子系统可以定期或不定期地建立检查点来保存数据库的状态。

1）定期：按照预定的一个时间间隔，如每隔 15min、30min 或 1h 建立一个检查点。

2）不定期：按照某种规则，如日志文件已写满一半建立一个检查点。

使用检查点方法可以改善恢复效率。在检查点之前已提交的事务，对数据库的修改在检查点之前或检查点建立时已记入磁盘，只要数据库未被破坏，就不需要对这些事务执行重做（REDO）。

在系统出现故障时，恢复子系统将根据事务的不同状态采取不同的恢复策略，如图 9.5 所示。

其中：

事务 T_1 是在检查点 t_c 之前提交的，因此没有问题，不需要 REDO。

事务 T_2 是在检查点 t_c 之前开始的，但在故障点时已经完成，因此需要 REDO。

事务 T_3 是在检查点 t_c 之前开始的，而且在故障点 t_f 时还未完成，因此需要 UNDO。

事务 T_4 是在检查点 t_c 之后开始的，但在故障点 t_f 时已经完成，因此也需要 REDO。

事务 T_5 是在检查点 t_c 之后开始的，而且在故障点 t_f 时还未完成，因此需要 UNDO。

图 9.5 恢复子系统采取不同的恢复策略

利用检查点进行恢复的步骤如下。

1）从重新开始文件中找到最后一个检查点记录在日志文件中的地址，由该地址在日志文件中找到最后一个检查点记录。

2）设置两个队列，将检查点中的所有事务放入 UNDO-LIST，并令 REDO-LIST 暂为空集。

① UNDO-LIST：需要 UNDO 操作的事务集合。

② REDO-LIST：需要 REDO 操作的事务集合。

3）从该检查点开始正向扫描日志文件到文件结束为止。

① 若遇有 BEGIN_TRANSACTION 的事务，则先留在 UNDO-LIST。

② 若遇有 COMMIT 的事务，则将其从 UNDO-LIST 移入 REDO-LIST。

4）对 UNDO-LIST 中的事务执行 UNDO 操作，对 REDO-LIST 中的事务执行 REDO 操作。

9.4 容灾技术

近年来，随着数据库应用场景日益丰富和数据库的云化趋势显著，数据库作为信息系统的核心，承担着数据存储和业务逻辑计算等工作。各行各业信息化部门均应用大量容灾备份手段，用于保障数据库的数据正确一致性和业务的连续可用性。

9.4.1 容灾备份

容灾备份简称灾备，是指利用科学的技术手段和方法，提前建立系统化的数据应急方式，以应对灾难的发生。

灾备行业起源于 20 世纪 70 年代的美国费城，1979 年，SunGard 在美国费城建立了全世界第一个灾备中心，当时大家关注的主要是企业 IT 的数据备份和系统备份等；后来，IT 备份发展到了灾难恢复规划（disaster recovery planning，DRP），在 IT 备份中加入了灾难恢复预案、资源需求、灾备中心管理，形成了对生产运行中心的保障概念；再后来，人们把灾难恢复从 IT 角度逐渐转向了业务角度，用业务来衡量灾备目标：哪些业务最重要？哪些业务可容忍的恢复时间最短？除了 IT 支撑之外，灾备中还加入了业务影响分析、策略制定、业务恢复预案、人员架构、通信保障、第三方合作机构等，成为业务连续性规划（business continuity planning，BCP）；除了面向业务外，也考虑了紧急事件响应、危机公关和供应链危机管理等。

容灾与备份是两个独立的概念。**容灾**是为了在遭遇灾害时保证信息系统能正常运行，帮助行业实现**业务连续性**的目标；备份是为了应对灾难来临时造成的数据丢失问题。

容灾和备份的目的不同。容灾系统的目的在于保证系统数据和服务的“在线性”，即当系统发生故障时，仍然能够正常地向网络系统提供数据和服务，以使系统不致停顿；而备份技术的目的与此并不相同，备份是“将在线数据转移成离线数据的过程”，其目的在于应付系统数据中的逻辑错误和历史数据保存。

备份是基石。备份是指为防止系统出现操作失误或系统故障导致数据丢失，而将全系统或部分数据集合从应用主机的硬盘或阵列复制到其他存储介质的过程。

容灾不能替代备份。容灾系统会完整地把生产系统的任何变化复制到容灾端，包括不想让其复制的工作，如不小心把某个系统内的用户信息表删除，同时容灾端的用户信息表也会被完整地删除。这时就需要从备份系统中取出最新备份，来恢复被错误删除的信息。因此，容灾系统的建设不能替代备份系统的建设。

9.4.2 容灾的分类

1. 从对系统的保护程度（级别）进行分类

（1）数据级容灾

数据级容灾是最基础的手段，指通过建立异地容灾中心，进行数据的远程备份。可以简单地将所建立的异地容灾中心理解成一个远程的数据备份中心。在灾难发生之后要确保原有的数据不会丢失或者遭到破坏，但在数据级容灾这个级别，发生灾难时应用是会中断的。这种级别的容灾方案实施相对简单，资源投入和后期运维成本低，但系统恢复速度较慢，业务恢复难度高。

（2）应用级容灾

应用级容灾是在数据级容灾的基础之上，在备份站点同样构建一套相同的应用系统，通过同步或异步复制技术，这样可以保证关键应用在允许的时间范围内恢复运行，尽可能减少灾难带来的损失，让用户基本感受不到灾难的发生，这样就使系统所提供的服务是完整的、可靠的和安全的。应用级容灾实施难度高，资源投入和后期运维成本较高，需要更多的软件实现，但是系统恢复速度较快，业务恢复难度较低。

（3）业务级容灾

业务级容灾是在数据级容灾和应用级容灾基础之上，最高级别的容灾手段。除了必要的 IT 相关技术外，还要求具备全部的基础设施，其大部分内容是非 IT 系统（如电话、办公地点等），当大灾难发生后，原有的办公场所都会受到破坏，除了数据和应用的恢复，更需要一个备用的工作场所能够正常地开展业务。

2. 从容灾的距离进行分类

（1）本地容灾

本地容灾是指将生产中心的数据备份在本地的容灾备份机房中。它的优点是速度相对较快；但缺点是一旦发生大灾大难，将无法保证本地容灾备份机房中的数据和系统仍可用。

（2）异地容灾

异地容灾是指在与生产机房有一定距离的异地建立与生产机房类似的备份中心，并采用特定的技术将生产中心的数据传输到备份中心。备份时要注意“一个三”和“三个不原则”：必须备份到 300km 以外，并且不能在同一地震带、不能在同地电网、不能在同一江河流域。这样即使发生大灾大难，也可以在异地进行数据回退。对于异地容灾，如果想做接管，需要专线连接，一般需要在同一网段内才能实现业务的接管。当然，最好是能够建立起“两地三中心”的模式，既做同城备份也做异地备份，这样数据的安全性会高得多。

9.4.3 容灾恢复能力的评价标准

1. 灾难恢复能力等级

国家标准《信息安全技术　信息系统灾难恢复规范》（GB/T 20988—2007）将灾难恢复能力等级划分为 7 级。

（1）第 0 级：无异地支持

容灾方案数据仅在本地进行备份，没有在异地备份数据，未制订灾难恢复计划。这种方式是成本最低的灾难恢复解决方案，但不具备真正的灾难恢复能力。

（2）第 1 级：基本支持

第 1 级容灾方案是将关键数据备份到本地磁带介质上，然后送往异地保存，但异地没有可用的备份中心、备份数据处理系统和备份网络通信系统，未制订灾难恢复计划。灾难发生后，使用新的主机，利用异地数据备份介质（磁带）将数据恢复。

（3）第 2 级：备用场地支持

第 2 级容灾方案是将关键数据进行备份并存放到异地，制订有相应灾难恢复计划，具有热备份能力的站点灾难恢复。一旦发生灾难，利用热备份主机系统将数据恢复。第 2 级容灾方案与第 1 级容灾方案的区别在于异地有一个热备份站点，该站点有主机系统，平时利用异地的备份管理软件将运送到异地的数据备份介质（磁带）上的数据备份到主机系统，当灾难发生时可以快速接管应用，恢复生产。

（4）第 3 级：电子传输和部分设备支持

第 3 级容灾方案是通过网络将关键数据进行备份并存放至异地，制订有相应灾难恢复计划，有备份中心，并配备部分数据处理系统及网络通信系统。该等级方案的特点是用电子数据传输取代交通工具传输备份数据，从而提高了灾难恢复的速度。利用异地的备份管理软件将通过网络传送到异地的数据备份到主机系统。一旦灾难发生，需要的关键数据通过网络可迅速恢复，通过网络切换，关键应用恢复时间可降低到一天或小时级。这一等级方案由于备份站点要保持持续运行，对网络要求较高，因此成本相应有所增加。

（5）第 4 级：电子传输及完整设备支持

第 4 级容灾方案是在第 3 级容灾方案的基础上，利用备份管理软件自动通过通信网络将部分关键数据定时备份至异地，并制订相应的灾难恢复计划。一旦灾难发生，利用备份中心已有资源及异地备份数据恢复关键业务系统运行。

（6）第 5 级：实时数据传输及完整设备支持

第 5 级容灾方案在前面几个级别的基础上使用了硬件的镜像技术和软件的数据复制技术，即可以实现在应用站点与备份站点的数据都被更新。数据在两个站点之间相互镜像，由远程异步提交来同步，因为关键应用使用了双重在线存储，所以在灾难发生时，仅仅很小部分的数据被丢失，恢复的时间被降低到了分钟级或秒级。由于对存储系统和数据复制软件的要求较高，因此所需成本也大大增加。

（7）第 6 级：数据零丢失和远程集群支持

第 6 级容灾方案是灾难恢复中最昂贵的方式，也是速度最快的恢复方式，它是灾难恢复的最高级别。第 6 级容灾方案利用专用的存储网络将关键数据同步镜像至备份中心，数据不仅在本地进行确认，而且需要在异地（备份）进行确认。因为数据是镜像地写到两个站点，所以灾难发生时异地容灾系统保留了全部数据，实现了零数据丢失。

2. 容灾恢复能力评价指标

评估一个灾备系统可靠性的两个重要指标为**恢复时间目标**（recovery time objective，RTO）与**恢复点目标**（recovery point objective，RPO）。

RTO 指灾难发生后，从系统宕机导致业务停顿开始，到系统恢复至可以支持业务部门运作，业务恢复运营之时，此两点之间的时间。RTO 可简单地描述为行业业务能容忍的恢复时间。

RPO 指灾难发生后，系统和数据必须恢复到的时间点要求。

国家标准《信息安全技术 信息系统灾难恢复规范》（GB/T 20988—2007）中给出了信息系统灾难恢复各等级对应的 RTO/RPO 范围，如表 9.2 所示。

表 9.2　RTO/RPO 与灾难恢复能力等级的关系

灾难恢复能力等级	RTO	RPO
1	48h 以上	1～7 天
2	24h 以上	1～7 天
3	12h 以上	数小时至 1 天
4	数小时至 2 天	数小时至 1 天
5	数分钟至 2 天	0～30min
6	数分钟	0

RTO 与 RPO 必须在进行风险分析和业务影响分析后，根据不同的业务需求确定，不同行业同一业务需求也会有所不同，最理想的情况是两个指标都为零。

9.4.4 容灾备份的关键技术

在建立容灾备份系统时会涉及多种技术，如 SAN（storage area network，存储区域网络）或 NAS（network attached storage，网络附属存储）技术、远程镜像技术、基于 IP 的 SAN 的互联技术、快照技术等。这里重点介绍远程镜像、快照和互联技术。

1. 远程镜像技术

远程镜像技术可在主数据中心和备援中心之间的数据备份时用到。镜像是在两个或多个磁盘或磁盘子系统上产生同一个数据的镜像视图的信息存储过程，一个称为主镜像系统，另一个称为从镜像系统。镜像按主从镜像存储系统所处的位置可分为**本地镜像**和**远程镜像**。远程镜像又称远程复制，是容灾备份的核心技术，同时也是保持远程数据同步和实现灾难恢复的基础。远程镜像按请求镜像的主机是否需要远程镜像站点的确认信息，又可分为同步远程镜像（同步复制技术）和异步远程镜像（异步复制技术）。

（1）同步远程镜像

同步远程镜像是指通过远程镜像软件，将本地数据以完全同步的方式复制到异地，每一个本地的 I/O 事务均需等待远程复制的完成确认信息才能释放。同步镜像使复制总能与本地机要求复制的内容相匹配。当主站点出现故障时，用户的应用程序切换到备份的替代站点后，被镜像的远程副本可以保证业务继续执行而没有数据的丢失。但它存在往返传播造成延时较长的缺点，故只限于在相对较近的距离上应用。

（2）异步远程镜像

异步远程镜像保证在更新远程存储视图前完成向本地存储系统的基本操作，而由本地存储系统提供给请求镜像主机的 I/O 操作完成确认信息。远程的数据复制是以后台同步的方式进行的，这使本地系统性能受到的影响很小，传输距离长（可达 1000km 以上），对网络带宽要求小。但是，许多远程的从属存储子系统的写没有得到确认，当某种因素造成数据传输失败，可能出现数据不一致的问题。为了解决这个问题，目前大多采用延迟复制技术（本地数据复制均在后台日志区进行），即在确保本地数据完好无损后再进行远程数据更新。

2. 快照技术

远程镜像技术往往同快照技术结合起来实现远程备份，即通过镜像把数据备份到远程存储系统中，再用快照技术把远程存储系统中的信息备份到远程的磁带库、光盘库中。

快照是通过软件对要备份的磁盘子系统的数据进行快速扫描，建立一个要备份数据的快照逻辑单元号（logical unit number，LUN）和快照 Cache。在快速扫描时，把备份过程中即将要修改的数据块同时快速复制到快照 Cache 中。快照 LUN 是一组指针，它指向快照 Cache 和磁盘子系统中不变的数据块（在备份过程中）。在正常业务进行的同时，利用快照 LUN 实现对原数据的一个完全的备份。它可使用户在正常业务不受影响的情况下（主要指容灾备份系统），实时提取当前在线业务数据，其“备份窗口”接近于零，可大大增加系统业务的连续性，为实现系统真正的 7×24h 运转提供了保证。

快照是通过内存作为缓冲区（快照 Cache），由快照软件提供系统磁盘存储的即时数据映像，存在缓冲区调度的问题。

3. 互联技术

早期的主数据中心和备援数据中心之间的数据备份主要是基于 SAN 的远程复制（镜像），即通过光纤通道（fibre channel，FC），把两个 SAN 连接起来，进行远程镜像（复制）。当灾难发生时，由备援数据中心替代主数据中心保证系统工作的连续性。这种远程容灾备份方式存在一些缺陷，如实现成本高、设备的互操作性差、跨越的地理距离短（10km）等，这些因素阻碍了它的进一步推广和应用。

目前，出现了多种基于 IP 的 SAN 的远程数据容灾备份技术。它们利用基于 IP 的 SAN 的互联协议，将主数据中心 SAN 中的信息通过现有的 TCP/IP 网络，远程复制到备援中心 SAN 中。当备援中心存储的数据量过大时，可利用快照技术将其备份到磁带库或光盘库中。这种基于 IP 的 SAN 的远程容灾备份可以跨越 LAN、MAN 和 WAN，成本低，可扩展性好，具有广阔的发展前景。基于 IP 的互联协议包括 FCIP、iFCP、Infiniband、iSCSI 等。

随着 IT 技术产品不断迭代，灾备应用场景从同机房本地备份容灾，向同城、异地及云端等更宏大的场景延伸；灾备技术从传统的存储复制技术，延伸到基于主机、操作系统、数据库、文件和网络五大数据复制技术。灾备产品也正在不断拓展边界，涵盖传统系统备份、容灾和恢复，数据同步、分发、脱敏、副本管理，大数据管理与应用，数据库读写分离与容灾等。其中，数据库容灾架构在信息系统容灾架构中发挥着至关重要的作用。

9.5 习　题

1. 数据库环境中可能发生哪些故障？有什么区别？试举例说明。
2. 什么是备份或转储？有哪些类型？
3. 什么是日志文件？为什么要建立日志文件？日志文件有什么作用？
4. 登记日志文件时为什么必须先写日志文件，后写数据库？
5. 什么是数据库镜像？它有什么用途？
6. 恢复子系统是如何保证事务的原子性和持久性的？
7. 在系统发生故障时，如何恢复正在运行的事务已经完成的部分修改？
8. 简述介质故障的恢复过程。
9. 具有检查点的恢复技术有什么优点？试举例加以说明。
10. 什么是容灾？容灾有哪些类别？
11. 容灾恢复能力等级有哪些？
12. 容灾备份涉及哪些关键技术？

第 10 章　数据库安全技术

本章要点

- 加密技术
- 完整性保护技术
- 隐私保护技术
- 安全审计
- 主流数据库的安全机制与实现机理

随着社会信息化和网络化的发展，数据爆炸式增长，大数据时代已经到来，大数据已成为国家基础性战略资源。大数据时代是机遇与挑战并存的时代，在大数据应用推广过程中，必须坚持安全与发展并重的方针，为大数据发展构建安全保障体系，在充分发挥大数据价值的同时，解决面临的数据安全和个人信息保护问题。

前几章已经介绍了数据安全的概念、数据访问控制、数据恢复技术等相关内容，本章主要介绍针对数据保护的几个关键技术。

10.1　加密技术

在操作系统中，数据库往往是以文件形式进行存储和管理的，这导致入侵者可以直接利用操作系统的漏洞窃取或篡改数据库文件内容。此外，DBA 也可能造成安全隐患，因为他可以任意访问所有数据库，甚至超出职责范围。因此，数据库的保密问题不但包括在传输过程中采用的加密保护和控制非法访问，而且包括对存储的敏感数据进行保护，使数据在泄露或者丢失时也不会造成泄密。数据库加密是对敏感数据进行安全保护的有效手段，同时对保护数据库的安全性具有非常重要的意义。

10.1.1　数据加密的概念

数据加密是防止数据库中的数据在存储和传输过程中泄密的有效手段。加密的基本思想是根据一定的算法，在加密密钥的参与下将原始数据（称为明文，plain text）变换为不可直接识别的格式（称为密文，cipher text），一般是对数据进行编码和置换，从而使不知道解密密钥的人无法获知数据的内容。

在数据库中，加密系统需要实现的主要功能是对存储在数据库中的数据进行不同级别的存储加密，旨在有效保护存储在数据库中的重要数据，即使数据库系统遭到非法入侵或数据库文件被盗，入侵者或盗取者在没有解密密钥的情况下也不能得到所需数据。数据库加密系统包含加密技术和解密技术。加密、解密操作通常是在密钥的参与下进行的。加密包含对称加密（symmetric cryptography）与非对称加密（asymmetric cryptography）两大类。

现对密码学中常用的专有名词解释如下。

1）**加密技术**：对信息进行重新编码，从而达到隐藏信息内容，使非法用户无法获取信息真实内容的目的。

2）**明文**：原始数据信息，即可以读懂的文本。

3）**密文**：一种无法直接读懂的隐蔽信息，由明文经过加密变换后得到。

4）**加密**：把明文变换为密文的过程。

5）**解密**：加密的逆过程，即由密文恢复出明文的过程。

6）**加密算法**：对明文进行加密时所采用的映射函数或者变换规则。

7）**解密算法**：对密文进行解密时所采用的映射函数或者变换规则。

10.1.2 数据加密分类

一般来说，加密可以分为两大类：对称加密和非对称加密。

1. 对称加密

对称加密是一种快速、简单的加密方式，其加密与解密密钥相同。对称加密有很多种算法，由于其效率很高，因此被广泛用于很多加密协议中。

对称加密通常使用的密钥相对较短，一般小于 256bit。一般地，密钥越长，安全性越高，但加密与解密的速度越慢。所以，密钥的选择既要考虑安全性，也要兼顾效率。

2. 非对称加密

非对称加密使用了一对密钥：**公钥**（public key）和**私钥**（private key）。私钥只能由一方安全保管，不能外泄；而公钥则可以公开。非对称加密使用这对密钥中的一个进行加密，而解密则需要另一个密钥。例如，A 向 B 请求 B 的公钥，B 将公钥发送给 A，A 使用公钥对消息加密，那么只有持有对应私钥的 B 才能对 A 的消息进行解密。

对于对称加密而言，因为使用数据时不仅需要传输数据本身，还要通过某种方式传输密钥，所以很有可能使得密钥在传输过程中被窃取。对于非对称加密，私钥持有人可以把公钥发送给任何人，但不需要将私钥发送出去，因此安全性显著提高。

对称加密算法简单，效率高；非对称加密算法复杂，效率低。因此，一种折中的办法是使用对称密钥来加密数据（数据一般较大），而使用非对称密钥来加密对称密钥（密钥一般较小），这样既可以利用对称密钥的高性能，也可以利用非对称密钥的安全性。

SQL Server 中还有第三类加密方式：**证书**。使用证书是非对称加密的另一种形式，但一个组织可以使用证书并通过数字签名将一对公钥和私钥与其拥有者相关联，从而提高安全性。

10.1.3 数据库加密①

通常情况下，数据库中的数据往往以明文形式进行存储和使用，一旦数据文件或备份磁带丢失，可能引发严重的数据泄露问题；而在“拖库”攻击中，很多成熟的数据库文件解析软件均可对明文存储的数据文件进行直接分析，并输出清晰、结构化的数据，从而导致泄密。数据库加密技术可对数据库中存储的数据在存储层进行加密，即使有人想对此类数据文件进行反向解析，所得到的也不过是没有任何可读性的“乱码”，有效避免了因数据文件被“拖库”而造成的数据泄露问题，从根本上保证数据的安全。

对于数据库加密技术，从加解密位置区分，可以分为应用层加密、前置代理加密、后置代理加密、数据库系统自身加密、数据库系统所依赖的文件系统加密及存储硬件加密等不同技术。

1. 应用层加密

在应用系统层的源代码中对敏感数据进行加密，加密后将密文存储到数据库中。可以直接在应用系统的源代码中以独立的函数或模块形式完成加密，也可以通过源代码的方式封装出应用系统相关业务专用的加密组件或定制的加密 API 来完成加密。

通常情况下，当业务系统仅对有限的敏感数据存在加密需求时，可以考虑使用应用层加密技术。这里的“有限”包含两方面的含义：一方面，需要加密处理的敏感数据对应的表或字段相对较少；另一方面，需要加密处理的敏感数据在整个业务系统中的使用相对不多。

2. 前置代理加密

类似于应用层加密技术，前置代理加密技术也是在数据保存到数据库之前对敏感数据进行加密，并将密文存储到数据库中；而不同于前者的是，前置代理加密技术通常是以“前置代理加密网关”这种独立组件产品的形式实现的。

通常情况下，当业务系统仅对有限的敏感数据存在加密需求，且用户自身无能力或不愿意进行加解密的相关研发工作时，可以考虑使用前置代理加密技术，即采用第三方厂商的前置代理加密网关系统对敏感数据进行加密保护。

3. 后置代理加密

后置代理加密技术是基于数据库自身能力的一种加密技术，可充分利用数据库自身提供的定制扩展能力实现数据的存储加密、加密后数据检索和应用透明等目标。其中，能够完美实现后置代理加密的典型代表是 Oracle 数据库——通过“视图+触发器+扩展索引+外部方法调用”的方式实现数据加密，同时保证应用的完全透明。

后置代理加密技术的价值主要体现在“应用透明和独立权控”两大能力上。因此，

① 本小节内容主要来源：中关村网络安全与信息化产业联盟数据安全治理专业委员会编著的《数据安全治理白皮书 4.0》（2022）。

在不希望对应用系统在加密时进行改造，或需要对数据库超级用户的数据访问权限进行控制的场景下，如果查询涉及的加密列不多且查询结果集中包含的数据记录也相对不多，可以考虑使用后置代理加密技术对数据库进行加密。

4. 数据库透明加密

透明数据加密（transparent data encryption，TDE）是一种对应用系统完全透明的数据库端存储加密技术，通常由数据库厂商在数据库引擎中实现：在数据库引擎的存储管理层增加一个数据处理过程，当数据由数据库共享内存写入数据文件时对其进行加密，当数据由数据文件读取到数据库共享内存时对其进行解密。也就是说，数据在数据库共享内存中是以明文形态存在的，而在数据文件中则以密文形态存在。同时，由于该技术的透明性，任何合法且有权限的数据库用户都可以访问和处理加密表中的数据。

数据库透明加密能够在无须数据库使用者改变访问接口甚至无须知情（透明）的情况下，使得数据库内存储的数据为经过加密的密文数据。这种技术的主要优点在于其对数据库使用者的高度友好性，几乎无须对使用数据库的已有应用（业务）系统进行任何改造和升级，就能实现对结构化数据的机密性进行有效保护。

5. 文件系统加密

文件系统加密技术是在操作系统的文件管理子系统层面上对文件进行加密，大多是通过对与文件管理子系统相关的操作系统内核驱动程序进行改造实现的。不同于文件加密只对单个文件设置访问口令，或对单个文件的内容进行加密转换，文件系统加密提供了一种加密文件系统格式（类似于ext4、xfs等文件系统格式），通过把磁盘存储卷或其上的目录设置为该文件加密系统格式，达到对存储于卷或卷上目录中文件进行加密的目的。文件系统加密技术本质上并不是数据库加密技术，但可以用于对数据库的数据文件进行存储层面的加密。

6. 磁盘加密

磁盘加密技术通过对磁盘进行加密以保障其内部数据的安全性，在实现上有软件和硬件两种方式。软件方式的磁盘加密技术大多是通过专用的磁盘加密软件对磁盘内容进行加密，典型代表如Windows操作系统自带的BitLocker，同类型的商业软件在国内也有很多，但这类软件由于加密原理和使用方式等因素，基本上无法满足数据库系统的数据加密需求；而硬件方式的磁盘加密技术在实现上有两个思路：一个是针对单块硬盘的磁盘加密，另一个是针对磁盘阵列或SAN存储设备的磁盘加密。

磁盘加密技术可以满足绝大多数的存储加密需求，但由于不能提供针对数据库用户的增强权限控制，因此无法满足对内部数据库超级用户泄露敏感数据的风险防范需求。

一般来说，一个好的数据库加密系统应该满足以下几个方面的要求：

1）加密机制在理论上和计算上都具有足够的安全性。

2）加解密速度（尤其是解密速度）足够快，对系统运行性能的影响尽量小。

3）加密后的数据库存储量没有明显增加。

4）加密后的数据应该满足 DBMS 定义的数据完整性约束。

5）加解密对数据库合法用户的操作是透明的。

6）合理的密钥管理机制，密钥存储安全，使用方便、可靠。

7）较强的抗攻击能力，解密时能识别对密文数据的非法篡改。

10.2 数据完整性保护技术①

第 2 章和第 3 章中已经介绍过关系数据库中的 3 类完整性约束：实体完整性、参照完整性和用户自定义的完整性。这里主要介绍数据处理过程中如何保护数据的完整性，即保护数据没有受到非授权的篡改或破坏。

数据完整性保护技术包括基于杂凑的完整性保护、基于消息鉴别码的完整性保护和基于数字签名的完整性保护。传输的完整性保护包括基于消息鉴别码的传输完整性保护和基于数字签名的传输完整性保护。存储的完整性保护包括基于消息鉴别码的存储完整性保护、基于数字签名的存储完整性保护、基于杂凑算法的存储完整性保护、基于可信计算的存储完整性保护。

10.2.1 杂凑算法

杂凑算法是将任意长的消息压缩成固定长度的摘要值的函数，具有抗碰撞性和单向性。抗碰撞性是指寻找两个不同的消息，使二者的摘要值相同，在计算上是不可行的；单向性是指从摘要值不能反向求出输入消息。

杂凑算法的作用很多，它可以用于数字签名：先对消息进行压缩，再对摘要值进行签名；它可以检测消息的完整性，使用杂凑算法计算出数据的摘要，将新的摘要与之前保存的摘要进行比对，如果两个摘要一样，就说明该文件没有被改动过；它可以用于口令的安全存储，利用单向性的特点，即使暴露了摘要值也不会暴露口令。

SM3 算法是我国商用密码标准中的杂凑算法。SM3 算法摘要值长度为 256bit，算法速度快，适用性强，可用于数字签名、口令安全存储等场景。

10.2.2 数字签名

在应用数字签名时，每个签名者都有一对公钥和私钥，公钥公开，私钥保密。在公钥和私钥的应用顺序方面，数字签名与公钥加密过程不同，数字签名使用私钥对消息进行签名，这一过程称为签名过程；使用公钥对签名进行验证，这一过程称为验证过程。

数字签名技术可以用于确认数据的完整性、签名者身份的真实性和签名行为的不可

---

① 本节内容主要来源：中关村网络安全与信息化产业联盟数据安全治理专业委员会编著的《数据安全治理白皮书 4.0》（2022）。

否认性。因为数字签名是由私钥产生的，所以数字签名是不可伪造的。同时，签名者和公钥存在一一对应的关系，可以用公钥对签名进行验证，所以合法的签名是可以公开验证的。因为只能用签名者的公钥进行验证，所以签名者不能否认自己签过的签名。

10.3 隐私保护技术

随着互联网技术的飞速发展，大数据时代已经来临。不论人们是否愿意，个人数据正在不经意间被企业、个人搜集并使用。个人数据的网络化和透明化已经成为不可阻挡的大趋势。过去，能够大量掌控公民个人数据的机构只能是持有公权力的政府机构，但现在许多企业和某些个人也能拥有海量数据，甚至在某些方面超过政府机构。那么，在大数据时代，数据带来了巨大价值的同时，也带来了用户隐私保护方面的难题，如何在大数据开发应用的过程中保护用户隐私和防止敏感信息泄露成为新的挑战。

无论是保护业务数据，还是保护个人数据，在产品的安全架构设计上，都可以采用覆盖数据全生命周期的 5A 方法论。

1）身份认证（authentication）：用户主体是谁。

2）授权（authorization）：授予某些用户主体允许或拒绝访问客体的权限。

3）访问控制（acccess control）：是否放行的执行者。

4）可审计（auditable）：形成可供追溯的记录。

5）资产保护（asset protection）：资产的保密性、完整性、可用性保障。

也就是说，实现业务数据安全和个人数据安全的技术手段大体上是相同的。但在实现数据保护的过程中，一部分技术主要用于保护个人数据，如数据脱敏、匿名化、差分隐私等。

另外，隐私保护需要遵循业务所在国（或业务覆盖国）的隐私保护相关法律及业务涉及的其他国家（或地区）的个人信息或隐私保护法案等。

10.3.1 数据脱敏

数据库是企业存储、组织及管理数据的主要方式。绝大多数的业务场景与数据库或多或少有所关联。在高频访问、查询、处理和计算的复杂环境中，如何保障敏感信息和隐私数据的安全性是关键性问题。对于个人信息使用和处理场景，主要有以测试、培训、数据对外发布、数据分析等为目的的场景。例如，测试人员在对产品进行测试过程中，需要用到一些用户个人信息示例数据。如果可以直接访问和下载用户个人信息的原始数据，那么存在隐私泄露的风险（测试人员可能将用户个人信息卖给另一家公司）。

为了避免隐私泄露风险，可对所有数据项逐一加密。但这引起新的问题——数据的密文无法体现相关信息，已经失去了测试和验证的价值。那么如何才能做到既有测试和验证的价值，又能保护信息的隐私呢？这就可利用数据脱敏技术手段。例如，测试员需要访问用户信息数据库，服务器根据测试员的权限对数据颗粒度进行管控和脱敏处理，如仅保留姓、年龄进行模糊处理（四舍五入）、电话号码屏蔽中间 4 位，这样测试员就无法得到准确无误的用户信息，如图 10.1 所示。

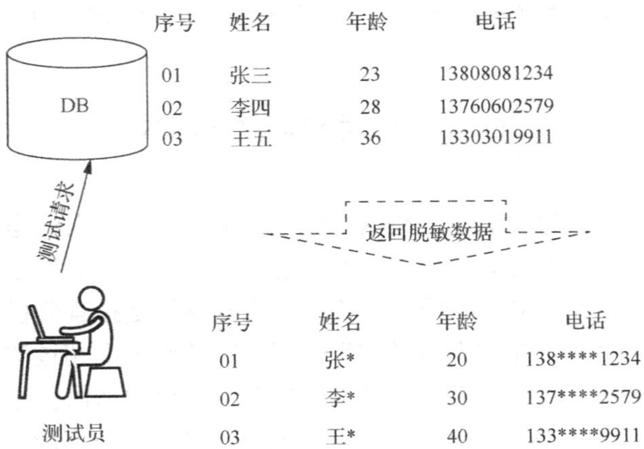

图 10.1　个人信息脱敏示例

在用户隐私保护的实践中，数据脱敏是一种常见的技术手段。**数据脱敏**也称为数据漂白（data masking 或 data desensitization），是指对数据中包含的秘密或隐私信息（如个人身份识别信息、商业机密数据等）进行数据变形处理，使得恶意攻击者无法从经过脱敏处理的数据中直接获取敏感信息，从而实现对机密及隐私的防护。由于其处理高效且应用灵活等优点，目前在金融、医疗、电信、电力等诸多行业，数据脱敏都有着非常广泛的应用。广义地讲，影像加上马赛克实际也是一种影像脱敏技术，通过部分屏蔽和模糊化处理以保护影像信息中的隐私。这里主要讨论狭义的（传统的）脱敏技术，即数据库（结构化数据）的脱敏。

数据脱敏的算法有很多种，常见的如表 10.1 所示。

表 10.1　常见的数据脱敏算法

名称	描述	示例
掩码	利用“*”等符号遮掩部分信息，并且保证数据长度不变，容易识别出原来的信息格式，常应用于身份证号、手机号等	13812101234→138****1234
取整	年龄、收入、日期等取整	29→20 16:03:45→16:00:00
替换	通常建立一个替换字典，通过查字典表进行替换。例如，将用户名“张三”替换为 a，“李四”替换为 b，“王五”替换为 c。替换一般会有一个字典表	张三→a 李四→b 王五→c
截断	截断尾部某些必要信息以保证数据的模糊性，但对使用者不够友好	13309091234→1330 059186761234→0591
加密	利用加密算法对数据进行变化，其安全程度取决于采用哪种加密算法	32010124→ 1d84d3b2e79056d5
FPE 加密	保证加密后的密文格式与加密前的明文格式完全相同。例如，11 位数字组成的手机号加密后仍为 11 位数字	13859005678→13405915678

其中，FPE（format-preserving encryption，保留格式加密），也称为保形加密，是一种特殊的加密方式，其输出的密文格式仍然与明文相同。例如，中国移动手机号13859005678 通过 FPE 加密可以实现输出的仍然是移动手机号 13405915678。FPE 加密应用时，需考虑格式及分段约束，这与一般的对称分组加密不同。为了规范 FPE 技术实施，美国 NIST（National Institute of Standards and Technology，国家标准与技术研究院）发布了 FF1 标准算法，可用于保险号、银行卡号、社保卡号等数字标识符的加密与脱敏。

在实际业务中应用数据脱敏技术，除了数据脱敏算法以外，还需要关注数据脱敏方式。根据数据脱敏方式不同，可分为静态数据脱敏（static data masking，SDM）和动态数据脱敏（dynamic data masking，DDM），两者的主要区别如下。

1）**静态数据脱敏：**在数据存储时脱敏，存储的是脱敏数据。静态数据脱敏一般用在非生产环境，如开发、测试、外包和数据分析等环境。

2）**动态数据脱敏：**在数据使用时脱敏，存储的是明文数据。动态数据脱敏一般用在生产环境，可以实现不同用户拥有不同的脱敏策略。

同时，个人信息或其他敏感信息的处理必须满足以下两个要求。

1）**数据保密性：**对于个人信息，称为隐私保密性，即需要保证潜在的攻击者无法逆推出准确的敏感信息，对于一些关键信息无法获取。

2）**数据可用性：**保证被处理后的数据仍然保持某些统计特性或可分辨性，在某些业务场景中是可用的，或者说数据可用不可见。

10.3.2 匿名化

匿名化（anonymization）技术是通过消除或加密将个人与存储数据联系起来的标识符，以保护私人或敏感信息的过程。匿名化后的数据应该不能从中识别出自然人或某个资产等信息，其主要有两个应用方向：个人信息的数据库发布或挖掘。

在学术研究上，匿名化最早由美国学者 Sweeney 提出，并设计了 K 匿名化模型（k-anonymity），即通过对个人信息数据库的匿名化处理，可以使得除隐私属性外，其他属性组合相同的值至少有 K 个记录。

个人信息或其他敏感信息的匿名化处理必须满足两个要求。

1）无法重识别：通俗地讲，就是如何使发布数据库的任意一条记录的隐私属性（疾病记录、薪资等）不能对应到某一个“自然人”。

2）数据可用性（data utility）：尽可能保留数据的使用价值，最小化数据失真程度，满足一些基本或复杂的数据分析与挖掘。

数据匿名化的优点如下：

1）让数据的非敏感部分仍然能被广泛利用。相比直接删除敏感数据，匿名化可以保留相关信息供其他功能应用。例如买家的私人生日信息可以匿名化处理，但是他们的生日总体分布可以保留，供产品开发部门分析不同年龄层消费者对产品的喜爱程度。

2）避免数据滥用和隐私数据泄露。无论多么值得信任的员工，都不能总是保证他们的意图。为了防止内部人员和外部攻击者之间可能的合谋，数据匿名化可以增强信息安全性。

3）强化数据管理和一致性。统一、准确的数据能够支持应用程序和服务的同时，还可以保护大数据分析和隐私。它通过提供受保护的数据用于产生新的市场价值，为数字转型提供助力。

当然，数据匿名化最突出的缺点在于损害数据内涵的丰富程度。

10.3.3 差分隐私

差分隐私通过严格的数学保证数据集中任意个体的变化对最终发布的统计结果几乎没有影响。它要求对只有一个记录不同的两个数据集进行相同的查询，随机算法输出相同结果的概率是相近的。这种隐私定义要求，任何个体是否选择加入或退出数据集对于查询结果都不会有太大的影响。这种定义隐含的思想是向用户解释，用户信息的泄露与他们的数据是否在数据集中基本是无关的，从而推动用户更广泛地分享数据。

差分隐私的主要特点在于其提供的隐私保护程度与攻击者的背景知识是无关的。在技术上，差分隐私本质上是对随机算法的随机程度的度量，因此只要证明了随机算法的随机性，就能保证在对应场景下，使用该随机算法发布数据能提供一定程度上的隐私保护。

大数据时代，隐私保护“诚可贵”，数据挖掘“价更高”。根据实际应用场景，处理和平衡数据可用性和隐私保密性是大数据时代下数据安全的关键性问题之一。然而，其中一些技术在具体的场景落地时，仍然面临着诸多挑战，如数据可用性和隐私保护如何自适应调节，高维、大数据集的效率问题如何优化等。

10.4 数据库的安全审计

安全审计（security audit）是指由专业审计人员根据有关的法律法规、资产所有者的委托和管理当局的授权，对计算机网络环境下的有关活动或行为进行系统的、独立的检查验证，并做出相应评价。安全审计是通过测试公司信息系统对一套确定标准的符合程度来评估其安全性的系统方法。

10.4.1 数据库审计

随着数据库信息价值及可访问性提升，数据库面对来自内部和外部的安全风险大大增加，如违规越权操作、恶意入侵导致机密信息泄露，但事后却无法有效追溯和审计。

为了使 DBMS 达到一定的安全级别，还需要在其他方面提供相应的支持。例如，按照 TCSEC/TDI 标准中安全策略的要求，“审计”功能就是 DBMS 达到 C2 以上安全级别必不可少的一项指标。大部分 DBMS 提供了审计功能，能把用户对数据库的所有操作自动记录下来并放入审计日记（audit log）文件中。DBA 可以利用审计跟踪的信息重现导致数据库现有状况的一系列事件，找出非法存取数据的时间和内容等。

但单纯依赖于数据库日志文件的审计方法存在诸多弊端，如数据库审计功能的开启会影响数据库本身的性能；人工阅读日志信息审计方式很费时间和空间；数据库日志文件本身存在被篡改的风险，难以体现审计信息的有效性和公正性。另外，对于审计数据的挖掘和迅速定位也是任何审计系统必须面对和解决的核心问题之一。

目前有很多安全厂商致力于研发独立的数据库安全审计系统。数据库安全审计系统以安全事件为中心，以全面审计和精确审计为基础，是记录数据库被访问行为的日志系统。它可以监控和审计用户对数据库中的数据库表、视图、序列、包、存储过程、函数、库、索引、同义词、快照、触发器等的创建、修改和删除等操作，分析的内容可以精确到 SQL 操作语句一级。它还可以根据设置的规则，智能判断出违规操作数据库的行为，并对违规行为进行记录、报警。由于数据库安全审计系统是以网络旁路的方式工作于数据库主机所在的网络，因此在不改变数据库系统设置的情况下，可以跟踪记录、定位对数据库的操作，实现数据库的在线监控；在不影响数据库系统自身性能的前提下，实现对数据库的在线监控和保护，及时发现网络上针对数据库的违规操作行为并进行记录、报警，有效弥补现有应用业务系统在数据库安全使用上的不足，为数据库系统的安全运行提供有力保障。

10.4.2 数据安全审计

进入大数据时代，业务数字化进程不断推进，数据在处理、分享过程中容易受到内部和外部的伪造、篡改、重放等攻击。出现安全事件后，因数据分享经常是跨组织、跨安全系统边界进行，数据流动环节复杂，数据安全责任主体多，安全事件审计确权确责难度大，这些都使得攻击行为的追溯变得极为困难。因此，一个完善的数据安全审计方案需要涵盖数据整个生命周期。

1. 数据采集阶段

数据采集阶段是数据采集、分类和分级管理的开始，也是数据生命周期的起点，对数据类别和级别进行标注将对后续数据处理产生重要影响。所以，该阶段的重点工作是通过对数据分类、加密、隔离等操作审计，确保对采集数据进行分类分级和防护的整个过程的可追溯性。

2. 数据传输阶段

数据传输阶段需要对发送方和接收方的设备、接口、通信协议及加密方法等信息进行记录，通过审计数据传输双方的日志信息，可及时发现异常传输的行为及可能引发的敏感数据泄露事件。

3. 数据存储阶段

数据存储阶段需要对数据存储、读取及备份行为进行安全审计。通过分析数据操作主体、时间、操作类型，可及时发现数据访问者的可能异常行为，以确保数据的存储安全。

4. 数据处理阶段

数据处理阶段需要对数据处理过程中各个业务接口的操作记录及对敏感数据脱敏相关操作记录进行安全审计，这样可以及时发现数据处理过程中可能出现的风险，以及机密信息或者个人数据隐私可能泄露的情况。

5. 数据交换阶段

数据交换过程需要对高价值的数据的导入、导出、共享操作进行持续监控，并且要审计和追溯交换数据是否已经脱敏、加密或者有水印保留等。

6. 数据销毁阶段

数据销毁阶段需要对存储介质和数据的访问行为、数据销毁过程进行监控，并且审计信息应该包括数据删除的操作时间、操作人、销毁方法、数据类型、操作结果等相关信息。

10.5 主流数据库的安全机制与实现机理

不同生产商数据库产品的安全机制与实现机理有所不同，这里简要介绍 3 种主流数据库（SQL Server、MySQL 和 Oracle）的安全机制与实现机理。

10.5.1 SQL Server

SQL Server 数据库是微软公司的一款关系型数据库系统。它是一个可扩展、高性能的、为分布式客户机/服务器计算所设计的数据库管理系统，实现了与 Windows NT 的有机结合，提供了基于事务的企业级信息管理系统方案。

SQL Server 数据库安全机制是多层次的，具体可以划分为用户、DBMS、OS、DB 4 个层次。对于用户部分的安全机制采用身份认证方法；DBMS 则是通过访问控制保证资料安全性和审计实时监视及记录用户的行为，任何一个用户意图控制一个对象都必须拥有相应的授权，同时用户的行为也将被监视和记录；在 OS 级的安全控制主要侧重于文件权限保护，系统资源使用限制；在 DB 存储这一级目前大多采用加密技术对数据进行加密，在数据传输时可以对数据协议进行加密，为了防止数据库意外破坏，有备份恢复策略。

10.5.2 MySQL

MySQL 是一个关系型数据库管理系统，由瑞典 MySQL AB 公司开发，属于 Oracle 旗下产品。MySQL 是非常流行的关系型数据库管理系统之一，在 Web 应用方面，MySQL 是非常好的 RDBMS 应用软件之一。

MySQL 所使用的 SQL 是用于访问数据库的最常用标准化语言。MySQL 软件采用了双授权政策，分为社区版和商业版，由于其体积小，速度快，总体拥有成本低，尤其是开放源码这一特点，因此一般中小型和大型网站的开发会选择 MySQL 作为网站数据库。

MySQL 中主要包括两种用户，即 root 用户和普通用户，其中前者为超级管理员，拥有 MySQL 提供的一切权限；而普通用户则只能拥有创建用户时赋予它的权限。

MySQL 的安全性机制主要包括权限机制、用户机制和对用户进行权限管理。

1. 权限机制

在系统数据库 MySQL 下存储的都是权限的表，其中较重要的表是 mysql.user、mysql.db、mysql.host。

（1）系统表 mysql.user

该表有 39 个字段，这些字段大致可以分为 4 类，分别为用户字段、权限字段、安全字段和资源控制字段。

1）用户字段：包含 3 个字段，主要用来判断用户是否能够登录成功。

2）权限字段：user 表中拥有一系列以“_priv”字符串结尾的字段，这些字段决定了用户权限。

3）安全字段：主要包括 4 个字段，包含 ssl 字段的字段主要用来实现加密，包含 x509 的字段主要用来标识用户。

4）资源控制字段：主要包括 4 个字段，主要用来控制资源，所有资源控制字段的默认值为 0，表示没有任何限制。

（2）系统表 mysql.db 和 mysql.host

这两张表中都存储了某个用户对相关数据库的权限，结构大致相同。

2. 用户机制

为了数据库的安全性和完整性，MySQL 提供了一整套用户管理机制。用户管理机制包括登录和退出 MySQL 服务器、创建用户、删除用户、修改用户密码和为用户赋予权限等内容。

3. 权限管理

权限管理是指登录到 MySQL 数据库服务器的用户需要进行权限验证，只有拥有了权限，才能进行该权限相对应的操作。权限管理包括授权、查看权限和收回权限。

10.5.3 Oracle

Oracle（甲骨文）公司是全球最大的信息管理软件及服务供应商，成立于 1977 年，总部位于美国加州 Redwood shore，面向全球开放 Oracle 认证。

Oracle 开发的关系数据库产品因性能卓越而闻名，Oracle 数据库产品为财富排行榜上的前 1000 家公司所采用，许多大型网站也选用了 Oracle 系统。Oracle 是目前比较流行的一种数据库产品。

Oracle 数据库采用一系列的安全控制机制，以保证数据库的安全性。Oracle 数据库在 3 个层次上采取安全控制机制。

1）系统安全性：在系统级别上控制数据库的存取和使用机制，包括有效的用户和口令、判断用户是否被授予权限可以连接数据库、用户创建数据库对象时可以使用的表空间大小、用户的资源限制、是否启动数据库的审计功能、用户可以对系统资源进行哪些操作等。

2）数据安全性：在数据库模式对象级别上控制数据库的存取和使用机制，包括用户可以存取的模式对象及在该对象上可以进行的操作等。用户要对某个模式对象进行操作，必须具有该对象相应的对象权限。

3）网络安全性：Oracle 数据库是网络数据库，因此网络数据库传输的安全性至关重要，主要包括登录助手、目录管理、标签安全性等。Oracle 通过分发 Wallet、数字证书、SSL（secure sockets layer，安全套接层）和数据密钥等方法来确保网络数据传输的安全性。

10.6 习　　题

1. 什么是加密？加密的作用是什么？
2. 什么是对称加密和非对称加密？二者的优缺点是什么？
3. 有哪些隐私保护技术？试举例说明。
4. 什么是数据脱敏？
5. 什么是数据匿名化？
6. 简述数据安全审计的内容。
7. 试举例说明一些主流数据库的安全机制。

第 11 章　数据库攻击与防范

本章要点

- 数据库攻击
- SQL 注入攻击与防范

数据库是 IT 核心部件，由于其存储着最为核心的数字资产，因此常常成为攻击者的目标。本章首先介绍几种常见的数据库攻击；然后重点介绍 SQL 注入攻击原理和方法，以及如何防范。

11.1　数据库攻击

因为数据库中存储着大量有价值的信息，所以其常成为攻击者的攻击目标。常见的攻击方法有多种，如口令入侵、特权提升、漏洞入侵、SQL 注入、窃取备份等。

1. 密码攻击

密码攻击可以通过多种不同方法实现，包括蛮力攻击、特洛伊木马程序、IP 欺骗和报文嗅探。尽管 IP 欺骗和报文嗅探可以捕获用户账号和密码，但密码攻击通常指的反复地试探、验证用户账号或密码。这种反复试探称为蛮力攻击。通常蛮力攻击使用运行于网络上的程序来执行，并企图注册到共享资源中，如服务器。当攻击者成功地获得了资源的访问权后，他就拥有和那些账户被破解的用户具有相同的权限。如果这些账户有足够多的特权，则攻击者可以为将来的访问创建一个后门，这样就不用担心被危及用户账号的任何身份和密码的改变。

2. 合法数据库用户执行违规操作

由于数据库自身的访问控制权限粒度很粗，仅仅对增、删、改、查及数据定义等粒度很大的操作进行控制，这就使得合法的数据库用户登录到数据库后进行非法的操作。典型的操作如进行拖库、统计查询等。

3. 合法 Web 用户执行违规操作

合法的 Web 用户登录到系统后，执行系统允许的操作。但是，这样的操作是违反现实的法律和法规的，如为了某些利益非法修改或者新增了记录等，这最终体现在对数据库的非法操作上。

4. 特权提升

特权提升通常与管理员错误的配置有关，如一个用户被误授予超过其实际需要的访问权限。另外，拥有一定访问权限的用户可以轻松地从一个应用程序跳转到数据库，即使他并没有该数据库的相关访问权限。黑客只需要得到少量特权的用户口令，就可以进入数据库系统，并访问读取数据库内的任何表，包括信用卡信息、个人信息。

5. 缓冲区溢出攻击

缓冲区溢出漏洞是一种软件中边界条件、函数指针等设计不当所造成的地址空间错误。原理如下：向一个有限空间的缓冲区中复制了过长的字符串，带来了两种后果，一是过长的字符串覆盖了相邻的存储单元而造成程序瘫痪，甚至造成宕机、系统或进程重启等；二是利用漏洞可以让攻击者运行恶意代码，执行任意指令，甚至获得超级权限等。

通常缓冲区溢出攻击都是一次完成攻击代码植入和程序转向攻击代码两种功能。例如，攻击者通常先将目标定为具有溢出漏洞的自动变量，并向程序传递超长的字符串，进而引发缓冲区溢出；然后这段精巧设计的攻击代码以一定的权限运行漏洞程序，进而获得目标主机的控制权。这种攻击手段之所以屡次得逞，主要是利用了 C 语言程序中数组边界条件、函数指针等设计不当的漏洞，大多数 Windows、Linux、UNIX、数据库系列的开发依赖于 C 语言，而 C 语言的缺点是缺乏类型安全，所以缓冲区溢出攻击成为操作系统、数据库等大型应用程序较普遍的漏洞攻击之一。

6. 系统存储过程滥用

数据库系统内置了很多系统调用函数，可以执行系统的操作。攻击者可以利用这类系统存储过程进行操作系统级的攻击操作，当然也包括对数据库的操作。

7. 存储介质盗窃

攻击者通过各种手段获取存储数据库的介质或者文件，进而进行分析，即可得到所有的数据。获取介质的手段包括技术入侵、人员潜入、买通内部人员等。

8. 冷备份文件丢失

冷备份文件保存了数据库某个特定时期的数据。获取备份文件后，就可以很容易地获得所有的数据。因为对冷备份文件的安全管理通常比较疏忽，所以这种攻击较容易得手。目前已经报告过多起针对冷备份文件的抢劫和偷盗事件。

9. 隐通道攻击

隐通道是数据库厂商设计的后门，利用未公开的通道传输信息。这类隐通道很难被发现。例如，利用 CPU 的利用率、内存利用率等信息表示不同的数值，以达到攻击的目的。

10. 统计分析攻击

统计分析攻击是一种较为高级的攻击方式，攻击者构造查询，利用统计信息间接获取到不能直接查询到的信息。现举一个简单的例子：攻击者想要得到用户张三的工资，而没有权限查询，但是他可以查询到李四和王五的工资。另外他已经知道张三的工资在李四和王五的工资排序情况，因此他就可以推断出张三的工资情况。当然，攻击者可以利用这种攻击实现更复杂的攻击。

11. SQL 注入攻击

SQL 注入攻击是攻击者对数据库进行攻击的常用手段之一。SQL 注入是从正常的 WWW 端口访问，而且表面看起来与一般的 Web 页面访问没有区别，所以市面的防火墙都不会对 SQL 注入发出警报，如果管理员没有查看日志的习惯，可能被入侵很长时间都不会发觉。但是，SQL 注入的手法相当灵活，在注入时会遇到很多意外的情况，需要构造巧妙的 SQL 语句，从而成功获取想要的数据。

作为管理员或安全人员，必须采取有效措施加以防范，如针对 DBMS 本身的漏洞攻击就应该及时安装补丁；针对应用程序漏洞的攻击就需要管理员和程序员及时分析攻击者的攻击方式，制定准确的防范策略，修改应用程序，使得其被攻击的漏洞不再出现；而数据库用户密码则需要管理员花费心思进行复杂的设置，从而尽可能地防止被攻击者获取。另外，安装一个入侵检测系统或者干脆自动或手动监控日志，也可以检测出大多数的攻击。

11.2 SQL 注入攻击

本节主要介绍针对应用程序漏洞的攻击中最典型的攻击手段——SQL 注入攻击。

11.2.1 SQL 注入攻击的概念

SQL 注入是指攻击者通过把 SQL 命令插入 Web 表单并提交，或者通过输入域名或页面请求的查询字符串，达到欺骗服务器执行恶意 SQL 命令的目的。除了 URL 提交，攻击者还可能通过抓包的方法在文件头等地方进行 SQL 注入。

简单地说，SQL 注入就是一种通过操作输入（可以是表单、GET 请求、POST 请求等）插入或修改后台的 SQL 语句执行代码，从而进行攻击的技术。攻击者使用 SQL 注入能够访问 SQL 服务器、在用户特权下执行 SQL 代码、连接数据库、显示或隐藏查询结果等。

产生 SQL 注入攻击的主要原因是：由于程序员的水平及经验参差不齐，相当大一部分程序员在编写代码时，没有对用户输入数据的合法性进行严格的判断和过滤，使应用程序存在安全隐患。轻微的 SQL 注入攻击会导致数据库中的内容被攻击者获取，严重的 SQL 注入攻击会导致服务器权限被非法获取，甚至导致内网或同网段渗透。

11.2.2 SQL 注入原理

随着网络化、数字化不断地推进和深入，以及电子商务、电子政务等广泛应用，人们更加离不开各种形式的 Web 应用。Web 应用不管是用何种语言编写的，其有一点是相同的：它们都具有交互性并且多半是数据库驱动的。数据库驱动的 Web 应用通常包含 3 层：表示层（Web 浏览器或呈现引擎）、逻辑层（如 ASP、C#、.NET、PHP、Java、JSP 等编程语言）和存储层（如 Microsoft SQL Server、MySQL、Oracle 等数据库）。Web 浏览器（表示层，如 Internet Explorer、Safari、Firefox、Google Chrome 等）向中间层（逻辑层）发送请求，中间层通过查询、更新数据库（存储层）来响应该请求，如图 11.1 所示。

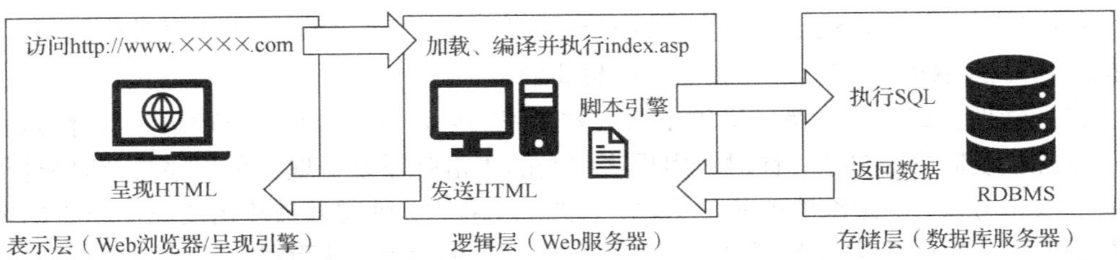

图 11.1 Web 应用的工作过程

在图 11.1 中，用户打开 Web 浏览器并访问 http://www.××××.com。Web 服务器收到请求后从文件系统中加载脚本并将其传递给脚本引擎，脚本引擎负责解析并执行脚本。脚本使用数据库连接程序连接到数据库服务器，并对数据库执行 SQL 语句。数据库服务器将数据返回给数据库连接程序，连接程序将其传递给逻辑层的脚本引擎。Web 服务器根据相关的应用或业务逻辑规则，将 Web 页面以 HTML（hyper text markup language，超文本标记语言）格式返回给表示层的用户的 Web 浏览器。所有操作都将在数秒内完成，并且对用户是透明的。

在整个 Web 应用的工作过程中，最核心是执行 SQL 命令。SQL 是访问 Microsoft SQL Server、Oracle、MySQL、Sybase 和 Informix（以及其他）数据库服务器的标准语言。每种编程语言也提供了很多不同的方法来构造和执行 SQL 语句，开发人员通常综合应用这些方法来实现不同的目标。很多教程和网上资源提供了代码示例来帮助应用程序开发人员解决常见的编码问题，但这些示例讲述的内容通常是一些不安全的编码实践，而且示例代码也容易受到攻击。如果应用程序开发人员未彻底理解与之交互的基础数据库，或者未完全理解并意识到所开发代码潜在的安全问题，那么他们编写的应用通常是不安全的，易受到 SQL 注入攻击。

SQL 注入是一种将 SQL 代码插入或添加到应用（用户）的输入参数中的攻击，之后将这些参数传递给后台的 SQL 服务器加以解析并执行。由于 SQL 语句本身的多样性，以及可用于构造 SQL 语句的编码方法很多，因此凡是构造 SQL 语句的步骤均存在被潜在攻击的风险。SQL 注入的主要方式是直接将代码插入参数中，这些参数会被置入 SQL 命令中加以执行；间接的攻击方式是将恶意代码插入字符串中，之后将这些字符串保存到数据库的数据表中或将其当作元数据。当将存储的字符串置入动态 SQL 命令中时，恶意代码就将被执行。如果 Web 应用未对动态构造的 SQL 语句使用的参数进行正确性审查（即便使用了参数化技术），攻击者就很可能会修改后台 SQL 语句的构造。如果攻击者能够修改 SQL 语句，那么该语句将与应用的用户拥有相同的运行权限。当使用 SQL 服务器执行与操作系统交互的命令时，该进程将与执行命令的组件（如数据库服务器、应用服务器或 Web 服务器）拥有相同的权限，这种权限通常级别很高。

11.2.3 动态构造 SQL 语句

构造动态字符串是一种编程技术，它允许开发人员根据不同的条件在运行过程中动态构造 SQL 语句，产生不同的 SQL 语句。当开发人员在运行过程中需要根据不同的查询标准来决定提取什么字段（如 SELECT 语句），或者根据不同的条件来选择不同的查询表时，动态构造 SQL 语句会非常有用。

下列代码展示了某些开发人员如何根据用户输入来动态构造 SQL 字符串语句。该语句从数据库的表中选择数据。如果 field 字段中出现了用户输入的值，该查询将返回这些满足条件的记录。

```
//在 PHP 中动态构造 SQL 语句的字符串
$query = "SELECT * FROM table WHERE field = '".$_GET["input"]."'";
//在.NET 中动态构造 SQL 语句的字符串
query = "SELECT * FROM table WHERE field ='"
        + request.getParameter("input") + "'";
```

下面是使用上述代码构造的 SQL 语句：

```
SELECT * FROM TABLE WHERE FIELD = 'input'
```

以上构造动态 SQL 语句的问题是：如果在将输入传递给动态创建的语句之前未对代码进行验证或编码，那么攻击者会将 SQL 语句作为输入提供给应用并将 SQL 语句传递给数据库加以执行。

11.2.4 SQL 注入攻击实例

下面以某些 ASP 网站为例，进行 SQL 注入攻击的实验。

1. 攻击带有动态参数的页面

对于带有动态参数的页面，攻击者都可以尝试进行 SQL 注入攻击。例如，简单实现查询校内新闻的页面，有这样一条 SQL 语句：

```
string SQLstr="SELECT * FROM news WHERE ID="+Request.QueryString["id"];
```

正常进入此页面时，假如带有动态参数的网页地址 URL 为

```
http://localhost:808/news3.aspx?id=2
```

那么后台生成的 SQL 语句为

```
SELECT * FROM news WHERE ID = 2
```

因为该 SQL 语句没有任何问题，所以会正常运行，数据也会正常显示。

对于攻击者，可以从这里开始测试是否为 SQL 注入点，即在 URL 后加入其他信息，通过网页的运行结果，判断其是否为注入点。

第一步，可以在网页地址栏输入：

```
http://localhost:808/news3.aspx?id = 2 and 1 = 1
```

那么后台生成的 SQL 语句为

```
SELECT * FROM news WHERE ID = 2 and 1 = 1
```

很显然，该 SQL 语句也没有任何问题，所以页面会正常运行，数据正常显示。

第二步，继续在网页地址栏输入：

```
http://localhost:808/news3.aspx?id= 2 and 1=2
```

那么后台生成的 SQL 语句为

```
SELECT * FROM news WHERE ID = 2 and 1= 2
```

该 SQL 语句在语法上没有任何问题，但查询条件不成立，所以页面会显示数据不存在或抛出异常，有的开发人员设计的页面会显示运行结果为空白。

根据两次测试的结果，可以断定在 URL 后是可以加入其他信息的，所以这里就是 SQL 注入点；而如果两次测试的运行结果相同，都出现程序定义的错误提示或提示类型转换时出错等非正常运行结果，那么这里就不是 SQL 注入点。

发现 SQL 注入点后，攻击者可以通过某个 SQL 注入工具来获取数据库中的数据、上传木马等。

如果应用程序具有数据库管理员的权限，那么攻击者也可以直接在 URL 后加入对数据库表中数据具有破坏性的语句。例如，如果在网页地址栏输入：

```
http://localhost:808/news3.aspx?id= 2 ; drop table news
```

就会将新闻表 news 从数据库中删除。

2. 登录时绕过用户认证

通常每个信息管理系统都有一个用户登录界面，用以判断用户的身份。例如，教学管理系统的登录页面后台有这样一段代码：

```
string userName = TextBox1.Text.Trim( );          /*用户名*/
string userPwd = TextBox2.Text.Trim( );           /*密码*/
```

```
string userRole = RadioButtonList1.SelectedValue;
                                      /*角色：教师、学生或管理员*/
string SQLStr = "";
switch(userRole)
{
    case "0":                         /*用户角色为教师*/
         SQLStr = "SELECT * FROM Teacher WHERE 教师号='" + userName +
                  "' and 密码 = '"+ userPwd + "'";
         break;
    case "1":                         /*用户角色为学生*/
        SQLStr = "SELECT * FROM Student WHERE 学号='" + userName +
                 "' and 密码 = '" + userPwd + "'";
        break;
    case "2":                         /*用户角色为管理员*/
        SQLStr = "SELECT * FROM Manager WHERE 管理员账号='" +
               username+"' and 密码 = '" + userPwd + "'";
        break;
}
```

现在以管理员身份正常登录，在用户名框中输入 admin，在密码框中输入 123456，则后台生成的 SQL 语句为

```
SELECT * FROM Manager WHERE 管理员账号 = 'admin' and 密码 = '123456'
```

则用户验证通过，登录成功。

如果攻击者进入登录界面，知道正确的用户名但不知道密码，可以这样输入，即在用户名框中输入“admin'- -”，在密码框中输入 111111，那么后台生成的 SQL 语句为

```
SELECT * FROM Manager WHERE 管理员账号 = 'admin'--' and 密码 = '111111'
```

从该生成的 SQL 语句中可以看出，语句后半部分（“--”之后）的查询条件被注释了，所以只需通过用户名就可以成功登录。

11.2.5 常见的 SQL 注入工具

下面介绍几种常见的 SQL 注入工具。读者可以大致了解每种工具的特点，并上网下载相应的工具，进行实战演练。

1. SQLMap

SQLMap 是一个开源渗透测试工具，它可以自动检测和利用 SQL 注入漏洞并接管数据库服务器。SQLMap 具有强大的检测引擎，同时有众多功能，包括数据库指纹识别、从数据库中获取数据、访问底层文件系统及通过带外连接在操作系统上执行命令。

2. Pangolin

Pangolin（中文译名为“穿山甲”）是一款帮助渗透测试人员进行 SQL 注入（SQL

Injection）测试的安全工具。Pangolin 与 JSky（Web 应用安全漏洞扫描器、Web 应用安全评估工具）都是 NOSEC 公司的产品。Pangolin 具备友好的图形界面及支持测试绝大多数数据库（Access、MSSQL、MySQL、Oracle、Informix、DB2、Sybase、PostgreSQL、Sqlite）。Pangolin 能够通过一系列非常简单的操作，达到最大化的攻击测试效果，它从检测注入开始到最后控制目标系统都给出了测试步骤。Pangolin 是目前国内使用较为广泛的 SQL 注入测试的安全软件。

3. BSQL Hacker

BSQL Hacker 是由 Portcullis 实验室开发的，是一款 SQL 自动注入工具（支持 SQL 盲注），其设计的目的是希望能对任何数据库进行 SQL 溢出注入测试。BSQL Hacker 的适用群体是那些对注入有经验的使用者和那些想进行自动 SQL 注入的人群。BSQL Hacker 可自动对 Oracle 和 MySQL 数据库进行攻击，并自动提取数据库的数据和架构。

4. Havij

Havij 是一款自动化的 SQL 注入工具，能够帮助渗透测试人员发现和利用 Web 应用程序的 SQL 注入漏洞。Havij 不仅能够自动挖掘可利用的 SQL 查询语句，还能够识别后台数据库类型、检索数据的用户名和密码 Hash、转储表和列、从数据库中提取数据，甚至访问底层文件系统和执行系统命令，当然前提是有一个可利用的 SQL 注入漏洞。Havij 支持广泛的数据库系统，如 MSSQL、MySQL、Access 和 Oracle。Havij 支持参数配置以躲避 IDS（intrusion detection system，入侵检测系统），支持代理，后台登录地址扫描。

5. Safe3 SQL Injector

Safe3 SQL Injector 也是一款 SQL 注入工具。与 Pangolin 类似，Safe3 SQL Injector 是较强大也是较容易使用的渗透测试工具之一，它可以自动检测与利用 SQL 注入漏洞并接管数据库服务器。

6. 超级 SQL 注入工具

超级 SQL 注入工具是一款基于 HTTP 自组包的 SQL 注入工具，支持出现在 HTTP 任意位置的 SQL 注入，支持各种类型的 SQL 注入，支持 HTTPS 模式注入。超级 SQL 注入工具目前支持 bool 型盲注、错误显示注入及 union 注入，支持 Access、MySQL、MSSQL 及 Oracle 等数据库的注入，适合在渗透测试实战时使用。

7. The Mole

The Mole 是一款开源的自动化 SQL 注入工具，只需提供一个 URL 和一个可用的关键字就能检测注入点并进行利用。The Mole 可以使用 union 注入技术和基于逻辑查询的注入技术。

11.3 SQL 注入攻击的防范

对于 SQL 注入攻击，可以使用相应的方法进行防范，不管是易受 SQL 注入攻击的应用程序的开发人员，还是需要向客户提供建议的安全专家，都可以通过在代码层进行一些合理的操作来降低或消除 SQL 注入的威胁。

11.3.1 领域驱动的安全

领域驱动的安全（domain driven security，DDS）是一种开发方法，其目标是帮助开发人员进行推理并缓解任何类型的注入攻击的威胁，包括 SQL 注入和跨站脚本攻击。

以这种方法设计的代码可以避免典型的注入问题。如果我们查看容易遭受 SQL 注入攻击的代码，就可以找到一些接受非常广泛的数据输入方法。例如，典型的登录函数的代码很可能如下所示：

```
public boolean isValidPassword(String username,String password)
{
    String sql = "SELECT * FROM user WHERE username = '" + username +
    "' AND password = '" + password +"'";
    Result result = query(sql);
    ...
}
```

上面的函数支持以任何字符串作为用户名和密码，存在被注入的安全问题。虽然实际上并非如此，绝大多数应用程序对用户名和密码中的允许使用的字符类型和长度有限制，并进行输入检验以阻止无效的用户名或密码，但是随着应用程序的演化和新代码的添加，新的函数可能会无意中绕过输入检验，直接访问没有防护的方法（或函数）。

在 DDD（domain driven design，领域驱动设计）中，在团队内如何相互交流这一问题上，域模型（model of the domain）扮演着一个关键的角色。通过不同利益相关者使用的术语及应用程序所支持的业务，在我们的领域模型中重用这些术语，可以在团队内构建一种通用的、普遍的交流语言。领域模型中的某些概念是显式（explicit）构建的，并最终成为类（class）；其他概念则是隐式的（implicit），仅能在变量或方法的命名中找到。

在上面的示例代码中，用户名和密码都是隐含概念（implicit concept），领域驱动设计告诉我们，无论何时，只要一个隐含概念导致了问题，就应该使之成为一个显式概念（explicit concept）。在 DDS 中应该为每一个这样的概念引入一个类，并在任何需要使用这些概念的地方使用这些类。

例如，可以创建 Username 类，对原始的字符串进行封装，并在该对象的构造函数中进行输入合规检验；同时，把用户名（username）这个概念作为一个显式的概念，作为 Username 类的一个值对象。

这样设计的好处在于以下两方面。一方面，只要使用了 Username 对象，根据输入检验规则，该对象无论在代码的任何位置都是有效的，即在代码中不可能创建一个包含无效用户名的 Userame 对象。另一方面，简化了在代码的其他位置查找输入检验代码的步骤，对于开发人员，只需简单地输入 Username，IDE 将显示出一个可能方法的列表，其中就包含 Usemame 类。对于任何类似的概念，都可以采用这种办法进行处理，并将获得与之类似的好处。

11.3.2 使用参数化语句

前面介绍过，引发 SQL 注入根本的原因之一是将 SQL 查询创建成字符串，并发给数据库执行。这一做法（通常称为动态字符串构造或动态 SQL）是造成应用程序容易受到 SQL 注入攻击的主要原因之一。

作为一种更加安全的动态字符串构造方法，大多数现代编程语言和数据库访问 API 可以使用占位符或绑定变量来向 SQL 查询提供参数（而非直接对用户输入进行操作），通常称之为参数化语句。它可以避免或解决很多在应用中经常见到的 SQL 注入问题，并可以在大多数常见的情形中使用参数化语句来替换现有的动态查询。参数化语句还拥有相对现代数据库而言效率很高的优势，因为数据库可以根据提供的预备语句来优化查询，从而提高后续查询的性能。

值得注意的是，参数化语句是一种向数据库提供潜在的非安全参数的方法，通常作为查询或存储过程调用。虽然它们不会修改传递给数据库的内容，但如果正在调用的数据库功能在存储过程或函数的实现中使用了动态 SQL，那么仍然可能出现 SQL 注入。SQL Server 和 Oracle 长期受该问题的困扰，因为它们之前附带安装了很多内置的易受 SQL 注入攻击的存储过程。对于在实现中使用了动态 SQL 的数据库存储过程或函数来说，应该意识到这是一个隐患。还有一个问题要考虑到：此时已经存储在数据库中的恶意内容之后可能会在应用程序的其他位置被使用，这将导致应用程序在那时受到 SQL 注入攻击，即二阶 SQL 注入攻击。

11.3.3 输入验证

输入验证是指测试应用程序接收到的输入，以保证其符合应用程序中标准定义的过程。它可以简单到将参数限制成某种类型，也可以复杂到使用正则表达式或业务逻辑来验证输入。有两种不同类型的输入验证方法，即白名单验证（有时称为包含验证或正验证）和黑名单验证（有时称为排除验证或负验证）。

1. 白名单验证

白名单验证是只接收已记录在案的良好输入的操作，其在接收输入并做进一步处理之前验证输入是否是已知值，或是否符合所期望的类型、长度或大小、数字范围或其他格式标准。例如，要验证输入值是一个信用卡卡号，则可以包括验证输入值只包含数字、总长度为 16 并且准确通过了 Luhn 公式（一种根据卡号计算数字有效性的公式）的业务逻辑校验。

2. 黑名单验证

黑名单验证是只拒绝已记录在案的不良输入的操作，其通过浏览输入的内容来查找是否存在已知的不良字符、字符串或模式。如果输入中包含这些众所周知的恶意内容（如注释符号“--”、单引号“'”、and、or 等敏感字符），黑名单验证通常会拒绝它。一般来说，这种方法的功能比白名单验证要弱一些，因为潜在的不良字符列表非常大，这可能会导致不良内容列表很大，检索起来比较慢且不完全，而且很难及时更新这些列表。

实现黑名单验证的常用方法也是使用正则表达式，附加一个禁止使用的字符或字符串列表。一般来说，不应该孤立地使用黑名单，而应该尽可能地使用白名单。不过，对于无法使用白名单的情况，仍然可以使用黑名单来提供有用的局部控制手段。但对于这种情况，建议在使用黑名单的同时结合使用输出编码以保证对传递到其他位置（如传递给数据库）的输入进行附加检查，从而保证能正确地处理该输入以防止 SQL 注入。

11.3.4 编码输出

除了验证应用程序收到的输入以外，通常还需要对在应用程序的不同模块或部分间传递的内容进行编码。在 SQL 注入语境中，将发送给数据库的内容进行编码或“引用”是必需的操作，这样可以保证内容被正确地处理。但这并不是唯一需要进行编码的情形。

通常会被忽视的情况是对来自数据库的信息进行编码，尤其是当正在使用的数据未经过严格验证或审查，或者来自第三方数据源时。虽然严格来说，这种情况与 SQL 注入无关，但还是建议考虑采用与前面类似的编码方法来防止出现其他安全问题（如 XSS）。

编码发送给数据库的内容即便使用了白名单输入验证，有时发送给数据库的内容也仍然是不安全的，尤其是当在动态 SQL 中使用了该内容时。例如，像 I'm a student 这样的内容是有效的，应该允许在白名单输入验证中使用。但如果使用该输入动态产生一个 SQL 查询，该内容就会引发严重的问题。在 SQL Server 中，使用单引号作为字符串字面值的结束符，因而有必要对包含在字符串（动态 SQL 中将包含该字符串）中的单引号通过使用两个单引号替换单个单引号来实现编码目的。这样一来，单引号会被当作字符串的一部分，而不是字符串结束符，从而有效阻止恶意用户在特定的查询中利用 SOL 注入。

11.3.5 规范化方法

处理不常见的输入时应该考虑哪些方法呢？通常最容易实现的一种方法是拒绝所有不符合规范格式的输入。例如，可以拒绝应用程序接收的所有 HTML 编码和 URL 编码的输入。如果不希望出现经过编码的输入，那么这是较可靠的方法之一。进行白名单输入验证时通常会默认采用该方法，因为在验证已知的良好输入时不会接收不常见的字符格式。这种方法至少不会接收用于编码数据的字符（如%、&和#等），因而不允许输入这些字符。

如果无法拒绝包含编码格式的输入，就需要寻找解码方法或者使用其他方法来保证接收到的数据的安全。这可能包含几个会潜在重复多次的解码步骤，如 URL 解码和 HTML 解码。但是，这种方法容易出错，因为需要在每个编码步骤之后执行检查以确定输入中是否仍然包含经过编码的数据。比较可行的方法是只将输入解码一次，接下来如果数据中仍然包含经过编码的字符，就拒绝。该方法假设真正的输入不会包含双编码值。大多数情况下，这是一种有效的假设。

11.3.6 通过设计来避免 SQL 注入的危险

在设计层面上，这些技术对新的开发更有益，因为要想对现有的应用程序进行重大的架构重组以便集成不同的设计技术，需要花费大量功夫。

本节介绍的设计技术均可独立实现。若为了达到最好效果，建议在实现这些技术的同时结合使用前面概述的技术。如果使用得当，它们将能真正地提供对 SQL 注入漏洞的深层防御。

1. 使用存储过程

存储过程是保存在数据库中的程序。根据不同的数据库，可以使用很多不同语言及其变体[如 SQL(用于 Oracle 的 PL/SQL、用于 SQL Server 的 Transact-SQL、用于 MySQL 的 SQL：2003 标准)、Java（Oracle）或其他语言］来编写存储过程。

存储过程非常有助于防止或减轻潜在 SQL 注入漏洞的严重影响，因为在大多数数据库中，使用存储过程时可以在数据库层配置访问控制。这意味着如果发现了可利用的 SQL 注入问题，就可通过正确配置许可权限来保证攻击者无法访问数据库中的敏感信息。之所以会出现这种情况，是因为动态 SQL（源于其动态特性）要求的权限许可比应用程序严格需要的权限更大。由于动态 SQL 是在应用程序中（或者数据库中的其他位置）组装的，之后被发送给数据库执行，因此数据库中所有需要被应用程序读取、写入或更新的数据均需要能够被用于访问数据库的数据库用户账户访问到。因此，如果出现 SQL 注入问题，攻击者就可以潜在地访问数据库中所有能够被应用程序访问的信息，因为攻击者拥有应用程序的数据库许可权限。

可以使用存储过程来改变这种状况。通过创建存储过程以执行应用程序需要的所有数据库访问，同时分配用户账户对应用程序拥有存储过程的 EXECUTE 权限，没有对应用程序的数据执行 SELECT、INSERT 或 UPDATE 操作的权限。这样有助于减轻 SQL 注入问题的影响，因为它会限制攻击者只能调用存储过程，从而限制攻击者能够访问或修改的数据。在很多情况下，这么做可以防止攻击者访问数据库的敏感信息。

另外，对于 11.2.4 小节介绍的对带有动态参数的页面的攻击，可以利用存储过程进行防范。例如，查询校内新闻的页面，可以将其中的查询语句编写成一个存储过程，而在应用程序中通过参数传递来执行存储过程。

创建存储过程的代码如下：

```
CREATE PROCEDURE [dbo].querynews
    @id int
AS
    SELECT * FROM news WHERE ID=@id
```

应用程序中的 SQL 语句如下：

```
string SQLStr = "exec querynews" + Request.QueryString["id"];
```

正常进入此页面时，假如带有动态参数的网页地址 URL 为

```
http://localhost:808/news3.aspx?id=2
```

那么后台生成的 SQL 语句为

```
exec querynews 2
```

那么此页面会正常运行。

攻击者判断其是否为注入点时，同样可以在网页地址栏输入：

```
http://localhost:808/news3.aspx?id=2 and 1=1
```

那么后台生成的 SQL 语句为

```
exec querynews 2 and 1 =1
```

然后在网页地址栏输入：

```
http://localhost:808/news3.aspx?id=2 and 1 =2
```

那么后台生成的 SQL 语句为

```
exec querynews 2 and 1= 2
```

两次测试的运行结果相同，都出现错误提示，所以无法进行 SQL 注入攻击。

2. 使用抽象层

设计商业应用时，常见的做法是使用一些框架（如 Hibernate、ActiveRecord、Entity Framework 等）为表示、业务逻辑和数据访问定义不同的层，从而将每一层的实现从总体设计中抽象出来，有助于加强数据的安全访问行为。假设应用程序除了以数据访问层方式访问数据库之外没有其他访问方式，而且之后没有使用数据库层的动态 SQL 提供的信息，那么基本不可能出现 SQL 注入。更强有力的做法是将这种访问数据库的方法与使用存储过程结合起来，这样可以进一步减小 SQL 注入的风险。

3. 处理敏感数据

攻击者的目标之一是获取对数据库所存储数据的访问权，这些数据通常包含某种形

式的价值。攻击者感兴趣的信息包括用户名和口令、个人信息、个人银行卡或信用卡明细等信息。因为这个原因，我们有必要对敏感信息进行附加控制，如口令、银行账号等敏感信息不能以明码存储，要以规范的加密方式转换后存储。

4. 避免明显的对象名

出于安全方面的原因，在为关键对象（如加密函数、口令列和信用卡列）选取名称时应该格外小心。多数应用程序开发人员会使用意思非常明显的列名，如使用 password、passw 或 pwd 这样的词汇来表示口令列。另外，大多数攻击者也会意识到这种命名方法，从而能够在恰当的数据库视图中搜索他们感兴趣的列名（如 username、password），从表中选出那些包含用户名、口令或其他敏感信息的数据。

为使攻击变得困难，使用不明显的表名和列名来保存口令信息是一个不错的选择。虽然这无法阻止攻击者寻找并访问数据，但却可以确保攻击者无法很快识别到这种信息。

5. 创建 honeypot

如果希望在有人尝试从数据库读取口令时收到警告，可以创建一种带 password 列（包含假数据）的附加 honeypot（蜜罐）表。如果假数据被选中，那么应用管理员将会收到一个提醒信息，这样就可以及时监测被攻击的可能。

11.4 习　题

1. 简述数据库可能受到哪些攻击。
2. 什么是 SQL 注入攻击？
3. 简述 SQL 注入的基本原理。
4. 什么是动态构造 SQL 语句？
5. 简述如何防范 SQL 注入的风险。

第3部分

数据库系统开发

第 12 章　数据库编程

本章要点

- 编程基础
- 函数
- 存储过程
- 触发器

SQL 是标准的数据库语言，可以在绝大多数的关系数据库上使用。但 SQL 只能按照先后顺序逐条执行，它没有控制语句。Transact-SQL（简称 T-SQL）是 Microsoft 对 SQL 进行扩展而形成的一种数据库语言。T-SQL 的主要贡献是 SQL Server 在 SQL 的基础上添加了控制语句，是标准 SQL 的超集。

本章首先介绍 T-SQL 语言编程用到的基础知识，如标识符、变量、运算符、表达式、批处理、注释等内容；然后介绍 T-SQL 中的流程控制语句；最后介绍函数、存储过程和触发器的使用。

12.1　T-SQL 编程基础

这里主要介绍 T-SQL 语言编程过程中用到的语言要素，以及结构化程序设计的语法规则和控制语句。

12.1.1　T-SQL 元素

1. 标识符

标识符是用来标识事务的符号，其作用类似于给事物取的名字，如数据库、表、视图、变量、函数、存储过程、触发器的名称。标识符有两种类型：常规标识符和分隔标识符。

（1）常规标识符

常规标识符要符合标识符的格式规则，在 T-SQL 语句中使用时不需要将其分隔开。这些规则就是标识符必须是以汉字、英文字母、下划线_、@或#开头，后面可以是汉字、字母、数字、下划线、$、@和#等字符。标识符一般不能与 SQL Server 的关键字重复，也不应以@@开头（因为系统全局变量的标识符是以@@开头的），不允许嵌入空格或其他特殊字符等。

（2）分隔标识符

分隔标识符是指包含在两个单引号（''）或者方括号（[ ]）内的字符串，即在 T-SQL 语句中必须对所有不符合标识符规则的标识符进行分隔。

2. 数据类型

与其他编程语言一样，T-SQL 也有自己的数据类型。数据类型在定义数据对象（如列、变量和参数等）时是必需的。自 SQL Server 2008 版本开始就新增了 XML 数据类型，用于保存 XML 数据。T-SQL 的其他数据类型与 SQL 的数据类型相同，已经在第 3 章中进行了说明。

3. 表达式

表达式是由常量、变量、函数等运算对象通过运算符连接而成的具有计算功能的合法字符串。有的表达式不一定含有运算符。实际上，单个常量、变量等都可以视为一个表达式，它们往往没有运算符。

4. 函数

SQL Server 内置了大量的函数，如数学函数、字符串函数、时间函数、统计函数、游标函数等，便于程序员使用。

5. 注释

T-SQL 中有两种注释：一种是单行注释，用符号“--”（连续的两个减号）标记注释内容的开始，一直到其所在行末尾；另一种是多行注释，用“/*…*/”标注开始和结束，两个“*”之间的字符串为注释内容。

6. 关键字

关键字也称为保留字，是 SQL Server 预留作为专门用途的一类标识符。例如，CREATE、SELECT、INSERT、ADD、EXCEPT、PERCENT 等都是保留关键字。用户定义的标识符不能与保留关键字重复。

7. 语句块

语句块是程序中一个相对独立的执行单元，是由 BEGIN…END 括起来的代码段。其中，BEGIN 用于标识语句块的开始，END 用于标识语句块的结束。语句块可以嵌套定义。

8. 批处理

批处理是包含一个或多个 T-SQL 语句的组，从应用程序一次性地发送到 SQL Server

进行执行。SQL Server 将批处理的语句编译为一个可执行单元，称为执行计划。执行计划中的语句每次执行一条。

T-SQL 程序内两个 GO 之间的代码称为一个“批”。SQL Server 对 T-SQL 程序的编译和执行是以“批”为单位进行的。

12.1.2　常量

常量也称为文字值或标量值，是表示一个特定数据值的符号，是在程序运行过程中保持不变的量。常量的格式取决于其所表示的数据值的数据类型。按照数据值类型的不同，常量可以分为字符串常量、整型常量等，下面分别详细说明各常量。

1. 字符串常量

与其他编程语言一样，字符串常量是常用的常量之一。

字符串常量由两个单引号作为定界符，是包含在两个单引号内的字符序列。默认情况下，SQL Server 为字符串常量分配当前数据库的默认排序规则，但也可以用 COLLATE 子句为其指定排序规则。

例如，'China'、'中华人民共和国'、'1234567'等字符串常量都是合法的。

如果字符串中包含一个嵌入的单引号，则需要在该单引号前再加上一个单引号，表示转义，这样才能定义包含单引号的字符串。例如，'I''m a student'表示 I'm a student。

许多程序员习惯用双引号定义字符串常量。但默认情况下，SQL Server 不允许使用这种定义方式。如果将 QUOTED_IDENTIFIER 选项设置为 OFF，则 SQL Server 同时支持运用双引号和单引号来定义字符串。

2. 整型常量

整型常量是不用引号括起来且不包含小数点的数字序列。例如，2022、-14 等都是整型常量。

3. 二进制常量

二进制常量用前缀为 0x 的十六进制数字的字符串表示，但这些字符串不需使用单引号括起来。例如，0x101 表示十进制的 257。

4. 数值型常量

数值型常量包括 3 种类型：decimal 型常量、float 型常量和 real 型常量。其中，decimal 型常量是包含小数点的数字序列，如 3.14159、-13.14 等；float 型常量和 real 型常量都是使用科学记数法来表示（浮点表示）的，如 1E5、-1.23E-2 等。

5. 位常量

位常量使用数字 0 或 1 表示。如果使用一个大于 1 的数字，则该数字将转换为 1。

6. 货币常量

货币常量是前缀为可选的货币符号的数字序列，如$1.23、$123 等。

7. 日期时间常量

日期时间常量通常用字符串常量表示，但前提是字符串常量能够隐式转换为日期时间型数据，其格式为“yyyy-mm-dd hh: mm: ss. nnn”或“yyyy/mm/dd hh:mm: ss. nnn”。其中，yyyy 表示年份，第一个 mm 表示月份，dd 表示月份中的日期，hh 表示小时，第二个 mm 表示分钟，ss 表示秒，nnn 表示毫秒。如果默认“yyyy-mm-dd”，则日期部分默认为 1900 年 01 月 01 日；如果默认“hh:mm:ss.nnn”，则时间部分默认为 00 时 00 分 00.000 秒。

例如，表示 2022 年 09 月 01 日 08 时 05 分 18.888 秒的日期时间常量为'2022-09-01 08:05:18.888'。

8. 唯一标识常量

唯一标识常量是指 uniqueidentifier 类型的常量，其使用字符或二进制字符串格式来指定，如'6F9619FF-8B86-D011-B42D-00C04FC964FF'、0xff19966f868b11d0b42d00c04fc964ff 等。

以上介绍了 8 种类型的常量，它们主要运用于对变量和字段赋值、构造表达式、构造子句等。

12.1.3 变量

变量是指在程序运行过程中值可以改变的量。在 T-SQL 中有两种类型的变量：一种是全局变量，另一种是局部变量。

1. 全局变量

全局变量是由 SQL Server 预先定义并负责维护的一类变量，主要用于保存 SQL Server 系统的某些参数值和性能统计数据，使用范围覆盖整个程序。用户对全局变量只能引用，而不能修改或定义。

在 SQL Server 中，全局变量名以两个“@”开头，后跟相应的字符，如@@VERSION 等。如果想查看全局变量的量，可用 SELECT 语句或 PRINT 语句实现。

2. 局部变量

局部变量是由用户根据需要定义的，使用范围只局限于某个语句块或过程体内的一类变量。局部变量主要用于保存临时数据或由存储过程返回的结果。局部变量名必须以单个“@”开头，后跟相应的字符。

（1）局部变量的声明

局部变量是由用户定义的，声明的语句格式如下：

```
DECLARE @variable1 data_type[,@variable2 data_type, …]
```

其中，@variablel,@variable2,…为局部变量名；data_type 为数据类型，可以是系统数据类型，也可以是用户定义的数据类型。具体选择什么数据类型，要根据实际需要而定。有关数据类型的说明，可参见第 3 章的相关内容。

例如，声明一个用于保存姓名的局部变量，语句如下：

```
DECLARE @name_str Varchar(8)
```

（2）使用 SET 对局部变量赋初值

声明局部变量以后，变量自动被赋空值（NULL）。如果需要对已经定义的局部变量赋一个初值，可用 SET 语句来实现，其格式如下：

```
SET @variable= value;
```

其中，@variable 为局部变量名；value 为新赋的值。

例如，给局部变量@name_str 赋值“张三”，语句如下：

```
SET @name_str='张三'
```

注意：不能同时给多个局部变量进行赋值，这与同时对多个局部变量进行声明的情况不同。

（3）使用 SELECT 对局部变量赋初值

SELECT 是查询语句，利用该语句可以将查询的结果赋给相应的局部变量。如果查询返回的结果包含多个值，则将最后一个值赋给局部变量。

使用 SELECT 对局部变量赋初值的语法格式如下：

```
SELECT @variable1=value1[, @variable2=value2, …
FROM table_name
[WHERE …]
```

例如，把学号为 202102001 的姓名保存到@name_str 局部变量中，语句如下：

```
USE Student
GO
DECLARE @name_str Varchar(8)
SELECT @name_str=sname FROM Student WHERE Sno='202102001'
PRINT @name_str
```

12.1.4　运算符

运算符是指将一个或多个操作数连接起来操作的一种符号。在 SQL Server 中使用的运算符包括算术运算符、比较运算符、逻辑运算符、赋值运算符、字符串连接运算符、位运算符等。

1. 算术运算符

算术运算符包括加（+）、减（-）、乘（*）、除（/）和取模（%）5 种运算符。它们用于执行对两个表达式的数学运算，这两个表达式的返回值必须是数值数据类型，包括货币型。

加（+）和减（-）运算符还可用于对日期时间类型值的算术运算。

2. 比较运算符

比较运算符也称关系运算符，用来比较两个类型相容的数据（数值型、货币型、字符型、日期型、逻辑型）是否符合比较运算符规定的关系，若符合，则返回逻辑真值，否则返回逻辑假值。具体内容参见第 3 章。

3. 逻辑运算符

逻辑运算符用于对某些条件进行测试，返回值为逻辑真值或假值。逻辑运算符包括 ALL、AND、ANY、BETWEEN、EXISTS、IN、LIKE、NOT、OR、SOME 等，其含义参见第 3 章的相关内容。

4. 赋值运算符

赋值运算符就是等号（=），是 T-SQL 中唯一的赋值运算符。例如，12.1.3 小节对局部变量的赋值操作实际上已经使用了赋值运算符。

除了用作赋值操作以外，赋值运算符还可用于建立字段标题和定义字段值的表达式之间的关系，如下语句：

```
USE Student
GO
SELECT 学号=Sno, 姓名=Sname
FROM Student
```

5. 字符串连接运算符

在 SQL Server 中，字符串连接运算符为加号（+），表示要将两个字符串连接起来形成一个新的字符串。该运算符可以操作的字符串类型包括 Char、Varchar、Text 及 Nchar、Nvarchar、Ntext 等。例如，表达式' abcd'+'efg'的运算结果为'abcdefg'。

6. 位运算符

位运算符是在两个操作数之间执行按位运算的符号，操作数必须为整型数据类型之一，如 bit、tinyint、smallint、int、bigint 等；还可以是二进制数据类型（image 数据类型除外）。位运算符及其含义如表 12.1 所示。

表 12.1 位运算符及其含义

位运算符	含义	示例
&（与）	对两个操作数按位逻辑与运算	3 & 5 的运算结果为 1
|（或）	对两个操作数按位逻辑或运算	3 | 5 的运算结果为 7
～（非）	对一个操作数按位逻辑取非运算	～3 的运算结果为-4
^（异或）	对两个操作数按位逻辑异或运算	3 ^ 5 的运算结果为 6

7. 运算符的优先级

当一个复杂的表达式有多个运算符时，运算符执行顺序的不同会导致不同的运算结果，所以正确理解运算符的优先级非常必要。运算符优先级决定执行运算的先后次序，优先级高的运算符优先于较低的运算符执行。表 12.2 给出了 T-SQL 运算符的优先级，从上到下运算符的优先级由高到低，同一级中运算符的优先级按照它们在表达式中的顺序从左到右依次降低。

表 12.2 运算符优先级

优先级	运算符	说明
1	()	小括号
2	+、-、～	正、负、非
3	*、/、%	乘、除、取模
4	+、-、+	加、减、连接
5	=、>、<、>=、<=、<>、!=、!>、!<	各种比较运算符
6	&、|、^	与、或、异或
7	NOT	逻辑非
8	AND	逻辑与
9	ALL、ANY、BETWEEN、IN、LIKE、OR、SOME	逻辑运算符
10	=	赋值运算符

12.1.5 T-SQL 流程控制语句

与所有的计算机编程语言一样，T-SQL 也提供了用于编写过程性代码的语法结构，可用来进行顺序、分支（选择）、循环等结构的程序设计，编写结构化的模块代码，从而提高编程语言的处理能力。

1. IF 语句

在程序中，有的语句或语句块的执行是有条件的，有时需要在多个语句或语句块之间的执行做出选择。这时需要一些判断控制语句才能完成，IF 语句就是最基本、用得最多的一种判断控制语句。

SQL Server 支持两种形式的 IF 语句：IF…和 IF…ELSE…句型。

（1）IF…句型

IF…句型的语法格式如下：

```
IF Boolean_expression
    { sql_statement | statement_block }
```

其中，Boolean_expression 为条件表达式，如果该表达式中含有 SELECT 语句，则必须用圆括号将 SELECT 语句括起来；sql _ statement 表示 SQL 语句；statement_block 表示语句块（下同）。如果 Boolean_expression 的返回值为 TRUE，则执行 IF 后面的语句或语句块，否则什么都不执行。

【例 12-1】 查询学号为 202102001 的学生，如果该学生存在，则显示该生的成绩。

```
USE Student
GO
IF exists(SELECT * FROM Student WHERE Sno='202102001')
    SELECT * FROM SC WHERE Sno='202102001'
```

（2）IF…ELSE…句型

有时在做出判断以后，对不满足条件表达式的情况也要进行相应的处理，这时可以选用 IF…ELSE…句型，其语法格式如下：

```
IF Boolean_expression
    { sql_statement1 | statement_block1 }
ELSE
    { sql_statement2 | statement_block2 }
```

【例 12-2】 查询学号为 202102001 的学生，如果该学生存在，则显示该生的成绩，否则显示“查无此人！”。

```
USE Student
GO
IF exists(SELECT * FROM Student WHERE Sno='202102001')
    SELECT * FROM SC WHERE Sno='202102001'
ELSE
    PRINT '查无此人！'
```

其中，PRINT 语句的功能是向客户端返回用户定义信息，即显示字符串、局部变量或全局变量的值。

（3）IF…ELSE IF…ELSE…句型

当需要做两次或两次以上的判断，并根据判断结果执行选择时，一般要使用 IF…ELSE IF…ELSE…句型，即 IF 语句的嵌套，其语法格式如下：

```
IF Boolean_expression1
    { sql_statement1 | statement_block1 }
ELSE IF Boolean_expression2
    { sql_statement2 | statement_block2 }
```

```
[ELSE IF Boolean_expression3
    { sql_statement3 | statement_block3 }
...  ]
ELSE
    { sql_statementn | statement_blockn }
```

【例 12-3】 查询学号为 202102001 的学生的平均成绩，如果该学生没有选课或没有这个学生，则显示相应的提示信息。

```
USE Student
GO
IF exists(SELECT * FROM SC WHERE Sno='202102001')
    SELECT AVG(score) as '202102001 的平均成绩'
        FROM SC WHERE Sno='202102001'
ELSE IF exists(SELECT * FROM Student WHERE Sno='202102001')
    PRINT '202102001 号学生没有选课！'
ELSE
    PRINT '没有 202102001 号学生！'
```

2. CASE 语句

IF 语句一般用于一个判断有少量出口（特别是两个出口）的情况。但很多时候，可能会遇到一个判断有很多出口的情况，这时如果仍然使用 IF 语句，可能使得语句在结构上变得非常复杂；但如果换用 CASE 语句，则将使语句代码变得精炼、简洁。

在 SQL Server 中，CASE 语句实际上被当作一个函数来执行，执行后都有一个返回值。因此，通常把 CASE 语句嵌入 SELECT 语句中，用于对数据进行分类。

CASE 语句有两种类型：一种是简单式，另一种是搜索式。

（1）简单式 CASE 语句

简单式 CASE 语句将某个表达式与一组简单表达式进行比较以确定结果，其语法格式如下：

```
CASE input_expression
    WHEN when_expression THEN result_expression
    [ ... n ]
    [ ELSE else_result_expression ]
END
```

执行时，首先计算表达式 input_expression 的值，然后将计算结果与 WHEN 子句中的表达式 when_expression 的值进行比较，如果相等，则计算 THEN 后面的表达式 result_expression，并将得到的值作为整个 CASE 函数的值，同时退出 CASE 函数；如果结果与所有 WHEN 子句中的表达式 when_expression 的值都不相等，则计算 ELSE 后面的表达式 else_result_expression。不管最后计算哪个表达式，其结果都将作为整个 CASE 函数的返回值。

when_expression 是任意有效的表达式，但 input_expression 及每个 WHEN 子句中的

表达式 when_expression 的数据类型必须相同或是可隐式转换的数据类型。

【例 12-4】 查询学生的学号、姓名、性别。其中，男生显示 M，女生显示 F。

```
USE Student
GO
SELECT Sno,Sname,CASE Ssex
                    WHEN '男' THEN 'M'
                    WHEN '女' THEN 'F'
                  END as sex
FROM Student
```

（2）搜索式 CASE 语句

搜索式 CASE 语句将计算一组条件表达式以确定结果，其语法格式如下：

```
CASE
   WHEN Boolean_expression THEN result_expression
   [ ··· n ]
   [ ELSE else_result_expression ]
END
```

在搜索式 CASE 语句中，关键字 CASE 后面没有表达式，且 WHEN 后面的表达式 Boolean_expression 已被限定为条件表达式（返回值为 TRUE 或 FALSE）。执行时，依次从上到下计算每个 WHEN 子句中表达式 Boolean_expression 的值，如果值为 TRUE，则计算该 WHEN 子句中表达式 result_expression 的值，并将该值返回作为 CASE 函数的值；如果所有 WHEN 子句中表达式 Boolean_expression 的值均为 FALSE，则计算 ELSE 后面表达式 else_result_expression 的值，并将其返回作为 CASE 函数的值。

【例 12-5】 查询学生成绩信息。其中，成绩不小于 90 分显示“优秀”，80～89 分显示“良好”，70～79 分显示“中等”，60～69 分显示“及格”，小于 60 分显示“不及格”。

```
USE Student
GO
SELECT Sno,Cno,CASE
                 WHEN score>=90 THEN '优秀'
                 WHEN score>=80 THEN '良好'
                 WHEN score>=70 THEN '中等'
                 WHEN score>=60 THEN '及格'
                 ELSE '不及格'
               END AS score
FROM SC
```

3. WHILE 语句

如果程序中的部分语句需要重复执行，可使用 WHILE 循环语句实现。当 WHILE 语句中的条件表达式为 TRUE 时，则重复执行一个语句或语句块，重复执行的部分称为循环体。可以使用 BREAK 和 CONTINUE 关键字在循环内部控制 WHILE 循环中语句的执行，其语法如下：

```
WHILE Boolean_expression
    sql_statement1 | statement_block1
    [BREAK]
    [sql_statement2 | statement_block2]
    [CONTINUE]
    [sql_statement3 | statement_block3]
```

其中，BREAK 命令的功能是让程序跳出包含它的最内层循环，而 CONTINUE 命令可以让程序跳过 CONTINUE 之后的语句回到 WHILE 循环的第一行命令。通常情况下，CONTINUE 和 BREAK 是放在 IF…ELSE 命令中的，即在满足某个条件的前提下提前结束本次循环或退出本层循环。WHILE 语句也可以嵌套。

【例 12-6】 计算 1+2+3+…+100 的值。

```
DECLARE @i int,@s int
SET @i=1
SET @s=0
WHILE @i<=100
    BEGIN
        SET @s=@s+@i
        SET @i=@i+1
    END
PRINT @S
```

【例 12-7】 首先创建一个 usern 表，包含 userid 和 username 两列；接着利用 WHILE 循环向其插入 20 行数据。

```
USE Student
GO
CREATE TABLE usern
(
        userid varchar(10),
        username varchar(10)
)
GO
DECLARE @i int
SET @i=1
WHILE @i<=20
    BEGIN
            INSERT INTO usern(userid,username)
            VALUES('ID'+ltrim(str(@i)),'user'+ltrim(str(@i)))
            SET @i=@i+1
    END
```

4. GOTO 语句

GOTO 语句是一种无条件转移语句，可以实现程序的执行流程从一个地方转移到另外任意一个地方。通常与 IF 语句配合使用，GOTO 语句也可以实现 WHILE 语句的循环功能。但是，使用 GOTO 语句会降低程序的可读性，所以一般情况下不提倡在程序中使用 GOTO 语句。

使用 GOTO 语句时，首先要定义标签，然后才能使用，其语法格式如下：

```
Label:
    { sql_statement | statement_block }
GOTO Label
```

其中，Label 为定义的标签，是 GOTO 语句转向的依据。标签必须符合标识符命名规则。无论是否使用 GOTO 语句，标签均可作为注释方法使用。当执行到 GOTO Label 语句时，执行流程将无条件转到标签 Label 指向的地址，并从该地址起依次执行遇到的语句。

【例 12-8】 将例 12-6 改为使用 GOTO 语句实现。

```
DECLARE @i int,@s int
SET @i=1
SET @s=0
Label:
    SET @s=@s+@i
    SET @i=@i+1
IF @i<=100
    GOTO Label
PRINT @S
```

5. RETURN 语句

使用 RETURN 语句，可以从函数、存储过程、语句块或批处理中无条件退出，RETURN 语句之后的语句不被执行，其语法格式如下：

```
RETURN [integer_expression]
```

其中，integer_expression 为整型表达式，是一个整数值，是 RETURN 语句要返回的值。值得注意的是，当将 RETURN 语句嵌入存储过程时，则该语句不能返回空值。如果试图返回空值，将生成警告信息，并返回 0 值。

6. WAITFOR 语句

WAITFOR 语句用于设置指定程序段的执行时间，包括指定程序段在某一时刻执行或者在某一段时间间隔之后自动执行，其语法格式如下：

```
WAITFOR { DELAY 'time_to_pass' | TIME 'time_to_execute' }
```

其中，DELAY 子句用于设定 WAITFOR 语句所要等待的时间（这个时间过后立即执行

WAITFOR 后面的语句），时间的长短由参数 time_to_pass 说明（但只能包含时间部分，不能包含日期部分），最长为 24h；TIME 子句用于设定 WAITFOR 语句等待的终结时刻，由参数 time_to_execute 说明，可以使用 datetime 数据类型接受的格式，但也只能包含时间部分。

【例 12-9】 设置在下午 2:30（14:30）显示学生基本信息。

```
USE Student
GO
WAITFOR TIME '14:30:00'
SELECT * FROM Student
```

如果要求上述查询在 2 小时 30 分钟后执行，则可以使用下面的代码实现：

```
USE Student
GO
WAITFOR DELAY '2:30:00'
SELECT * FROM Student
```

7. TRY…CATCH 错误处理语句

类似于其他高级语言，T-SQL 也有异常的捕获和处理语句，即 TRY…CATCH 语句，其语法格式如下：

```
BEGIN TRY
    { sql_statement | statement_block}
END TRY
BEGIN CATCH
    { sql_statement | statement_block }
END CATCH
```

当 TRY 块内的语句执行时产生错误，则程序控制转到 CATCH 块中的第一条语句；当 TRY 块包含的代码执行时，没有发生错误，则在 TRY 块中最后一个语句执行完成后，程序控制转到紧跟在 END CATCH 语句之后的语句。

【例 12-10】 为 Student 表插入错误数据，执行后返回错误的行号。

```
USE Student
GO
BEGIN TRY
    INSERT INTO Student(Sno,Sname,Ssex,birthday)
    VALUES('202202001','李洋','男','2004-8-10')
    --下面的语句中，日期常量'2004-18-15'的格式错误
    INSERT INTO Student(Sno,Sname,Ssex,birthday)
    VALUES('202202002','张富强','男','2004-18-15')
    INSERT INTO Student(Sno,Sname,Ssex,birthday)
    VALUES('202202003','刘婷婷','女','2004-4-22')
END TRY
```

```
BEGIN CATCH
    SELECT ERROR_LINE() AS '错误行号'
END CATCH
```

本例中，第 2 条插入语句有错误（日期中月份错误），所以执行到该语句时，程序将转到 CATCH 块中执行 SELECT 语句。这时第 1 条插入语句已经成功执行，而第 3 条插入语句还未执行到，所以只有第 1 条数据被插入，而其他数据没有被插入数据库中。若要在出现错误后所有操作均无效，则要使用事务的 ROLLBACK 语句进行回滚撤销，读者可自行修改实现。

12.2 函　　数

函数是由一个或多个 T-SQL 语句组成的子程序，可用于封装代码以便重新使用。T-SQL 语言提供了丰富的数据操作函数，用于完成各种数据管理工作。SQL Server 提供了大量的系统内置函数，同时也允许用户创建自己的用户定义函数。

12.2.1 系统内置函数

在 T-SQL 系统中，常用的内置函数有聚合函数、数学函数、字符串函数、日期时间函数等。

1. 聚合函数

聚合函数是指对一组值执行计算（统计、求和、求最值等）并返回单个值的函数，在数据统计查询中经常用到，参见第 3 章相关内容，这里不再赘述。

2. 数学函数

数学函数用于对数值型字段和表达式进行处理，常用的数学函数如表 12.3 所示。

表 12.3　常用的数学函数

函数语法	功能描述	示例
ABS(x)	返回 x 的绝对值，x 为 float 类型数据	ABS(−1.23)返回 1.23
ACOS(x)	返回 x 的反余弦值 arccos(x)，x∈[−1,1]	ACOS(−1.0)返回 3.14159
ASIN(x)	返回 x 的反正弦值 arcsin(x),x∈[−1,1]	ASIN(−1.0)返回−1.5708
CEILING(x)	返回不小于 x 的最小整数，x 为 float 类型数据	CEILING(5.2)返回 6
COS(x)	返回 x 的三角余弦值，x 是以 float 类型表示的弧度值	COS(3.14159)返回−1.0
COT(x)	返回 x 的三角余切值，x 是以 float 类型表示的弧度值	COT(0.5)返回 1.83049
EXP(x)	返回 x 的指数值 e^x，x 为 float 类型数据	EXP(1.0)返回 2.71828
FLOOR(x)	返回不大于 x 的最大整数，x 为 float 类型数据	FLOOR(3.9)返回 3
LOG(x)	返回 x 的自然对数，x 为 float 类型数据	LOG(10.0)返回 2.30259
LOG10(x)	返回 x 的以 10 为底的对数，x 为 float 类型数据	LOG10(10.0)返回 1.0

续表

函数语法	功能描述	示例
PI()	返回圆周率的常量值	PI()返回 3.14159265358979
POWER(x,y)	返回 x 的 y 次幂的值 x^y	POWER(2,3)返回 8
RAND([seed])	返回 0～1 的随机 float 值	RAND()返回 0.2138124 等
ROUND(x,length)	按照指定精度对 x 进行四舍五入，length 为小数精度的位数	ROUND(123.45678,4)返回 123.45680
SIGN(x)	返回 x 的正号（+1）、零（0）或负号（-1），x 为 float 类型	SIGN(100)返回 1，SIGN(0)返回 0，SIGN(-100)返回-1
SIN(x)	返回 x 的三角正弦值，x 为角度的弧度值（float 类型）	SIN(3.1415926/2)返回 1.0
SQRT(x)	返回 x 的平方根，x 为非负的 float 类型数据	SQRT(16)返回 4
SQUARE(x)	返回 x 的平方，x 为 float 类型数据	SQUARE(4)返回 16
TAN(x)	返回 x 的三角正切值，x 为角度的弧度值（float 类型）	TAN(3.1415926/4)返回 1

3. 字符串函数

字符串函数有很多种，主要用于对字符串进行连接、截取等操作，并返回字符串或数值。

常见的字符串函数如表 12.4 所示。

表 12.4 常见的字符串函数

函数语法	功能描述	示例
ASCII(c)	返回字符串 c 中第一个字符的 ASCII 值（int 型）	ASCII('ABCDEF')返回 65
CHAR(a)	将 ASCII 值转换为相应的字符，并返回该字符	CHAR(65)返回'A'
CHARINDEX(c1,c2[,s])	返回字符串 c1 在字符串 c2 中的开始位置，如果指定 s，则表示从 c2 中第 s 个开始查找指定字符串 c1，并返回其开始位置；如果没有匹配，则返回 0	CHARINDEX('ab','aababc')返回 2，CHARINDEX('ab','aababc',3) 返回 4
LEFT(c, n)	返回字符串 c 中从左边开始的 n 个字符	LEFT(' abcdef',3)返回'abc'
LEN(c)	返回指定字符串 c 的字符（不是字节）个数，其中不包含尾随空格	LEN('abcdef')返回 6
LOWER(c)	将大写字母数据转换为小写字母	LOWER('abCDef')返回'abcdef'
LTRIM(c)	返回删除起始空格之后的字符串	LTRIM('abcd')返回'abcd'
PATINDEX('%pattern%',c)	返回指定字符串 c 中某模式第一次出现的起始位置。如果在全部有效的文本和字符数据类型中没有找到该模式，则返回零。可以使用通配符	PATINDEX('%cd%','abcdecde') 返回 3
REPLACE(c1,c2,c3)	用字符串 c3 替换字符串 c1 中所有出现字符串 c2 的匹配项，并返回替换后的字符串	REPLACE('abcdabc','ab','China') 返回'ChinacdChinac'
REVERSE(c)	将字符串 c 的字符首尾反转，并返回反转后的字符串	REVERSE('abcde')返回'edcba'
RIGHT(c,n)	返回字符串 c 中从右边开始的 n 个字符	RIGHT('abcde',2)返回'de'
RTRIM(c)	返回删除尾随空格之后的字符串	RTRIM('abcd ')返回'abcd'
SPACE(n)	返回由 n 个空格组成的字符串	SPACE(4)返回' '
STR(x[,n1[,n2]])	返回由数字 x 转换来的字符串，其中 n1 表示字符串长度，n2 表示小数位数	STR(12.355,4,2)返回'12.4'

续表

函数语法	功能描述	示例
STUFF(c1,n1,n2,c2)	将字符串 c1 中从位置 n1 开始的 n2 个字符用 c2 字符串替换，并返回替换后的字符串	STUFF('1234567',3,3,'***') 返回 '12***67'
SUBSTRING(c,n1,n2)	返回字符串 c 中的一个子串，该子串是从位置 n1 开始的 n2 个字符	SUBSTRING('1234567',3,3)返回 '345'
UPPER(c)	将小写字母数据转换为大写字母	UPPER('abCDe')返回'ABCDE'

4. 日期时间函数

日期时间函数对日期和时间输入值进行操作，并返回一个字符串、数字值或日期和时间值。

在 SQL Server 中提供了很多有关日期时间函数，函数中使用的日期或时间参数 datepart 的含义如表 12.5 所示。

表 12.5　datepart 参数

datepart		含义
年	yy 或 yyyy	年份
月	m 或 mm	月份
日	d 或 dd	日
	d 或 dy	一年中的第几日
周	wk 或 ww	一年中的第几周
	dw	一周中的第几天
时	hh	时
分	mi 或 n	分
秒	ss 或 s	秒

常用的日期时间函数如表 12.6 所示。

表 12.6　常用的日期时间函数

函数语法	功能描述	示例
DATEADD(datepart, number, date)	返回给定日期加上一个时间间隔后的新 datetime 值	DATEADD(yyyy,5,'2022-08-22')返回 2027-08-22，DATEADD(mm,5,'2022-08-22')返回 2023-01-22
DATEDIFF(datepart, startdate, enddate)	返回两个日期中指定日期部分的间隔数	DATEDIFF(mm,'2022-08-22','2023-02-01') 返回 6，DATEDIFF(dd,'2022-08-22','2023-02-01') 返回 163
DATENAME(datepart, date)	返回表示指定日期的指定日期部分的字符串	DATENAME(dd,'2022-08-22') 返回 '22'，DATENAME(yyyy,'2022-08-22')返回'2022'
DATEPART(datepart, date)	返回表示指定日期的指定日期部分的整数	DATEPART(dd,'2022-08-22') 返回 22，DATEPART(yyyy,'2022-08-22') 返回 2022，DATEPART(wk,'2022-08-22')返回 35

续表

函数语法	功能描述	示例
DAY(date)	返回表示指定日期的天的整数	DAY('2022-08-22')返回 22
GETDATE()	返回当前系统日期和时间	GETDATE()返回 2022-08-23 15:32:25.680
MONTH(date)	返回表示指定日期的月份的整数	MONTH('2022-08-22')返回 8
YEAR(date)	返回表示指定日期的年份的整数	YEAR('2022-08-22')返回 2022

下面再介绍两个数据类型的显式转换函数，它们的使用频率也很高。

5. 数据类型转换函数

（1）CAST 函数

CAST 函数用于将一种数据类型的表达式显式转换为另一种数据类型的表达式，其语法格式如下：

```
CAST(expression AS data_type [(length)])
```

即将表达式 expression 的值转换为 data_type 类型的数据，并返回转换后的数据类型。常使用的类型转换主要包括以下两种：

1）数值型←→字符串型。

2）字符串型←→日期时间型。

例如：

```
CAST(10.1234 AS int)           --将常量10.1234转换为int类型数据，结果变为10
CAST('abc' As varchar(5))      --将常量'abc'转换为varchar(5)类型
CAST('100' AS int)             --将字符串常量'100'转换为数值常量100
CAST(100 As varchar(5))        --将数值常量100转换为字符串常量'100'
CAST('2022-08-22' AS datetime) --将字符串常量'2022-08-22'转换为时间常量
CAST(GETDATE() AS VARCHAR(20)) --将当前系统时间转换为字符串常量
```

又如，查询成绩在 70～80（不含 80）分的学生，可以用下列语句实现：

```
SELECT *
FROM SC
WHERE CAST(score as varchar(10)) LIKE '7%'
```

该语句首先将成绩转换为字符串，然后将 70～79 的分数看作以 7 开头的字符串，最后通过模糊查询实现该查询功能。当然，它等价于下列 SELECT 语句：

```
SELECT *
FROM SC
WHERE score>=70 and score<=79
```

（2）CONVERT 函数

CONVERT 函数与 CAST 函数的功能相似，都用于将一种数据类型的表达式显式转换为另一种数据类型的表达式，其中 CONVERT 函数的功能更强一些，其语法格式如下：

```
CONVERT(data_type[(length)],expression[,style])
```

与 CAST 函数不同的是，在 CONVERT 函数中，被转换的表达式在函数式的右边，而在 CAST 函数中则在函数式的左边。

例如，下列语句中使用了 CONVERT 函数，该语句与上述查询语句等价：

```
SELECT *
FROM SC
WHERE CONVERT(varchar(10),score) LIKE '7%'
```

12.2.2 用户定义函数

用户定义函数可以针对特定应用程序问题提供解决方案，这些任务可以简单到计算一个值，也可能复杂到定义和实现数据表的约束。从技术上看，SQL Server 用户定义函数都是经过封装的 T-SQL 子程序，可以通过其他 T-SQL 代码调用这些子程序来返回单一的值或者数据表值。

在 SQL Server 中，根据函数返回值形式的不同将用户自定义函数分为 3 种类型：标量函数、内嵌表值函数和多语句表值函数。

1）标量函数返回一个确定类型的标量值，其返回值类型为除 TEXT、NTEXT、IMAGE、CURSOR、TIMESTAMP 和 TABLE 类型以外的其他数据类型。函数体语句定义在 BEGIN…END 语句块内，其中包含了可以返回值的 T-SQL 命令。

2）内嵌表值函数以表的形式返回一个返回值，即它返回的是一个表。内嵌表值函数没有由 BEGIN…END 语句块括起来的函数体，其返回的表由一个位于 RETURN 子句中的 SELECT 命令段从数据库中筛选出来。内嵌表值函数的功能相当于一个参数化的视图。

3）多语句表值函数可以看作标量型和内嵌表值函数的结合体。它的返回值是一个表，但和标量函数一样有一个用 BEGIN…END 语句块括起来的函数体，返回值的表中的数据是由函数体中的语句插入的。由此可见，它可以进行多次查询，对数据进行多次筛选与合并，弥补了内嵌表值型函数的不足。

1. 标量函数的创建与调用

创建标量函数的语法格式如下：

```
CREATE FUNCTION [owner name.] function_name        /*函数名部分*/
([{@parameter_name [AS] parameter_data_type
  [=DEFAULT]}[,… n ]])                             /*形参定义部分*/
RETURNS return_data_type                           /*返回值的类型*/
[AS]
BEGIN
    function_body                                  /*函数体部分*/
    RETURN expression                              /*返回语句*/
```

```
END
```

其中，owner_name 指定用户自定义函数的所有者；function_name 指定用户自定义函数的名称；@parameter_name 定义一个或多个参数的名称，一个函数最多可以定义 1024 个参数，参数的作用范围是整个函数；parameter_data_type 和 return_data_type 指定参数的数据类型和返回值的数据类型，二者都可以为除 TEXT、NTEXT、IMAGE、CURSOR、TIMESTAMP 和 TABLE 类型以外的其他数据类型；function_body 指定一系列的 T-SQL 语句，它们决定了函数的返回值；expression 指定用户自定义函数返回的标量值表达式。当函数的参数有默认值时，调用该函数时必须指定默认 DEFAULT 关键字才能获取默认值。

【例 12-11】 在数据库 Student 中编写一个函数 sum_n，求 1+2+3+…+n 的值，其中 n 作为参数。

```
USE Student
GO
CREATE FUNCTION sum_n
  (@n int)
RETURNS int
AS
BEGIN
    DECLARE @i int,@s int
    SET @i=1
    SET @s=0
    WHILE @i<=@n
        BEGIN
            SET @s=@s+@i
            SET @i=@i+1
        END
    RETURN @S
END
```

在其他程序模块中调用标量函数的语法格式如下：

```
owner_name.function_name(parameter_expression1···parameter_expression n)
```

其含义为所有者名.函数名(实参 1,…,实参 n)。当调用用户定义的标量函数时，必须提供至少由两部分组成的名称（所有者名.函数名）。可以在 SELECT 语句中调用，实参可为已赋值的局部变量或表达式。

【例 12-12】 通过调用用户定义函数 sum_n，求 1+2+3+…+100 的值。

```
USE Student
GO
SELECT dbo.sum_n(100)
```

【例 12-13】 在数据库中编写一个函数 Stu_aver_score，功能是求指定学号的学生平均成绩。其中，参数为学号，返回值为学生平均成绩。

```
USE Student
GO
CREATE FUNCTION Stu_aver_score
    (@xh varchar(10))
RETURNS float
AS
BEGIN
    DECLARE @aver float
    SELECT @aver=AVG(score) FROM SC WHERE Sno=@xh
    RETURN @aver
END
```

通过调用函数 Stu_aver_score 求学号为 202102001 的学生的平均成绩，语句如下：

```
SELECT dbo.Stu_aver_score('202102001')
```

【例 12-14】 新建 Stu_score 表，包括学号（Sno）、姓名（Sname）、平均成绩（aver），其中平均成绩列为计算列，调用例 12-13 定义的函数 Stu_aver_score。

```
USE Student
GO
CREATE TABLE Stu_score
(
    Sno varchar (10) Primary Key,
    Sname varchar(10),
    aver AS dbo.Stu_aver_score(Sno)
)
```

2. 内嵌表值函数的创建与调用

创建内嵌表值函数的语法格式如下：

```
CREATE FUNCTION [owner_name.]function_name      /*定义函数名部分*/
  ([{@parameter_name [AS] parameter_data_type
    [=DEFAULT]}[,···n]])                         /*定义参数部分*/
RETURNS table                                    /*返回值为表类型*/
[AS]
RETURN [( ] SELECT statement [ )]         /*通过 SELECT 语句返回内嵌表*/
```

其中，table 指定返回值为一个表；SELECT statement 指单个 SELECT 语句，确定返回的表的数据；其余参数含义与标量函数相同。

【例 12-15】 创建一个内嵌表值函数 F_Stu_Score，查询某个学生的学习情况。其中，学号作为参数，显示学号、姓名，以及所选课程的课程名、学分和成绩。

```
USE Student
GO
CREATE FUNCTION F_Stu_Score
```

```
    (@xh varchar(10))
RETURNS table
AS
RETURN
    SELECT S.Sno,Sname,Cname,credit,score
    FROM (Student S INNER JOIN SC ON S.Sno=SC.Sno)
        INNER JOIN Course C ON SC.Cno=C.Cno
    WHERE S.Sno=@xh
```

由于内嵌表值函数的返回结果是一张表，因此对其调用必须按照对表的查询方式进行，其调用方法与标量函数的调用方法完全不同。在其他程序模块中调用此类函数时，只能通过 SELECT 语句，把 F_Stu_Score 函数当作一张表来使用。

【例 12-16】 通过内嵌表值函数 F_Stu_Score 查询学号为 202102001 的学生的学习情况。

```
USE Student
GO
SELECT *
FROM dbo.F_Stu_Score('202102001')
```

内嵌表值函数返回的结果是一张“数据表”，而其本身并不保存数据。在这个意义上，内嵌表值函数与第 3 章介绍的视图一样，而且也可以像对视图那样对其进行查询操作。内嵌表值函数的优点是可以带参数，而视图不能带参数，但它不具备视图的全部功能。换句话说，可以把内嵌表值函数看作带参数的“视图”。

3. 多语句表值函数的创建与调用

多语句表值函数的返回结果也是一张表，但与内嵌表值函数不同的是，在内嵌表值函数中，table 返回值是通过单个 SELECT 语句定义的，内嵌表值函数没有关联的返回变量；在多语句表值函数中，@return_variable 是 table 类型的返回变量，用于存储和汇总应作为函数值返回的行。多语句表值函数返回结果的原理是首先定义一个表变量，然后通过函数体中的语句实现向该表变量插入有关数据，最后将该表变量作为结果返回。

创建多语句表值函数的语法格式如下：

```
CREATE FUNCTTON [owner_name.]function_name          /*定义函数名部分*/
  ([{@parameter_name [AS] parameter_data_type
    [=DEFAULT]}[,…n]])                              /*定义函数参数部分*/
RETURNS @return_variable table <table_definition> /*定义作为返回值的表*/
[AS ]
BEGIN
    function_body                                   /*定义函数体*/
    RETURN
END
```

其中，@return_variable 是一个 table 类型的变量，用于存储和累积返回的表中的数据行。

其余参数含义与标量函数相同。

【例 12-17】 创建多语句表值函数 F_Stu_AVG_score，通过 Sno 作为实参调用该函数，可显示该学生的姓名及智育分。其中，智育分为各门课程成绩乘以学分后之和，再除以总学分。

```
USE Student
GO
CREATE FUNCTION F_Stu_AVG_score
    (@xh varchar(10))
RETURNS @t_score table
    (Sname varchar(10),
    ZY_score float)
AS
BEGIN
    INSERT INTO @t_score
    SELECT Sname,SUM(score*credit)/SUM(credit) AS ZY
    FROM (Student S INNER JOIN SC ON S.Sno=SC.Sno)
             INNER JOIN Course C ON SC.Cno=C.Cno
    WHERE S.Sno=@xh
    GROUP BY Sname
    RETURN
END
```

多语句表值函数的调用方法与内嵌表值函数的调用方法一样，只能通过 SELECT 语句调用。例如，要查询学号为 202102001 的学生的智育分，可以按照下列方式调用函数 F_Stu_AVG_score。

```
SELECT * FROM dbo.F_Stu_AVG_score ('202102001')
```

用户自定义函数可以使用 DROP FUNCTION 语句实现对函数的删除。例如，删除函数 F_Stu_AVG_score 可以使用下列语句来完成：

```
DROP FUNCTION dbo.F_Stu_AVG_score
```

12.3 存储过程

存储过程类似于函数，它们创建编译后保存在数据库中，可以被反复调用，以提高访问数据库的速度和效率，并提供良好的安全机制。

12.3.1 存储过程概述

存储过程（stored procedure）是一组事先编译好的 T-SQL 代码。存储过程作为一个独立的数据库对象，可以作为一个单元被用户的应用程序调用。用户可以通过指定存储过程的名并给出参数（如果该存储过程带有参数）来执行存储过程。由于存储过程是已经编译好的代码，因此执行时不必再次进行编译，从而提高了程序的运行效率。

SQL Server 的存储过程类似于其他编程语言里的过程（Procedure），具体体现在以下几点：

1）存储过程可以接收多个输入参数，并且可以以输出参数的形式返回多个参数值。

2）存储过程已在服务器注册，在服务器端运行，使用 EXECUTE（简写为 EXEC）语句执行。

3）可以调用其他存储过程，也可以被其他语句或存储过程调用，但不能直接在表达式中使用。

4）可以返回执行存储过程的状态值以反映存储过程的执行情况，但不返回取代其名称的值，这是它与函数的不同之处。

存储过程的优点主要体现在以下几方面：

1）提高程序的执行效率。

2）允许模块化的程序设计。

3）减少网络通信流量。

4）具有较高的安全特性。

12.3.2 存储过程的类型

1. 系统存储过程

SQL Server 中的许多管理活动都是通过一种特殊的存储过程执行的，这种存储过程称为系统存储过程。系统存储过程主要存储在 master 数据库中并以“sp_”为前缀，并且系统存储过程主要是从系统表中获取信息，从而为数据库系统管理员管理 SQL Server 提供支持。通过系统存储过程，SQL Server 中的许多管理性或信息性的活动（如获取数据库和数据库对象的信息）都可以顺利有效地完成。

尽管这些系统存储过程被存储在 master 数据库中，但是仍可以在其他数据库中对其进行调用，在调用时不必在存储过程名前加上数据库名。另外，当创建一个数据库时，一些系统存储过程会在新的数据库中被自动创建。

2. 本地存储过程

本地存储过程是用户自行创建并存储在用户数据库中的存储过程，是由用户创建并能完成某一特定功能（如查询用户所需的数据信息）的存储过程。由于系统存储过程以“sp_”为前缀，扩展存储过程以“xp_”为前缀，因此用户自己定义的存储过程不要使用这两者为前缀。如果需要，用户自定义存储过程可以以“up_”为前缀，其中 u 是单词 user 的首字母。

3. 扩展存储过程

扩展存储过程是指 SQL Server 的实例可以动态加载和运行的动态链接库（dynamic

link library，DLL）。通过扩展存储过程，可以使用其他编程语言（如 C 语言）编写的存储过程。扩展存储过程以“xp_”为前缀。

12.3.3 存储过程的创建和调用

存储过程是由 CREATE PROCEDURE 语句创建的，其语法格式如下：

```
CREATE {PROC | PROCEDURE}[schema_name.]procedure_name
  [{@parameter [type_schema_name.]data_type} [=default] [OUT[PUT]]
  ][,…n]
  [WITH {ENCRYPTION | RECOMPILE | ENCRYPTION,RECOMPILE} ]
  [FOR REPLICATION]
AS {[BEGIN]<sql_statement> [;] […n] [END]} [;]
```

【例 12-18】（**简单的存储过程**）创建一个存储过程 up_student，其可以输出学生的学号、姓名、性别、年龄和专业。

```
USE Student
GO
CREATE PROCEDURE up_student
AS
  SELECT Sno,Sname,Ssex,year(getdate())-year(birthday) AS Age,specialty
  FROM Student
```

调用一个存储过程，一般用 EXECUTE（或 EXEC）语句来完成，但也可以直接将过程名当作一条命令来执行。例如，对于上面定义的过程 up_student，有以下 3 种执行方式：

```
up_student              --这种执行方式必须位于批处理中的第一条语句
EXEC up_student         --这种格式通常用于嵌入其他代码中
EXECUTE up_student      --这种格式通常用于嵌入其他代码中
```

如果存储过程带有参数，则其执行和调用方法将会变得更复杂。

【例 12-19】（**带参数的存储过程**）创建一个存储过程 up_student_sno，通过参数学号查询输出该学生的学号、姓名、性别、年龄和专业，若指定学号不存在，则输出“查无此学号”。

```
USE Student
GO
CREATE PROCEDURE up_student_sno
    @xh varchar(10)
AS
   IF (SELECT COUNT(*) FROM Student WHERE Sno=@xh)>0
        SELECT Sno,Sname,Ssex,year(getdate())-year(birthday) AS Age,specialty
        FROM Student
        WHERE Sno=@xh
```

```
    ELSE
       PRINT '查无此学号'
```

对于上面定义的过程 up_student_sno，同样有以下 3 种执行方式，但调用时必须给出常量表达式作为参数：

```
up_student_sno '202102001'                --必须位于批处理中的第一条语句
EXEC up_student_sno '202102001'           --通常用于嵌入其他代码中
EXECUTE up_student_sno '202102001'        --通常用于嵌入其他代码中
```

【例 12-20】（带默认值参数的存储过程）创建一个存储过程 up_SC_insert，功能是通过给定参数（学号、课程号和成绩）向成绩表 SC 添加一条记录，其中，成绩的默认值为 NULL。

```
USE Student
GO
CREATE PROC up_SC_insert
    @xh varchar(10),@kch char(5),@cj float=NULL
AS
    INSERT INTO SC(Sno,Cno,score)
        VALUES(@xh,@kch,@cj)
```

对于上面定义的过程 up_SC_insert，同样有 3 种执行方式，但调用时必须给出常量表达式作为参数，其中有默认值的参数可以省略。

```
up_SC_insert '202102001','C002'   --省略第 3 个参数，启用默认值
EXEC up_SC_insert '202102001','C002',80
EXECUTE up_SC_insert '202102001','C002',80
```

【例 12-21】（带输出参数的存储过程）创建一个存储过程 up_out_score，功能是通过学号查询并返回该学生的姓名和平均成绩。其中，学号作为输入参数，姓名和平均成绩作为输出参数。

```
USE Student
GO
CREATE PROC up_out_score
    @xh varchar(10),@xm varchar (10) OUTPUT,@cj float OUTPUT
AS
    BEGIN
        SELECT @xm=Sname FROM Student WHERE Sno=@xh
        SELECT @cj=AVG(score) FROM SC WHERE Sno=@xh
    END
```

对于带 OUTPUT 参数的存储过程，其调用方法与其他存储过程的调用方法有所不同。首先要声明相应的变量用来存放返回结果；然后在调用过程时要带关键字 OUTPUT（或 OUT），否则无法将返回结果保存下来。例如，要获取存储过程 up_out_score 返回的结果并输出，则相应的代码如下：

```
DECLARE @xm varchar(10),@cj float
EXEC up_out_score '202102001',@xm OUT,@cj OUT
PRINT '姓名：'+RTRIM(@xm)+'，平均成绩：'+str(@cj,5,1)
```

12.3.4 存储过程的查看

查看存储过程可以使用 SSMS 界面，也可以使用 T-SQL 语句。

1. 使用 SSMS 查看存储过程

打开 SSMS，展开存储过程所在的数据库，展开“可编程性”选项，右击存储过程名，如 Student 中的 up_student，在弹出的快捷菜单中选择“编写存储过程脚本为”→“CREATE 到”→“新查询编辑器窗口”命令，即可看到 CREATE PROCEDURE 代码。

2. 使用 T-SQL 语句查看存储过程

可以执行系统存储过程 sp_helptext，以查看创建存储过程的命令语句，但如果在创建时加上 WITH ENCRYPTION 选项，则无法查看（因代码已被加密）；也可以执行系统存储过程 sp_help，以查看存储过程的名称、拥有者、类型、创建时间，以及存储过程中所使用的参数信息，其语法格式分别如下：

```
sp_helptext 存储过程名称
sp_help 存储过程名称
```

例如，可使用如下命令查看存储过程 up_out_score 的定义语句：

```
sp_helptext 'up_out_score'
```

12.3.5 存储过程的修改和删除

1. 存储过程的修改

存储过程的修改使用 ALTER PROCEDURE 语句来实现，修改后用户对该存储过程拥有的权限并没有发生改变。ALTER PROCEDURE 语句的语法格式及参数的含义与 CREATE PROCEDURE 语句相同，这里不再介绍，读者可查阅相关帮助资料。

需要注意的是，如果原来的存储过程在定义时使用了 WITH ENCRYPTION 或 WITH RECOMPILE 选项，那么只有在 ALTER PROCEDURE 语句中也选择了这些选项，这些选项才有效；另外，使用 ALTER PROCEDURE 修改后，原存储过程的权限和属性将保持不变。

2. 存储过程的删除

当一个存储过程不再使用时，就应该将其从数据库中删除。删除一个存储过程的 SQL 语句是 DROP PROCEDURE，其语法格式如下：

```
DROP { PROC | PROCEDURE } { [ schema_name.] procedure } [ ,…n ]
```

从该语法中可以看出，一条 DROP PROCEDURE 语句可以同时删除一个或多个存储过程。例如，同时删除过程 myProl、myPro2、myPro3，可使用下列语句来完成：

```
DROP PROCEDURE myPro1, myPro2,myPro3
```

当然，也可以在 SSMS 中删除一个存储过程，方法如下：在对象资源管理器中右击要删除的存储过程对应的节点，在弹出的快捷菜单中选择“删除”命令，根据提示删除存储过程即可。

注意：当一个存储过程被删除以后，所有用户对其拥有的操作权限也将全部被删除。

12.4 触 发 器

触发器是一种特殊的存储过程，但其与一般存储过程不同。触发器执行的前提是要有相应事件的发生，这些事件主要针对的是数据表。

12.4.1 触发器概述

触发器虽然也是一个存储过程，但它不是被调用执行，而是在相应的事件发生时被激发执行，并且不能传递参数和接收参数。触发器与数据表关系密切，一般用于实现比较复杂的数据完整性规则、检查数据的有效性、实现对用户操作和数据状态的实时监控、实现数据库的一些管理任务和其他一些附加功能等。

在 SQL 中，引发事件的语句主要是 DML 和 DDL，因此又有 DML 事件和 DDL 事件，以及 DML 触发器和 DDL 触发器之称。另外，自 SQL Server 2005 开始，SQL Server 增加了一类新的触发器——LOGON 触发器（登录触发器）。利用登录触发器可以实现对登录用户的锁定、限制和跟踪等。

由于在触发器中可以包含复杂的处理逻辑，因此应该用触发器来保持低级的数据的完整性，而不是返回大量的查询结果。

使用触发器主要可以实现以下操作。

1. 强制实现比 CHECK 约束更复杂的数据完整性

若要实现对数据的完整性约束，可使用 CHECK 约束或触发器。但在 CHECK 约束中不允许引用其他表中的列来完成检查工作，而触发器可以引用其他表中的列来完成数据的完整性约束。

2. 实现数据库中多张表的级联更新

用户可以通过触发器对数据库中的相关表进行级联更新。

3. 比较数据库修改前后数据的状态

触发器具有访问由 INSERT、UPDATE 或 DELETE 语句引起的数据前后状态变化的能力。因此，用户可以在触发器中引用由于修改所影响的记录行，并可以阻止数据库中未经许可的更新和变化。

4. 调用存储过程

约束的本身是不能调用存储过程的，但触发器本身就是一种存储过程，而存储过程是可以嵌套使用的，所以触发器也可以调用一个或多个存储过程。

5. 使用自定义的错误提示信息

用户有时需要在数据的完整性遭到破坏或其他情况下，使用预先自定义好的错误提示信息或动态自定义的错误提示信息。通过使用触发器，用户可以捕获破坏数据的完整性的操作，并返回自定义的错误提示信息。

12.4.2 触发器的分类

1. DML 触发器

DML 主要包含 INSERT、UPDATE、DELETE 等语句，这些语句作用于数据表或视图时，将产生相应的事件——DML 事件。该事件一旦发生，就可触发相关触发器的执行，因此这类事件通常称为 DML 事件，相应的触发器称为 DML 触发器。

根据触发事件发生与触发器执行的先后关系，又可将 DML 触发器分为 AFTER 触发器和 INSTEAD OF 触发器。

1）AFTER 触发器：在 DML 触发事件发生后，才触发执行触发器，即先执行 INSERT、UPDATE、DELETE 语句，然后才执行 AFTER 触发器。AFTER 触发器只适用于数据表，不适用于视图。AFTER 触发器一般用于检查数据的变动情况，以便采取相应措施。例如，如果发现错误，则将拒绝或回滚更改的数据。

2）INSTEAD OF 触发器：INSTEAD OF 触发器是在 DML 触发事件发生之前（数据被更新之前）执行的，其将代替 DML 语句的执行，即 INSTEAD OF 触发器在 DML 触发事件发生之前执行，并且取代相应的 DML 语句（INSERT、UPDATE 或 DELETE 语句），转而执行 INSTEAD OF 触发器定义的操作（此后不再执行此 DML 语句）。INSTEAD OF 触发器既适用于数据表，也适用于视图，但对同一个操作只能定义一个 INSTEAD OF 触发器。

如果根据触发事件的类型划分，DML 触发器通常又可分为 INSERT 触发器、UPDATE 触发器和 DELETE 触发器。

1）INSERT 触发器：执行 INSERT 语句后被触发执行的触发器。

2）UPDATE 触发器：执行 UPDATE 语句后被触发执行的触发器。

3）DELETE 触发器：执行 DELETE 语句后被触发执行的触发器。

2. DDL 触发器

DDL 触发器是一种由执行 DDL 语句产生触发事件而被触发执行的触发器。DDL 语句包括 CREATE、ALTER、DROP、GRANT、DENY、REVOKE 和 UPDATE STATISTICS 等。与 DML 触发器不同的是，DDL 触发器的触发事件是执行 DDL 语句而引起的，这种触发器是在触发事件发生后执行的；而 DML 触发器的触发事件则是由执行 DML 语句引起的，可在事件发生前或发生后执行。

3. 登录触发器

登录触发器是自 SQL Server 2005 开始新增加的一类为响应 LOGON 登录（事件）而触发执行的触发器，即只要有用户登录，登录触发器即可被触发执行。因此，通过登录触发器可以知道谁登录了服务器及何时登录的，并可以实现如何跟踪用户的活动，还可以限制特定用户只能在特定时间段登录等。

12.4.3 触发器的工作原理

理解触发器的工作原理，有利于更好地使用触发器。这里主要介绍 DML 触发器。

1. Inserted 表和 Deleted 表

SQL Server 为每个 DML 触发器都创建了两个专用临时表：Inserted 表和 Deleted 表。这两个表的结构总是与该触发器关联的表结构相同，触发器执行完成后，与该触发器相关的这两个临时表也会被删除。

1）Inserted 表存放由于执行 INSERT 或 UPDATE 语句而要向表中插入的所有行。

2）Deleted 表存放由于执行 DELETE 或 UPDATE 语句而要从表中删除的所有行。

2. INSERT 触发器

INSERT 触发器是指在表或视图中插入数据时，引发执行的特殊存储过程。当数据表的 INSERT 触发器执行时，新插入的数据行同时插入原数据表和 Inserted 表，实际上是插入行的一个副本。

3. DELETE 触发器

DELETE 触发器是指在表或视图中删除数据时，引发执行的特殊存储过程。当数据表的 DELETE 触发器执行时，将被删除的数据行先插入 Deleted 表，其好处是触发器语句被强迫终止时，可以从 Deleted 表还原数据。

4. UPDATE 触发器

UPDATE 触发器是在对表或视图修改时引发的触发器。UPDATE 触发器处理分为两个步骤：当 UPDATE 语句执行时，将被修改前的数据存入 Deleted 表，而将修改后的数据同时存入 Inserted 表，其好处是可以对修改前后的数据进行对比。

12.4.4 触发器的创建

1. 创建 DML 触发器

创建 DML 触发器的语法格式如下：

```
CREATE TRIGGER [ schema_name . ]trigger_name
  ON { table | view }
  [ WITH <dml_trigger_option> [ ,…n ] ]
  { FOR | AFTER | INSTEAD OF }
  { [ INSERT ] [ , ] [ UPDATE ] [ , ] [ DELETE ] }
  [ NOT FOR REPLICATION ]
  AS { sql_statement [ ; ] [ ,…n ] | EXTERNAL NAME <method specifier
      [ ; ] > }
  <dml_trigger_option> ::= [ ENCRYPTION ] [ EXECUTE AS Clause ]
  <method_specifier> ::= assembly_name.class_name.method_name
```

【例 12-22】 在数据表 Student 中创建一个触发器 Tri_deny_update，功能是拒绝在 Student 表中执行 UPDATE 语句，并提示“对不起，您无权修改！”。

```
USE Student
GO
CREATE TRIGGER Tri_deny_update
  ON Student
  INSTEAD OF UPDATE
  AS
  BEGIN
     PRINT '对不起，您无权修改！'
  END
```

这是一个 INSTEAD OF 触发器，其作用是对表 Student 执行 UPDATE 操作时替换成执行触发器 Tri_deny_update，而不再执行此 UPDATE 操作，因此表 Student 中的数据并未受到该 UPDATE 操作的任何影响。

可以通过以下语句验证，将显示“对不起，您无权修改！”。

```
UPDATE Student
SET specialty='网络安全 1'
WHERE Sno='202001008'
```

【例 12-23】 在数据表 SC 中创建一个触发器 Tri_SC_insert，功能是当向 SC 表添加记录时，首先检索 Student 表中有无对应的学号，若有，则允许添加，否则拒绝添加。

```
USE Student
GO
CREATE TRIGGER Tri_SC_insert
  ON SC
```

```
AFTER INSERT
AS
BEGIN
    IF (SELECT COUNT(*) FROM Student
          WHERE Sno IN(SELECT Sno FROM inserted))<1
           BEGIN
              RAISERROR ('查无该生学号，无法添加！',16,1)
              ROLLBACK TRANSACTION  --回滚，撤销插入操作
           END
        ELSE
        PRINT '成功添加数据！'
END
```

本例中，该触发器用于实现表间的约束，即在SC表插入数据时，检索Student表中是否存在对应的学号，若不存在，则回滚事务，撤销INSERT操作；若有对应的学号，则成功执行INSERT操作。

可以通过以下语句验证，将显示“成功添加数据!”。

```
INSERT INTO SC(Sno,Cno,Score)
VALUES('202001008','C001',80)
```

通过以下语句验证，将显示“查无该生学号，无法添加!”，因为Student表中不存在学号为202099999的记录。

```
INSERT INTO SC(Sno,Cno,Score)
VALUES('202099999','C001',80)
```

【例12-24】 在数据表Student中创建一个触发器Tri_Stu_delete，功能是当从Student表中删除记录时，同时把SC表中对应学号的记录也删除，即级联删除，以保持两个表中数据的参照完整性。

```
USE Student
GO
CREATE TRIGGER Tri_Stu_delete
  ON Student
  AFTER DELETE
  AS
  BEGIN
      DELETE FROM SC
          WHERE Sno IN(SELECT Sno FROM deleted)
      PRINT '成功删除数据！'
  END
```

可以通过以下语句验证，查看Student和SC两个表中学号为202001008的记录是否均被删除：

```
DELETE FROM Student
```

```
WHERE Sno='202001008'
```

2\. 创建 DDL 触发器

创建 DDL 触发器的语法格式如下：

```
CREATE TRIGGER trigger_name
  ON { ALL SERVER | DATABASE }
  [ WITH <ddl_trigger_option> [ ,…n ] ]
  { FOR | AFTER } { event_type | event_group } [ ,…n ]
  AS { sql_statement [ ; ] [ ,…n ] | EXTERNAL NAME < method specifier >
       [ ; ] }
<ddl_trigger_option> ::= [ ENCRYPTION ] [ EXECUTE AS Clause ]
```

DML 触发器的各参数意义基本同 DML 触发器。此外，其特有的参数包含以下几种。

1）DATABASE：将触发器的作用域指定为当前数据库，这时只要数据库中出现 event_type 或 event_group，就会激发该触发器。

2）ALL SERVER：将触发器的作用域指定为当前服务器，这时只要在服务器上出现 event_type 或 event_group，即可激发该触发器。

3）event_type | event_group：分别为 SQL 事件的名称和事件分组的名称。

【例 12-25】 创建一个触发器 Tri_deny_drop_alter，用于禁止在当前数据库中删除或修改任何数据表。

```
USE Student
GO
CREATE TRIGGER Tri_deny_drop_alter
  ON DATABASE
  FOR DROP_TABLE,ALTER_TABLE
  AS
  BEGIN
      PRINT '禁止删除或修改数据库中的任何数据表!'
      ROLLBACK
  END
```

本例中，触发器是一个 DDL 触发器，其作用范围是整个数据库。该触发器创建以后，发出删除或修改数据表的任何命令都是被禁止的。

【例 12-26】 创建一个触发器 Tri_deny_login，使之能够禁止在服务器上创建任何服务器登录。

```
CREATE TRIGGER Tri_deny_login
  ON ALL SERVER
  FOR CREATE_LOGIN
  AS
  BEGIN
     PRINT '禁止创建服务器登录!'
     ROLLBACK
  END
```

本例中，该触发器的作用范围是整个服务器。创建后，将禁止在服务器上创建任何服务器登录。

12.4.5 触发器的修改

触发器的修改是由 ALTER TRIGGER 语句完成的，其中涉及的参数与触发器定义语法中的参数一样，这里不再赘述，读者可自行查阅相关帮助文档。

修改触发器的优点主要是用户拥有对它的操作权限不会因为对触发器的修改而发生改变。另外，如果原来的触发器定义是使用 WITH ENCRYPTION 或 WITH RECOMPILE 选项创建的，那么只有在 ALTER TRIGGER 中也包含这些选项时，这些选项才有效。

12.4.6 禁用、启用和删除触发器

1. 禁用和启用触发器

有时候（特别是在调试阶段）我们并不希望频繁地触发执行一些触发器，但又不能将之删除，这时最好先禁用这些触发器。禁用一段时间以后，需要重新启用它。

下面分别是禁用和启用触发器的 SQL 语句的语法格式：

```
DISABLE TRIGGER { [ schema_name.] trigger_name [ ,…n ] | ALL }
ON { object_name | DATABASE | ALL SERVER } [ ; ]
ENABLE TRIGGER { [ schema_name.] trigger_name [ ,…n ] | ALL }
ON { object_name | DATABASE | ALL SERVER } [ ; ]
```

【例 12-27】 禁用触发器 Tri_deny_login。

```
DISABLE TRIGGER Tri_deny_login ON ALL SERVER
```

如果将上述语句中的 Tri_deny_login 改为 ALL，则表示禁用所有定义在服务器作用域中的触发器，这样就可以避免一个一个地执行禁用操作。

下面是启用触发器 Tri_deny_login 的语句：

```
ENABLE TRIGGER Tri_deny_login ON ALL SERVER
```

如果要启用所有定义在服务器作用域中的触发器，可以使用下列语句来完成：

```
ENABLE TRIGGER ALL ON ALL SERVER
```

2. 删除触发器

当一个触发器不再使用时，应当将之删除。DML 触发器和 DDL 触发器的删除方法有所不同。

以下是删除 DML 触发器的 SQL 语法格式：

```
DROP TRIGGER [schema_name.]trigger_name [ ,…n ] [ ; ]
```

以下是删除 DDL 触发器的 SQL 语法格式：

```
DROP TRIGGER trigger_name [ ,…n ] ON { DATABASE | ALL SERVER } [ ; ]
```

以下是删除 LOGON 触发器的 SQL 语法格式：

```
DROP TRIGGER trigger_name [ ,…n ] ON ALL SERVER
```

可以看出，在删除 DDL 和 LOGON 触发器时需要指定触发器的名称和作用域（是 DATABASE 还是 ALL SERVER），而删除 DML 触发器时则只指定其名称。

【例 12-28】 删除触发器 Tri_deny_login。

```
DROP TRIGGER Tri_deny_login ON ALL SERVER
```

12.5 习　题

1. 什么是标识符？
2. 什么是变量？T-SQL 中有哪些变量？如何表示它们？
3. 简述函数的概念。T-SQL 中有哪些用户定义函数？它们有什么区别？
4. 什么是存储过程和触发器？它们有何作用？
5. 简述存储过程和触发器的优点。

第 13 章　数据库设计

本章要点

- 数据库设计的概念
- 需求分析
- 概念结构设计
- 逻辑结构设计
- 物理结构设计
- 数据库实施、运行与维护

关系数据库是用二维表结构模型表示数据的数据库。合理的数据库结构是数据库应用系统性能良好的基础和保证，那么如何设计一个结构合理、性能良好的数据库呢？本章主要介绍数据库设计过程中的需求分析，概念结构设计，逻辑结构设计，物理结构设计，数据库实施，运行和维护等内容。

13.1 数据库设计概述

数据库是数据库应用系统的核心和基础。数据库设计是根据用户需求设计数据库结构的过程。具体来说，数据库设计是指利用现有的数据库管理系统为具体的应用对象构造适合的数据库模式，建立数据库及其应用系统，使之能够有效地存储数据，以满足各种用户的应用需求（信息需求和功能需求）。

13.1.1 数据库设计的方法

大型数据库开发设计是涉及多学科的综合性技术，也是一项庞大的系统工程项目。它要求从事数据库设计的专业人员具备多方面的技术和知识，主要包括如下内容：

1）计算机的基础知识。

2）软件工程的原理和方法。

3）程序设计的方法和技巧。

4）数据库的基本知识。

5）数据库设计技术。

6）应用领域的知识。

只有具备这些技术和知识，才能设计出符合具体领域要求的数据库及其应用系统。

数据库设计方法有多种，概括起来可分为 4 类，即直观设计法、规范设计法、计算机辅助设计法和自动化设计法。直观设计法又称单步逻辑设计法，它依赖于设计者的知识、经验和技巧，缺乏工程规范的支持和科学根据，设计质量也不稳定，因此越来越不适应信息管理系统发展的需要。为了改变这种状况，1978 年 10 月来自 30 多个欧美国家的主要数据库专家在美国新奥尔良市专门讨论了数据库设计问题，提出了数据库设计规范，把数据库设计分为需求分析、概念结构设计、逻辑结构设计和物理结构设计 4 个阶段。目前，常用的规范设计方法大多起源于新奥尔良方法，如基于 3NF 的设计方法、LRA（logical record access，逻辑记录存取）方法、面向对象的数据库设计方法及基于视图概念的数据库设计方法等。

13.1.2 数据库设计的内容

概括起来，数据库设计包括两个方面的内容，即数据库的结构设计和数据库应用系统的功能设计。

1. 数据库的结构设计

数据库的结构设计就是为某个特定的应用而建立一组结构合理的数据表，这是整个数据库的数据源。必须合理地规划、有效地组织数据，以便实现高度的数据集成和有效的数据共享。数据表应满足关系规范化的原则，尽可能地减少数据冗余，保证数据的完整性和一致性。

2. 数据库应用系统的功能设计

数据库应用系统的功能设计是在充分进行用户当前需求与可预知的需求分析的基础上实现的，它包括各种用户的界面设计和功能的实现策略。

如果使用较好的数据库设计过程，就能迅速、高效地创建一个设计完善的数据库，为访问所需信息提供方便。在设计时打好坚实的基础，设计出结构合理的数据，将会节省日后整理数据库所需的时间，并能更快地得到精确的结果。

13.1.3 数据库设计的步骤

按照规范设计方法，考虑数据库及应用系统开发全过程，数据库设计可分为 6 个阶段。

1. 需求分析阶段

要进行数据库设计，首先必须准确了解与分析用户需求（包括数据与处理）。需求分析是整个设计过程的基础，是最困难、最耗时的一个阶段。因为需求分析是否做得充分与准确，决定了数据库构建的速度与质量。如果需求分析做得不好，甚至导致整个数据库设计返工重做。

2. 概念结构设计阶段

概念结构设计是整个数据库设计的关键，它通过对用户需求进行综合、归纳与抽象，形成一个独立于具体 DBMS 的概念模型。

3. 逻辑结构设计阶段

逻辑结构设计是将概念结构转化为某个 DBMS 所支持的数据模型，并进行优化。

4. 物理结构设计阶段

物理结构设计是为逻辑数据模型选取一个最适合应用环境的物理结构（包括存储结构和存取方法）。

5. 数据库实施阶段

在数据库实施阶段，设计人员运用 RDBMS 提供的数据库语言（如 SQL）及其宿主语言，根据逻辑结构设计和物理结构设计的结果建立数据库，编制与调试应用程序，组织数据入库，并进行试运行。

6. 数据库运行和维护阶段

数据库应用系统经过试运行后即可投入正式运行。在数据库系统运行过程中，必须不断地对其进行评价、调整与修改。

设计一个完善的数据库应用系统是不可能一蹴而就的，它往往是上述 6 个阶段的不断反复。

需要指出的是，该设计步骤既是数据库设计的过程，也包括数据库应用系统的设计过程。在设计过程中把数据库的设计和对数据库中数据处理的设计紧密结合起来，因为如果不了解应用环境对数据的处理要求，或没有考虑如何实现这些处理要求，是不可能设计一个良好的数据库结构的。

13.2 需求分析

需求分析是整个数据库设计成功的关键。需求分析是对用户提出的各种要求加以分析，对各种原始数据加以综合、整理，是形成最终设计目标的首要阶段。

13.2.1 需求分析的任务

需求分析的任务是通过详细调查现实世界要处理的对象（组织、部门、企业等），充分了解原系统（手工系统或计算机系统）的工作概况，明确用户的各种需求，并在此基础上确定新系统的功能。新系统必须充分考虑今后可能的扩充和改变，不能仅仅按当前应用需求来设计数据库。

调查的重点是数据和处理，通过调查、收集与分析，获得用户对数据库的如下要求。

1. 信息要求

信息要求指用户需要从数据库中获得信息的内容与性质。由信息要求可以导出数据要求，即在数据库中需要存储哪些数据。

2. 处理要求

处理要求指用户要完成什么处理功能、对处理的响应时间有什么要求、处理方式又有什么要求（批处理或联机处理）等。

3. 安全性与完整性要求

安全性要求是指对数据库的用户、角色、权限、加密方法等安全保护措施的要求。完整性要求是指对数据取值范围、数据之间各种联系的要求等。

确定用户的最终需求往往是一件很困难的事，这是因为一方面用户缺少计算机知识，开始时无法确定计算机究竟能为自己做什么，不能做什么，往往不能准确地表达自己的需求，所提出的需求往往会不断变化；另一方面，设计人员缺少用户的专业知识，不易理解用户的真正需求，甚至误解用户的需求。因此，设计人员必须不断深入地与用户进行交流，才能逐步确定用户的实际需求。

13.2.2 需求分析的方法

要进行需求分析，首先应调查清楚用户的实际要求，与用户达成共识；然后分析与表达这些需求。

1. 调查用户需求的具体步骤

1）调查组织机构情况：包括了解该组织的部门组成情况、各部门的职责等，为分析信息流程做准备。

2）调查各部门的业务活动情况：包括了解各个部门输入和使用什么数据、如何加工处理这些数据、输出什么样的信息、输出到什么部门、输出结果的格式是什么，这是调查的重点。

3）在熟悉业务活动的基础上，协助用户明确对新系统的各种要求，包括信息要求、处理要求、完全性与完整性要求，这是调查的又一个重点。

4）确定新系统的边界：对前面调查的结果进行初步分析，确定哪些功能由计算机完成或将来准备让计算机完成，哪些活动由人工完成。由计算机完成的功能就是新系统应该实现的功能。

2. 常用的调查方法

在调查过程中，可以根据不同的问题和条件使用不同的调查方法。

1）跟班作业：通过亲身参加业务工作来了解业务活动的情况。这种方法可以比较准确地理解用户的需求，但比较耗时。

2）开座谈会：通过召开座谈会的方式，与用户交流了解业务活动情况及用户需求。座谈时，参加者之间可以相互启发，一般可按职能部门组织座谈会。

3）询问或请专人介绍：一般应包括领导、管理人员、操作员等。

4）设计调查表请用户填写需求：如果调查表设计得合理，这种方法是很有效的，也易于被用户接受。

5）查阅记录：查阅与原系统有关的数据记录。

进行需求调查时，往往需要同时采用上述多种方法。但无论使用何种调查方法，都必须有用户的积极参与和配合，最好能建立由双方人员参加的项目实施保障小组负责沟通联系。

13.2.3　需求分析的结果

调查了解了用户需求以后，还需要进一步分析和表达用户的需求。在众多的分析方法中，结构化分析（structured analysis，SA）是一种简单实用的方法。SA 方法从最上层的系统组织机构入手，采用自顶向下、逐层分解的方式分析系统。SA 方法把任何一个系统都抽象为图 13.1 所示的形式。

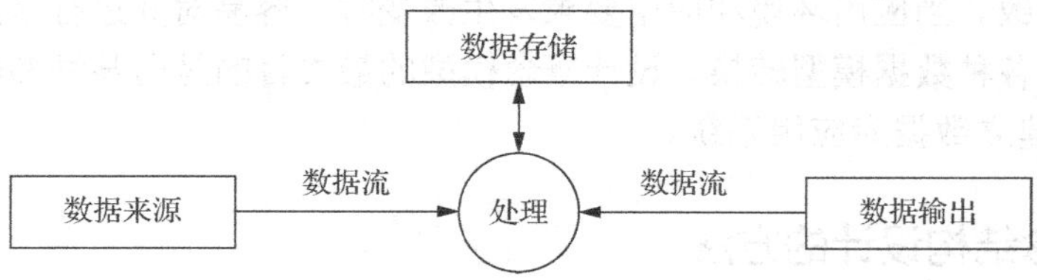

图 13.1　系统高层抽象

图 13.1 给出的只是最高层次抽象的系统概貌，要反映更详细的内容，可将处理功能分解为若干子功能，每个子功能还可以继续分解，直到把系统工作过程表示清楚为止。在处理功能逐步分解的同时，它们所用的数据也逐级分解，形成若干层次的数据流图。

数据流图表达了数据和处理过程的关系。在 SA 方法中，处理过程的处理逻辑常常借助判定表或判定树来描述，系统中的数据则借助数据字典（data dictionary，DD）来描述。

数据字典是系统中各类数据描述的集合，是进行详细的数据收集和数据分析所获得的主要成果。数据字典在数据库设计中占有很重要的地位。

数据字典通常包括数据项、数据结构、数据流、数据存储和处理过程 5 个部分。其中，数据项是数据的最小组成单位，若干个数据项可以组成一个数据结构。数据字典通过对数据项和数据结构的定义来描述数据流、数据存储的逻辑内容。

这一阶段的成果是需求分析说明书，其主要内容是系统的数据流图和数据字典。需求分析说明书是一份既切合实际，又具有远见的文档，是描述新系统的轮廓图。对用户需求进行分析与表达后，必须提交给用户，征得用户的认可，才能进入下一阶段。

13.3 概念结构设计

将需求分析得到的用户需求抽象为信息结构（概念模型）的过程就是概念结构设计，即把现实世界的客观对象及其特性抽象为信息世界中的概念模型。它是整个数据库设计的关键。

13.3.1 概念结构

概念结构设计的目标是产生反映用户信息需求的数据库概念结构，即概念模型，其主要任务是通过对用户需求进行综合、归纳与抽象，形成一个独立于具体 DBMS 的概念模型。目前常用的概念模型是 E-R 模型，它具有以下特点：

1）能真实、充分地反映现实世界，包括事物和事物之间的联系，并能满足用户对数据的处理要求。

2）易于理解。可以方便设计人员与最终用户之间进行交流、讨论，用户的积极参与是数据库设计成功的关键。

3）易于更改。当应用环境和应用要求发生改变时，容易对其进行修改和扩充。

4）易于向各种数据模型转换。设计概念模型的最终目的是向某种 DBMS 支持的数据模型转换，建立数据库应用系统。

13.3.2 概念结构设计的方法

设计概念结构通常有以下 4 类方法。

1）自顶向下：首先定义全局概念结构的框架，然后逐步细化。

2）自底向上：首先定义局部应用的概念结构；然后将它们集成起来，得到全局概念结构。

3）逐步扩张：首先定义最重要的核心概念结构；然后向外扩充，以滚雪球的方式逐步生成其他概念结构，直至总体概念结构。

4）混合策略：将自顶向下和自底向上相结合，用自顶向下策略设计一个全局概念结构的框架，以其为骨架集成由自底向上策略中设计的各局部概念结构。

其中，最经常采用的策略是混合策略，即自顶向下地进行需求分析，然后自底向上地设计概念结构。

这里只介绍自底向上设计概念结构的方法。

13.3.3 概念结构设计的步骤

概念结构设计大致分为 3 步：第 1 步进行数据抽象，设计局部概念模型，即设计局部 E-R 图；第 2 步将局部概念模型综合成全局概念模型，即全局 E-R 图；第 3 步为评审优化。

1. 设计局部 E-R 图

局部 E-R 图的设计大致可分为 2 步。

（1）确定局部 E-R 图的范围

根据需求分析所产生的文档，可以确定每个局部 E-R 图描述的范围。通常采用的方法是将功能划分为几个系统，每个系统又可分为几个子系统。设计局部 E-R 模型的第一步就是划分适当的系统或子系统，在划分时过细或过粗都不太合适，划分过细将造成大量的数据冗余和不一致，过粗有可能漏掉某些实体。

一般可以遵循以下两条原则进行功能划分。

1）独立性原则。划分在一个范围内的应用功能具有独立性与完整性，与其他范围内的应用有最少的联系。

2）规模适度原则。局部 E-R 图规模应适度，一般以 6 个左右实体为宜。

（2）确定局部 E-R 图的实体、属性和联系

根据需求分析说明书，将用户的数据需求和处理需求中涉及的数据对象进行归类，指明对象的身份，是实体、属性还是联系。

为了简化 E-R 图的处置，现实世界的事物能作为属性对待的，应尽量作为属性对待。那么符合什么条件的事物可以作为属性对待呢？本来，实体与属性之间并没有形式上可以截然划分的界限，但可以给出两条准则。

准则 1：作为“属性”，不能再具有需要描述的性质。“属性”必须是不可分的数据项，不能包含其他属性，否则作为实体对待。

准则 2：“属性”不能与其他实体有联系，即 E-R 图中所表示的联系是实体之间的联系。

凡满足上述两条准则的事物，一般均可作为属性对待。

例如，教师是一个实体，教工号、姓名、年龄是教师的属性，职称如果没有与工资、福利挂钩，即没有需要进一步描述的特性，则根据准则 1，可以将其作为教师实体的属性；但如果不同的职称有不同的工资、住房标准和不同的附加福利，则职称作为一个实体看待就更恰当。

又如，一个学生只能属于一个班级，班级可以作为学生实体的一个属性；但如果班级还要与专业实体发生联系，即一个专业有多个班级，则班级根据准则 2 应作为一个实体对待。

确定了实体及其属性后，即可定义实体间的联系。实体间的联系按其特点可分为 3 种：一对一、一对多和多对多。

下面以学生成绩管理系统为例介绍概念结构设计。

根据需求分析的结果进行数据抽象，得到如下实体和属性信息。

1）学生：属性包含学号、姓名、性别、出生日期、是否党员、专业、入学日期、年级、电子邮箱、电话、简历和相片等，关键字为学号。

2）课程：属性包含课程号、课程名、学时和学分等，关键字为课程号。

3）班级：属性包含班号、班级名称和备注等，关键字为班号。

4）教师：属性包含教工号、姓名、性别、出生日期、政治面貌、职称、系别和电话等，关键字为教工号。

以上实体之间存在的联系如下。

1）每个学生只能属于一个班级，且一个班级有若干个学生。

2）一个学生可同时选修多门课程，一门课程也可同时被多个学生选修，每个学生选修一门课并经过考核后就有一个成绩。

3）一个教师可为多个班级讲授多门课程，且一门课程也可在不同班级由不同的教师讲授。

根据抽象分析的结果，可把本系统分为 3 个局部的应用，分别是学生就读情况、学生选课情况和教师开课情况，因此有 3 个局部 E-R 图，如图 13.2 所示。

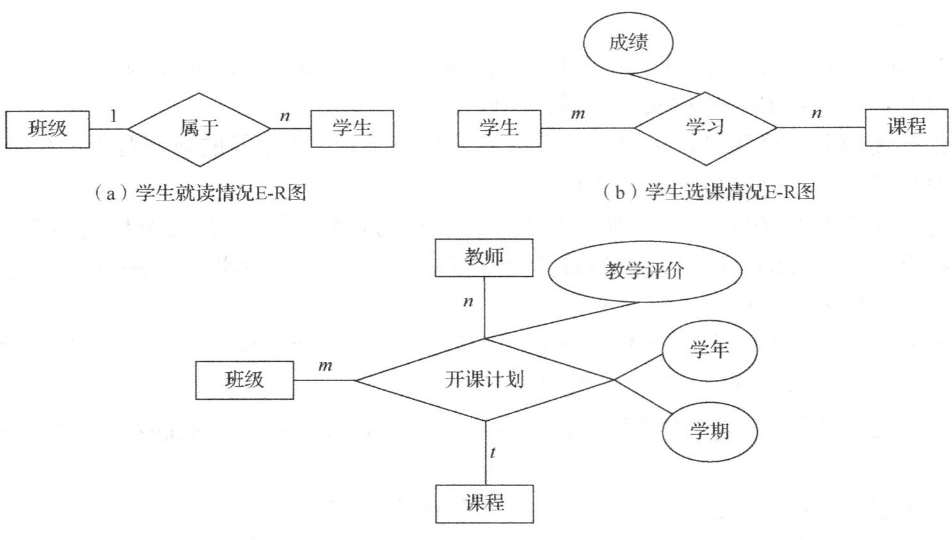

（a）学生就读情况E-R图　（b）学生选课情况E-R图　（c）教师开课情况E-R图

图 13.2　学生成绩管理系统局部 E-R 图

2. 设计全局的初步 E-R 图

由于局部 E-R 图反映的只是单位局部子功能对应的数据视图，因此需将各个局部 E-R 图合并为全局的初步 E-R 图，即局部 E-R 图的集成。一般来说，局部 E-R 图可能由多人设计，即使是由同一个人设计，但由于设计是在不同的时间、不同的条件下完成的，因此都有可能造成各个局部 E-R 图的不一致，使得在集成过程中产生一些冲突问题，如命名冲突、属性冲突和结构冲突等。

（1）命名冲突

命名冲突是指意义不同的元素在不同的局部 E-R 图中有相同的名字，或者是有相同意义的元素在不同的局部 E-R 图中具有不同的名字。名字冲突比较容易解决，只要开发人员进行充分的协商，制定统一的命名规则即可。

（2）属性冲突

属性冲突是指同义、同名的属性在不同的局部 E-R 图中的取值类型、范围、所使用的单位等完全不一样。例如，有的 E-R 图中将教师编号的长度定义为 10 字节，类型为字符串；有的 E-R 图中则将其定义为 6 字节的字符串类型；还有的 E-R 图中可能将教师编号定义为整型；等等。一般来说，在一个 E-R 图中不应该存在属性冲突。这种冲突主要通过协商，加强沟通来解决。

（3）结构冲突

结构冲突是指一个事物在一个局部 E-R 图被抽象为实体，而在另一个局部 E-R 图中又被抽象为属性。这时不能直接将这两个局部 E-R 图集成为一个 E-R 图，首先要解决结构冲突问题。解决的办法是视具体情况将相应的属性改为实体，或者将相应的实体改为属性，但这种操作又可能引起其他问题，故更改时要慎重。

还有一种结构冲突是相同的实体在不同的局部 E-R 图中有不同的属性或不同的联系。对于前一种情况，一种简单的解决方法是使该实体的属性集为它在各 E-R 图中的属性集的并集；对于后一种情况，解决方法相对复杂，要视具体情况对联系进行分解，或者进行其他调整。

集成过程可以采用两两合并的方法将其合成为一个全局的概念模型。在集成过程中主要消除冲突：属性域冲突、命名冲突、结构冲突，集成后得到初步的总体 E-R 图，如图 13.3 所示。

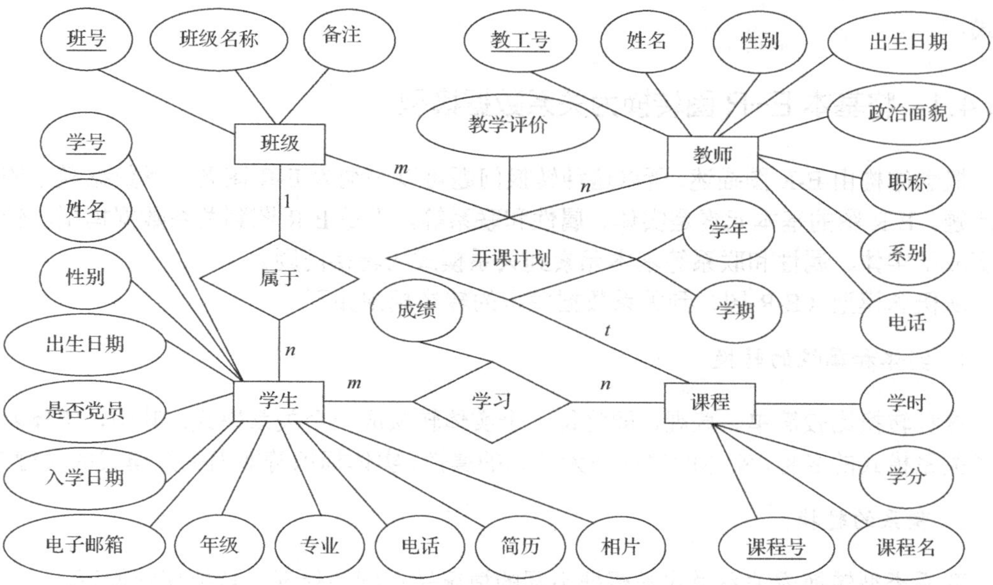

图 13.3　学生成绩管理系统初步 E-R 图

3. 评审优化

在初步 E-R 图中，可能存在一些冗余的数据和实体间冗余的联系。冗余的数据是指可由基本数据导出的数据，冗余的联系是指可由其他联系导出的联系。冗余数据和冗余联系容易破坏数据库的完整性，给数据库维护增加困难，应当予以消除。消除了冗余后的初步 E-R 图称为基本 E-R 图。

消除冗余主要采用分析方法，即以数据字典和数据流图为依据，根据数据字典中关于数据项之间逻辑关系的说明来消除冗余。例如，学生的智育分可通过学分和课程成绩计算出来。

但并不是所有的冗余数据与冗余联系都必须加以消除，有时为了提高效率，不得不以冗余信息作为代价。因此，在设计数据库概念结构时，哪些冗余信息必须消除，哪些冗余信息允许存在，需要根据用户的整体需求来确定。如果人为地保留了一些冗余数据，则应把数据字典中数据关联的说明作为完整性约束条件。

除分析方法外，还可以用规范化理论来消除冗余。在规范化理论中，函数依赖的概念提供了消除冗余联系的形式化工具。

13.4 逻辑结构设计

概念结构设计的结果是得到一个与 DBMS 无关的概念模型。逻辑结构设计的目的是把概念结构设计阶段设计好的基本 E-R 图转换成与选用的具体机器上的 RDBMS 所支持的数据模型（如关系模型）相符合的逻辑结构，同时对其进行优化；然后根据用户处理的要求和安全性的考虑，在基本表的基础上建立必要的视图（view），形成数据的外模式。

13.4.1 将基本 E-R 图转换为关系数据模型

概念结构由 E-R 图描述，所以这种转换问题可以归纳为 E-R 图到关系数据模型的转换问题。E-R 图的基本元素是实体、属性和联系等，于是 E-R 图到关系数据模型的转换就变成了实体、属性和联系等基本元素到关系模式的转换问题。

从概念模型（E-R 图）到关系数据模型的转换规则如下。

1. 实体和属性的转换

这种转换比较简单、直观，即将每一个实体转换成一个关系模式。其中，实体名变成了关系模式的名称，实体的属性即为关系的属性，实体标识符即为关系模式的关键字。

2. 联系的转换

联系类型转换成关系模式是根据不同的情况做不同的处理，转换规则如下。

（1）一对一联系

一对一联系的转换比较简单。其中，最直观和最简单的方法就是创建一个独立的关系模式，该关系模式的属性由该联系本身属性及与之相连的实体主键组成。

但是，有时为了减少数据冗余或者其他原因，也可以将联系对应的关系模式合并到与之相连的某个实体对应的关系模式中。合并的方法：可以在一个关系模式的属性中加入另一个关系模式的主键（将被当作外键）和联系类型的属性。

一般来说，联系可以合并到任意与之相连的实体对应的关系模式中。但是在实际应用中，往往从效率的角度来考虑如何进行合并。

（2）一对多联系

与一对一联系类似，一对多联系可以转换为一个独立的关系模式，但通常是合并到多端关系模式中，即在 n 端关系模式的属性中加入 1 端关系模式的主键（将被当作外键）和联系类型的属性。

（3）多对多联系

若实体间的联系是 $m:n$ 的，那只能转换为一个独立的关系模式，即将联系类型也转换成关系模式，其属性为两端实体类型的主键加上联系类型的属性，而主键为两端实体主键的组合，同时两端实体的主键即作为该关系模式的外键。

下面将图 13.3 所示的 E-R 图转换成关系数据模型。

1. 实体和属性的转换

将每一个实体转换为一个关系模式（其中带下划线的属性为主键）：

学生（<u>学号</u>，姓名，性别，出生日期，是否党员，专业，入学日期，年级，电子邮箱，电话，简历，相片）

课程（<u>课程号</u>，课程名，学时，学分）

班级（<u>班号</u>，班级名称，备注）

教师（<u>教工号</u>，姓名，性别，出生日期，政治面貌，职称，系别，电话）

2. 将联系类型转换为关系模式

1）“班级”与“学生”是 $1:n$ 的联系，根据转换规则，只要将“班级”关系模式中的“班号”属性加入“学生”关系模式中即可，其转换结果如下（其中带波浪下划线的属性为外键）：

学生（<u>学号</u>，姓名，性别，出生日期，是否党员，专业，入学日期，年级，电子邮箱，电话，简历，相片，班号）

2）“学生”与“课程”是 $m:n$ 的联系，根据转换规则，只能将其转换为一个独立的关系模式，其转换结果如下：

成绩（<u>学号，课程号</u>，成绩）

3）“班级”“教师”“课程”三者是 $m:n:t$ 的联系，根据转换规则，也只能将其转换为一个独立的关系模式，其转换结果如下：

开课计划（<u>教工号，课程号，班号</u>，学年，学期，教学评价）

综上，可以得到的关系模型如下：

学生（学号，姓名，性别，出生日期，是否党员，专业，入学日期，年级，电子邮箱，电话，简历，相片，班号）

课程（课程号，课程名，学时，学分）

班级（班号，班级名称，备注）

教师（教工号，姓名，性别，出生日期，政治面貌，职称，系别，电话）

成绩（学号，课程号，学年，学期，考试成绩，补考成绩，重修成绩）

开课计划（教工号，课程号，班号，学年，学期，教学评价）

13.4.2 关系模式的优化

逻辑结构设计的结果是数据模型。以上主要介绍了如何将以 E-R 图表示的概念结构转化为以关系数据模型表示的逻辑结构。在形成关系模式后，还需要对其进行优化处理，以尽可能地减少数据冗余、插入异常、修改异常和删除异常等问题。对关系模式的优化处理主要是基于规范化理论进行的，具体操作方法可参见第 4 章的相关内容。

13.4.3 用户子模式的设计

用户子模式也称为外模式，它是面向用户的，是用户可见的数据模型部分。它可以屏蔽概念模式，有助于实现程序与数据的独立，可以满足不同用户对数据的个性化需求，同时也有利于数据库的管理。

用户子模式的设计主要是利用局部E-R图，因为每张E-R图一般表示局部概念结构。现在流行的 DBMS 一般提供了视图功能，支持用户的虚拟视图。我们可以利用该功能设计符合不同局部应用需要的用户子模式。

13.5 物理结构设计

在逻辑结构设计阶段得到的数据模型只是一个理论上的概念，与具体的计算机系统无关。但是，基于数据模型的数据库最终必须存放到某个具体的物理设备中，由特定的 RDBMS 来管理。所以，如何选取合理的存储结构和有效的存储路径，以充分利用系统资源、提高数据库的性能，这就是物理结构设计需要完成的任务。

换句话说，物理结构设计的主要任务是为逻辑数据模型选取一个最适合应用环境的物理结构，包括存储结构和存取方法，进行存储记录安排，建立索引，形成数据库内模式。显然，数据库的物理结构设计完全依赖于给定的硬件环境和数据库产品。

数据库的物理结构设计通常分为以下两步：

1）确定数据库的物理结构，在关系数据库中主要指存储结构和存取方法。

2）对物理结构进行评价，评价的重点是时间和空间效率。

如果评价结果满足原设计要求，则可进入数据库实施阶段；否则，就需要重新设计或修改物理结构，有时甚至要返回逻辑设计阶段修改数据模型。

13.6 数据库实施、运行和维护

在完成数据库的逻辑结构和物理结构设计之后，就可以将这些设计结果付诸实践，并创建相应的应用程序，形成实际可运行的系统。系统运行之后还需要对其进行日常维护。

13.6.1 数据库的实施

数据库的实施是在数据库的逻辑结构和物理结构设计的基础上进行的，设计人员运用 RDBMS 提供的数据库语言及相关工具建立实际数据库，装入试验数据对应用程序进行调试，通过相应测试后，装入实际数据，进入试运行状态。

13.6.2 数据库运行和维护

数据库应用系统经过试运行后即可投入正式运行，这也标志着数据库设计与应用开发工作的结束和维护阶段的开始。维护即是对正在运行的数据库不断地评价、调整与修改。如果应用变化太大，再组织工作已无济于事，那么表明该数据库应用系统生存期已结束，应该重新设计数据库应用系统。

设计一个完善的数据库应用系统往往是上述 6 个阶段的不断反复。在设计过程中把数据库的设计和对数据库中数据处理的设计紧密结合起来，将这两个方面的需求分析、抽象、设计、实现在各个阶段同时进行，相互参照，相互补充，以完善两方面的设计。事实上，如果不了解应用环境对数据的处理要求，或没有考虑如何实现这些处理要求，是不可能设计出良好的数据库结构的。

13.7 习　题

1. 简述数据库设计的概念。
2. 简述数据库设计的过程。
3. 简述数据库设计过程中各个阶段的设计任务。
4. 简述概念结构设计的步骤。
5. 简述 E-R 图转换为关系数据模型的规则。

第 14 章　基于 PHP 的数据库应用系统开发

本章要点

- Web 开发相关知识
- Web 系统开发

本章将运用前面讲解的数据库开发相关知识，结合软件工程思想，同时选用 PHP（hypertext preprocessor，超文本预处理器）语言作为系统开发语言开发一个简易的图书管理系统。通过本章的讲解，读者可了解系统开发流程及数据库如何与 PHP 语言交互实现系统功能。

14.1　Web 开发准备知识

当今的互联网时代，大家经常使用计算机上的浏览器或者手机进行聊天、购物、娱乐、学习。这些丰富多彩的应用背后的软件系统是基于 Web 技术开发的。一个 Web 系统由客户端和服务端组成。其中，客户端用于提供界面给用户进行浏览和操作；服务端用于处理客户端用户发来的请求，并从数据库返回相应的数据。前端使用 HTML、CSS、JS 等语言进行开发，后端则可使用 PHP、Java、C#等任一可用于开发后端的语言。本书选用 PHP 进行系统的后端开发。

14.1.1　PHP 语言简介

PHP 是在服务器端执行的脚本语言，尤其适用于 Web 开发。PHP 语法在吸纳了多种语言的特色的基础上，发展出自己的特色语法，并根据它们的长项持续改进提升自己。PHP 语言创建的主要目标是让开发人员快速编写出优质的 Web 网站。PHP 同时支持面向对象和面向过程的开发，使用非常灵活。

14.1.2　HTML 简介

用 HTML 编写的超文本文档称为 HTML 文档，它能独立于各种操作系统平台（如 UNIX、Windows 等）。使用 HTML 将所需要表达的信息按某种规则写成 HTML 文件，通过专用的浏览器来识别，并将这些 HTML 文件“翻译”成可以识别的信息，即我们所见到的网页。

14.1.3　Web 服务器搭建

为了让系统能够运行并被人访问，首先要配置服务器环境。基于 PHP 开发的 Web 应用系统所需安装及配置的软件如下：

1）服务器管理软件 Apache。

2）PHP 预处理器。

3）MySQL 或其他数据库软件。

对于初学者而言，这些软件的安装和配置较为复杂。这里采用 XAMPP 搭建运行环境，其优势在于一键完成配置。XAMPP 是一个把 Apache 网页服务器与 PHP 和 MySQL 集成在一起的建站集成软件包，允许用户在普通计算机上轻易地配置 Web 服务器。

安装好 XAMPP 后，在该软件目录下找到并打开 xampp-control.exe。在软件面板上找到并单击 Apache、MySQL 后的 Start 按钮，即可运行 Web 服务器环境，如图 14.1 所示。

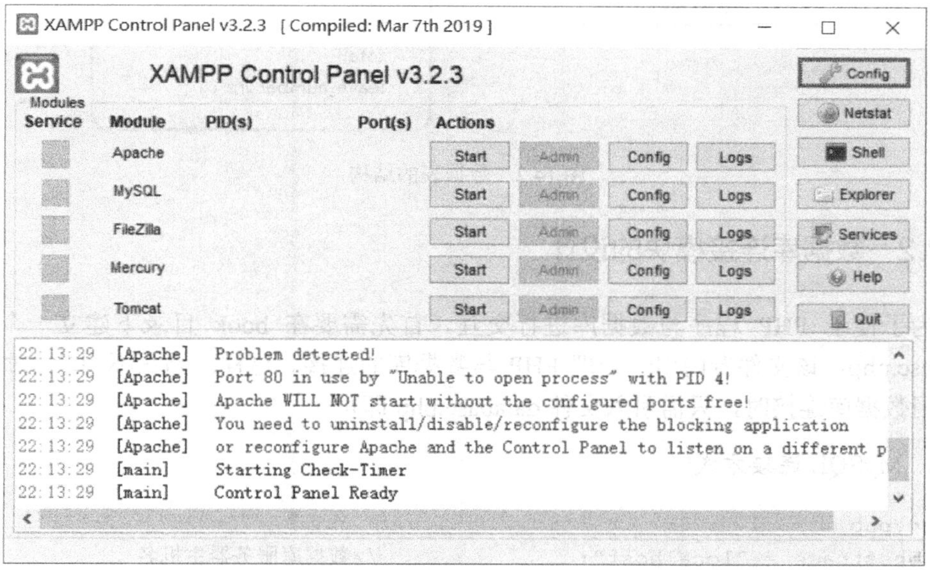

图 14.1　启动 Web 服务器环境

14.1.4　配置网站根目录

网站根目录是指 Web 服务器中存放网站的第一层文件夹。XAMPP 集成包把网站根目录地址默认为（服务器 XAMPP 安装地址）\htdocs。在根目录下创建项目文件夹 book。在 Apache 服务开启后，在浏览器的地址栏输入 localhost/book 即可访问。若要修改网站根目录地址，需打开 XAMPP 安装地址\apache\conf\httpd.conf 文件，并修改 DocumentRoot 后的路径。

14.2 数据库的设计与连接

应用系统的开发可分为前端和后端，这里简要介绍后端数据库的设计与连接。

14.2.1 数据库的设计

配置好服务器环境后，即可创建数据库，用于存储图书管理系统的数据。这里主要介绍 Web 系统开发流程，因此本系统只创建了两张数据表：表 admin 用于存储用户信息，表 books 用于存储图书信息。两张数据表的结构如图 14.2 所示。

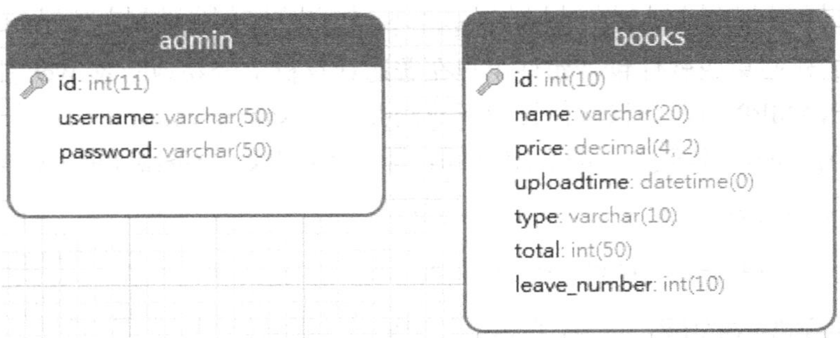

图 14.2　数据表的结构

14.2.2 数据库连接模块的设计

为了便于 PHP 程序与数据库进行交互，首先需要在 book 目录下建立一个文件 database.php，该文件专门用于处理 PHP 与数据库的连接。这样，当在不同功能页面需要调用数据库连接时，只需引入文件 database.php 即可。

1. MySQL 连接方式

```
<?php
$hostname = "localhost";                //数据库服务器主机名
$username = "root";                     //MySQL 账户名
$password = "";                         //MySQL 账户密码
$database = "book";                     //数据库名
$link = mysqli_connect($hostname,$username,$password,$database);
                                        //PHP 连接 MySQL 函数
mysqli_set_charset($link, "utf8");      //设置字符集为 utf8
if (!$link) {
  die("连接失败:".mysqli_connect_error());
}
?>
```

2. SQL Server 连接方式

```
<?php
$hostname = "localhost";             //数据库服务器主机名
$username = "sa";                    //SQL Server 账户名
$password = "";                      //SQL Server 账户密码
$database = "book";                  //数据库名
$link = mssql_connect($hostname,$username,$password,$database);
                                     //PHP 连接 SQL Server 函数
if (!$link) {
  die("连接失败");
}
?>
```

14.3 功能模块的实现

在确定系统的功能及数据库结构后，即可使用任意文本编辑器编写代码实现每一个系统功能模块，并保存为对应的文件格式（PHP 文件扩展名为.php，HTML 文件扩展名为.html）。为了编写方便，推荐使用 Notepad++，其自带的语法高亮度显示及语法折叠功能可以提高编程效率。要想运行这些代码，只需用 14.2 节介绍的方法（启动服务器环境），然后打开浏览器，并在浏览器地址栏输入对应的文件地址即可。例如，在 book 下创建了文件 index.html，那么只需在地址栏输入 localhost/book/index.html 即可访问该文件。

14.3.1　系统登录模块

1. 客户端登录页面代码与说明

用户打开系统后，首先需要登录才能完成后继的操作。在 book 目录下建立 login.html，用于展示登录界面，如图 14.3 所示。

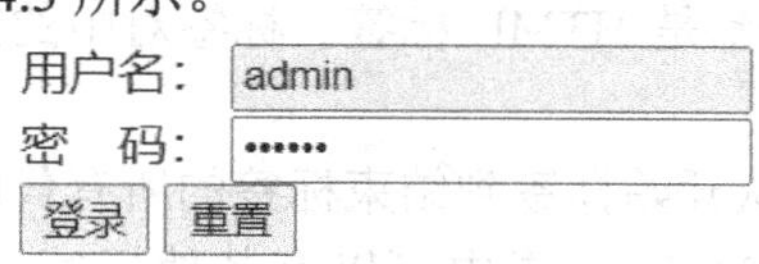

图 14.3　登录界面

代码如下：

```
<!DOCTYPE html>
<html>
<head>
<meta http-equiv="Content-Type" content="text/html; charset=utf-8" />
```

```
<title>图书后台管理系统登录</title>
</head>
<body>
<div id="top"> </div>
<form id="frm" name="frm" method="post" action="login.php" onSubmit=
  "return check()">
<div id="center">
   <div id="center_left"></div>
   <div id="center_middle">
       <div class="user">
           <label>用户名：<input type="text" name="username" id=
                          "username" />
           </label>
       </div>
    <div class="user">
       <label>密  码：<input type="password" name="pwd" id="pwd" />
       </label>
       </div>
   </div>
   <div id="center_middle_right"></div>
   <div id="center_submit">
       <div class="button">
           <input type="submit" name="Submit"class="submit" value="登录">
           <input type="reset" name="Submit"class="reset" value="重置">
       </div>
   </div>
</div>
</form>
<div id="footer"></div>
</body>
```

</html>代码说明：

1）在 book 目录下创建文件 login.html。

2）由尖括号包围的关键词称为 HTML 标签，标签通常是成对出现的，如代码中的<html></html>、<div></div>都是 HTML 标签。标签对中的第一个标签是开始标签，第二个标签是结束标签。

3）HTML 元素指的是从开始标签到结束标签的所有代码。元素的内容是开始标签与结束标签之间的内容。HTML 元素中可以有其他标签，如<html></html>标签中的<div>、<title>等标签都是<html>元素中的内容；也可以是文本，如<title></title>元素的内容。

4）HTML 标签可以拥有属性，属性提供了有关 HTML 元素的更多信息。属性总是以“名称=值”的形式出现，如 name="value"。属性总是在 HTML 元素的开始标签中规定，如代码<div id="frm">中即定义了<div>这个标签的属性 id 的值为 frm。

5）<div>标签可用于组合其他 HTML 元素的容器。

6）<title>标签用于定义页面的标题。

7）<form>标签定义表单，用于搜集不同类型的用户输入。其中，action 属性定义了表单处理程序，method 属性定义了数据提交方式。method 属性有两个值：GET 和 POST，规定用于发送表单数据的方法。POST 和 GET 的区别如下。

① GET 将表单里的数据添加到 action 所指向的 URL 后面；POST 将表单中的数据放在 form 的数据体中，按照键值对的方式，传递到所指向的 action。

② GET 是不安全的，因为在传输过程中，数据被放在请求的 URL 中，这样用户可以直接在浏览器上看到提交的数据；POST 的所有操作对用户来说都是不可见的。

③ GET 方法向 URL 添加数据，URL 的长度是受限制的（URL 的最大长度是 2048 个字符）；POST 提交无限制。

④ GET 为 form 表单的默认提交方式。

8）表单元素包括表单控件和表单按钮。表单控件是提供一组允许用户操作的控件，从而接收用户输入的数据。代码中<input type="text">为单行文本控件，<input type="password">为密码控件。表单按钮用于提交或重置表单数据。代码中<input type="submit">为提交按钮，<input type="reset">为重置按钮。

2. 服务端登录功能代码

在 book 目录下创建 login.php 文件，用于服务端处理用户的登录操作。具体登录流程如图 14.4 所示。

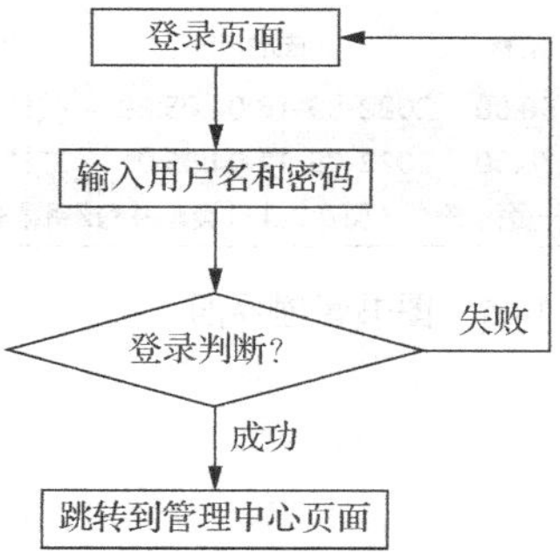

图 14.4　图书管理系统登录流程

代码如下：

```
<?php
include "database.php";     //引入数据库连接文件 database.php
if($_POST["Submit"]){       //判断表单是否通过 POST 方式提交
   $username = addslashes($_POST["username"]);  //获取表单控件 username 的值
   $pwd = addslashes($_POST["pwd"]);            //获取表单控件 pwd 的值
   $sql ="SELECT * FROM admin where username='$username' and password=
         '$pwd'";          //构建判断表单提交的用户名、密码是否正确的 SQL 语句
   $rs=mysqli_query($link,$sql);                //执行 SQL 语句
```

```
    if(mysqli_num_rows($rs)==1){
      echo "<script language=javascript>alert('登录成功！'); window.
            location= 'manage.php'</script>"; //使用 JS 语句输出登录成功并
            跳转到 manage.php
    }else{
      echo "<script language=javascript>alert('用户名或密码错误!'); window.
            location='login.html'</script>";
    }
  }
?>
```

代码说明：首先判断表单是否是通过 POST 方式提交，这样能确保提交数据的安全；然后使用$_POST["控件名"]获取对应控件的值，addslashes 函数用于转义用户提交的数据，防止 SQL 注入；接着构建 SQL 查询语句查找用户提交的用户名和密码是否存在于数据库中，从而判断用户名和密码是否正确。如果正确则跳转到登录后的界面，若不正确则返回登录页面。

14.3.2 图书管理模块

在 book 目录下创建 manage.php 文件，用于图书管理，界面如图 14.5 所示。

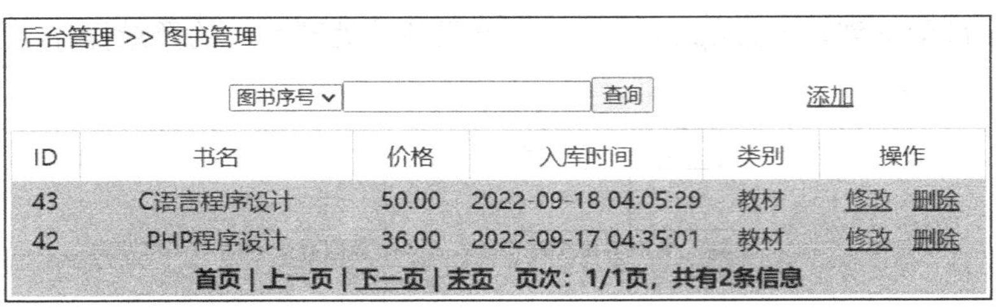

图 14.5 图书管理界面

代码如下：

```
<?php
  include "database.php";
?>
<!DOCTYPE html>
<html>
<head>
 <meta http-equiv="Content-Type" content="text/html; charset=utf-8" />
 <title>图书查询</title>
 <link rel="stylesheet" href="css.css" type="text/css">
</head>
<body>
<table width="80%" border="0" align="center" cellpadding="2" cellspacing=
"1" class="table">
```

```
<tr>
  <td width="80%" height="27" valign="top" bgcolor="#FFFFFF" class=
            "bg_tr">后台管理>>图书管理</td>
</tr>
<tr>
  <td height="27" valign="top" bgcolor="#FFFFFF" class="bg_tr">
    <form id="form1" name="form1" method="post" action="" style=
            "margin: 0px; padding:0px;">
      <table width="75%" height="42" border="0" align="center"
                cellpadding="0" cellspacing="0" class="bk">
        <tr>
          <td width="30%" align="right">
            <select name="seltype" id="seltype">
              <option value="id">图书序号</option>
              <option value="name">图书名称</option>
              <option value="price">图书价格</option>
              <option value="time">入库时间</option>
              <option value="type">图书类别</option>
            </select>
          </td>
          <td width="30%" align="center">
            <input type="text" name="coun" id="coun" />
          </td>
          <td width="30%" align="left">
            <input type="submit" name="button" id="button" value="查询" />
          </td>
          <td width="10%" align="right">
            <a href="add.php" class="trlink">添加</a>
          </td>
        </tr>
      </table>
    </form>
  </td>
</tr>
</table>
<table width="80%" border="0" align="center" cellpadding="0" cellspacing=
          "1" bgcolor="#CCCCCC" class="table" >
  <tr>
    <td width="7%" height="35" align="center" bgcolor="#FFFFFF">ID</td>
    <td width="28%" align="center" bgcolor="#FFFFFF">书名</td>
    <td width="12%" align="center" bgcolor="#FFFFFF">价格</td>
    <td width="24%" align="center" bgcolor="#FFFFFF">入库时间</td>
    <td width="12%" align="center" bgcolor="#FFFFFF">类别</td>
    <td width="24%" align="center" bgcolor="#FFFFFF">操作</td>
  </tr>
```

```
<?php
$pagesize = 8;                                  //每页显示数
//isset 用于检测变量是否已设置并且非 NULL
if(isset($_POST["seltype"]) && isset($_POST["coun"])){
  $sql = "select * from books where ".$_POST['seltype']." like
         ('%".$_POST['coun']."%')";             //构建模糊查询 SQL 语句
}else{
  $sql = "select * from books";
}
if(isset($_GET["pageno"])){
  $pageno = $_GET["pageno"];                    //获取页号
}else{
  $pageno = 1;
}
$rs=mysqli_query($link,$sql) or die("请输入查询条件!!!");
$recordcount=mysqli_num_rows($rs);
$pagecount=($recordcount-1)/$pagesize+1; //计算总页数
$pagecount=(int)$pagecount;                     //获取当前页
if($pageno==""){
   $pageno=1;                                   //当前页为空时显示第一页
}
if($pageno<1){
   $pageno=1;                                   //当前页小于第一页时显示第一页
}
if($pageno>$pagecount){
   $pageno=$pagecount;                          //当前页数大于总页数时显示总页数
}
$startno=($pageno-1)*$pagesize;                 //每页从第几条数据开始显示
$sql=$sql." order by id desc limit $startno,$pagesize";
$rs=mysqli_query($link,$sql);
?>
<?php
while($rs && $rows=mysqli_fetch_assoc($rs))
{
?>
<tr align="center">
  <td class="td_bg" width="7%"><?php echo $rows["id"]?></td>
  <td class="td_bg" width="28%" height="26"><?php echo $rows["name"]?>
 </td>
 <td class="td_bg" width="12%" height="26"><?php echo $rows["price"]?>
 </td>
 <td class="td_bg" width="24%" height="26"><?php echo $rows["uploadtime"]?>
 </td>
 <td class="td_bg" width="12%" height="26"><?php echo $rows ["type"]?></td>
 <td class="td_bg" width="24%">
```

```
    <a href="update.php?id=<?php echo $rows['id'] ?>" class="trlink">
        修改</a>
    <a href="del.php?id=<?php echo $rows['id'] ?>" class="trlink">删除</a>
   </td>
  </tr>
  <?php
  }
  ?>
  <tr>
   <th height="25" colspan="6" align="center" class="bg_tr">
   <?php
   if($pageno==1){
   ?>
   首页 | 上一页 | <a href="?pageno=<?php echo $pageno+1?>">下一页</a> |
   <a href="?pageno=<?php echo $_POST['seltype']?>">末页</a>
   <?php
    } else if($pageno==$pagecount){
   ?>
   <a href="?pageno=1">首页</a> | <a href="?pageno=<?php echo $pageno-1?>">
    上一页</a> | 下一页 | 末页
   <?php
   } else {
   ?>
   <a href="?pageno=1">首页</a> | <a href="?pageno=<?php echo $pageno
         -1?>">上一页</a> |
   <a href="?pageno=<?php echo $pageno+1?>" class="forumRowHighlight">
         下一页</a> |
   <a href="?pageno=<?php echo $pagecount?>">末页</a>
   <?php
    }
    ?>
    页次：<?php echo $pageno ?>/<?php echo $pagecount ?>页，共有<?php echo
       $recordcount?>条信息 </th>
  </tr>
 </table>
 </body>
 </html>
```

代码说明：

<table>标签用来定义表格。每个表格均有若干行（由<tr>标签定义），每行被分割为若干单元格（由<td>标签定义）。<td></td>元素中的内容即表格中每个单元格的内容。

<table>中的属性 width 用于设置表格宽度，border 用于设置表格边框的粗细，align 用于设置对齐方式，cellpadding 用于设置单元格内容与单元格边框之间的空白距离，cellspacing 用于设置单元格与单元格边框的空白间距，bgcolor 用于设置表格的背景颜色。

表单里使用单选控件<select>，用户可以根据需要选择不同的字段（书名、价格等）和查询值来构建 select…where…SQL 语句执行条件查找。where 后的 like 操作符可实现模糊查找。

这里使用分页功能来显示，毕竟每一页显示的数目是有限的，图书馆的图书库存数量一般是比较大的。定义变量$pagesize=8，设定每页显示 8 条图书信息。通过 mysqli_num_rows()函数获取查询总数据，计算出总页数$pagecount。$pageno=$_GET ["pageno"]用于获取当前页，判断$pageno 为空或者小于第一页时；显示第一页；当$pageno 大于总页数时，显示总页数为最后一页。

在 HTML 语句中嵌入 PHP 代码，把数据库中的图书信息用 while 循环语句显示。判断当前页$pageno 的值，如果当前页为第一页，则下一页和末页链接显示；当当前页为总页数时，首页和上一页给链接显示。其余的都正常链接显示。

14.3.3 图书添加模块

在 book 目录下创建 add.php 文件，用于添加图书，界面如图 14.6 所示。

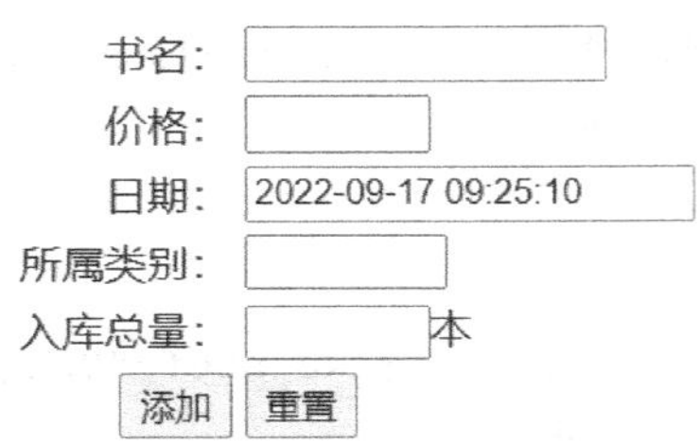

图 14.6 图书添加界面

代码如下：

```
<html>
<head>
  <meta http-equiv="Content-Type" content="text/html; charset=utf-8" />
  <title>新书入库</title>
  <script type="text/javascript">
    function myform_Validator(theForm){
      if (theForm.name.value == ""){
        alert("请输入书名。");
        theForm.name.focus();  //光标定位到表单中的书名文本框
        return (false);
      }
      if (theForm.price.value == ""){
        alert("请输入书名价格。");
        theForm.price.focus();
        return (false);
      }
      if (theForm.type.value == ""){
```

```
        alert("请输入书名所属类别。");
        theForm.type.focus();
        return (false);
      }
      return (true);
    }
  </script>
</head>
<?php
include "database.php";
if(isset($_POST['action']) && $_POST['action']=="insert"){
  $sql = "INSERT INTO books (name,price,uploadtime,type,total,leave_number)
       values('".$_POST['name']."','".$_POST['price']."','".$_POST
             ['uptime'].
       "','".$_POST['type']."','".$_POST['total']."','".$_POST
             ['total']."')";
  $arr=mysqli_query($link,$sql);
  echo($arr);
  if ($arr){
    echo "<script language=javascript>alert('添加成功！');window.location=
       'manage.php'</script>";
  }else{
    echo "<script>alert('添加失败');history.go(-1);</script>";
  }
}
?>
<body>
<form id="myform" name="myform" method="post" action="" onsubmit=
       "return myform_Validator(this)">
  <table width="100%" height="173" border="0" align="center" cellpadding=
             "2" cellspacing="1" class="table">
    <tr>
      <td colspan="2" align="left" class="bg_tr">
          后台管理&gt;&gt;新书入库  </td>
    </tr>
    <tr>
      <td width="31%" align="right" class="td_bg">书名：</td>
      <td width="69%" class="td_bg">
       <input name="name" type="text" id="name" size="15" maxlength="30"/>
      </td>
    </tr>
    <tr>
      <td align="right" class="td_bg">价格：</td>
      <td class="td_bg">
       <input name="price" type="text" id="price" size="5" maxlength="15"/>
      </td>
    </tr>
```

```
<tr>
  <td align="right" class="td_bg">日期：</td>
  <td class="td_bg">
    <input name="uptime" type="text" id="uptime" value=
           "<?php echo date("Y-m-d h:i:s"); ?>" />  </td>
</tr>
<tr>
  <td align="right" class="td_bg">所属类别：</td>
  <td class="td_bg">
    <input name="type" type="text" id="type" size="6" maxlength="19"/>
  </td>
</tr>
<tr>
  <td align="right" class="td_bg">入库总量：</td>
  <td class="td_bg">
    <input name="total" type="text" id="total" size="5" maxlength="15"/>本
  </td>
</tr>
<tr>
  <td align="right" class="td_bg">
    <input type="hidden" name="action" value="insert">
    <input type="submit" name="button" id="button" value="添加"/>
  </td>
  <td class="td_bg">
    <input type="reset" name="button2" id="button2" value="重置"/>
  </td>
</tr>
</table>
</form>
</body>
</html>
```

代码说明：

创建<form>表单提交数据，内部使用<table>表格进行布局。<form>表单里的onsubmit="return myform_Validator(this)"表示当提交表单时，执行 javascript 函数 myform_Validator(this)。该函数用于检查用户在表单中必填项(书名，价格，类别)里的数据是否为空，若为空，则函数返回 false，表单不予提交。

日期是自动生成的当前时间，使用 date 函数，date("Y-m-d h:i:s")生成当前日期时间。其中，Y 代表年，m 代表月，d 代表月中的天，h 代表小时，i 代表分钟，s 代表秒。

14.3.4 图书信息修改模块

在 book 目录下创建 update.php 文件，用于修改图书信息。若用户想修改图书信息，可单击图 14.5 中的“修改”按钮，打开图 14.7 所示的操作界面。图书信息修改代码流程如图 14.8 所示。

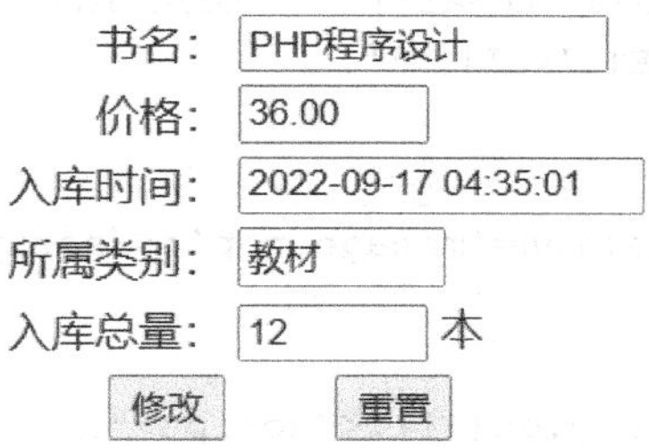

图 14.7　图书信息修改界面

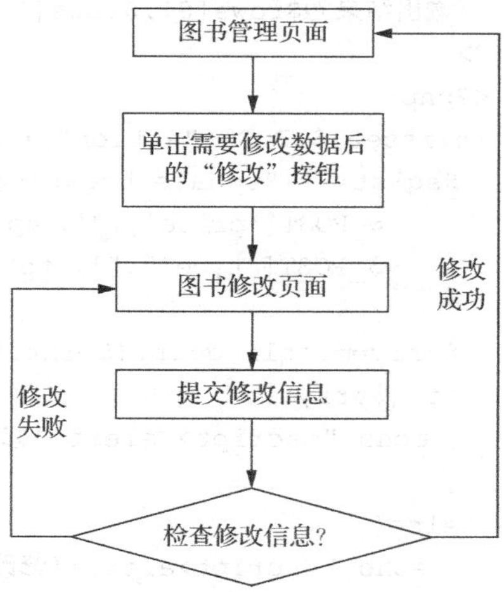

图 14.8　图书信息修改代码流程

代码如下：

```
<html>
<head>
  <meta http-equiv="Content-Type" content="text/html; charset=utf-8" />
  <title>图书管理系统新书修改</title>
  <script type="text/javascript">
    function myform_Validator(theForm){
      if (theForm.name.value == ""){
        alert("请输入书名。");
        theForm.name.focus();
        return (false); }
      if (theForm.price.value == ""){
        alert("请输入书名价格。");
        theForm.price.focus();
        return (false); }
      if (theForm.type.value == ""){
        alert("请输入书名所属类别。");
        theForm.type.focus();
        return (false); }
      return (true);
    }
  </script>
</head>
<?php
include "database.php";
$sql="select * from books where id='".$_GET['id']."'";
$arr=mysqli_query($link,$sql);
$rows=mysqli_fetch_row($arr);
//mysqli_fetch_row() 函数从结果集中取得一行，并作为枚举数组返回。一条一条获取，
```

```
//输出结果为$rows[0],$rows[1],$rows[2],···
?>
<?php
if(isset($_POST["action"]) && $_POST['action']=="modify"){
  $sqlstr = "update books set name = '".$_POST['name']."', price ='".
      $_POST['price']."', uploadtime = '".$_POST['uptime']."', type = '".
      $_POST['type']."', total = '".$_POST['total']."' where id=
                                '".$_GET['id']."'";
  $arry=mysqli_query($link,$sqlstr);
  if ($arry){
    echo "<script> alert('修改成功');location='manage.php';</script>";
  }
  else{
    echo "<script>alert('修改失败');history.go(-1);</script>";
  }
}
?>
<body>
<form id="myform" name="myform" method="post" action="" onSubmit=
          "return myform_Validator(this)">
  <table width="100%" height="173" border="0" align="center" cellpadding=
                "2" cellspacing="1" class="table">
    <tr>
      <td colspan="2" align="left" class="bg_tr">
        后台管理 &gt;&gt; 新书修改</td>
    </tr>
    <tr>
      <td width="31%" align="right" class="td_bg">书名：</td>
      <td width="69%" class="td_bg">
        <input name="name" type="text" id="name" value=
          "<?php echo $rows[1] ?>" size="15" maxlength="30" />  </td>
    </tr>
    <tr>
      <td align="right" class="td_bg">价格：</td>
      <td class="td_bg">
        <input name="price" type="text" id="price" value=
          "<?php echo  $rows[2]; ?>" size="5" maxlength="15" />  </td>
    </tr>
    <tr>
      <td align="right" class="td_bg">入库时间：
      </td>
      <td class="td_bg">
        <label>
          <input name="uptime" type="text" id="uptime" value=
            "<?php echo $rows[3] ; ?>" size="17" />
```

```
        </label>
      </td>
    </tr>
    <tr>
      <td align="right" class="td_bg">所属类别:
      </td>
      <td class="td_bg"><label>
          <input name="type" type="text" id="type" value=
            "<?php echo $rows[4]; ?>" size="6" maxlength="19" />
        </label></td>
    </tr>
    <tr>
      <td align="right" class="td_bg">入库总量: </td>
      <td class="td_bg"><input name="total" type="text" id="total" value=
          "<?php echo  $rows[5]; ?>" size="5" maxlength="15" />本</td>
    </tr>
    <tr>
      <td align="right" class="td_bg">
        <input type="hidden" name="action" value="modify">
        <input type="submit" name="button" id="button" value="修改"/></td>
      <td class="td_bg">
        <input type="reset" name="button2" id="button2" value="重置"/></td>
    </tr>
  </table>
</form>
</body>
</html>
```

代码说明：当用户在图书管理页面单击对应条目的“修改”按钮时，通过$_GET 获取该数据条目对应的主键 id，再通过 SQL 语句查询数据库中此条 id 的所有字段的信息，最后使用 SQL 语句修改此条 id 的信息。

14.3.5　图书删除模块

在 book 目录下创建 del.php 文件，用于删除图书，代码如下：

```
<?php
include "database.php";
$sql = "DELETE FROM books where id='".$_GET['id']."'";
$arry=mysqli_query($link,$sql);
if($arry){
  echo "<script> alert('删除成功');location='manage.php';</script>";
}
```

```
else
  echo "删除失败";
?>
```

代码说明：同修改功能，先获取主键 id 的值，再使用 SQL 语句执行删除功能。

14.4 习　　题

参考本章代码，为第 13 章的学生成绩管理系统创建具有相应功能的管理网站。

第 4 部分

上机实验

上机实验

实验1 数据库的定义

一、实验目的

1．熟悉数据库管理系统的安装、运行环境及服务器配置。

2．掌握数据库的创建方法（使用 SQL 命令）。

3．熟悉数据类型的概念，掌握创建数据表的方法（使用 SQL 命令）。

4．掌握数据完整性的概念及设置方法。

二、实验内容和步骤

1．安装、配置数据库管理系统，如 SQL Server（2008 R2 以上版本）或 MySQL。

2．创建一个名为 Student 的学生-课程数据库。

若是 SQL Server，则 Student 库包含两个数据文件和两个日志文件，文件信息如下。

数据文件：逻辑名分别为 Student1 和 Student2；物理文件保存在 D:\data 文件夹中，文件名分别为 Student1.mdf 和 Student2.ndf；初始容量大小分别为 5MB 和 10MB；最大容量分别为无限量和 100MB；文件的增长量分别为 10%和 1MB；文件组名分别为 Primary 和 FileG1。

事务日志文件：逻辑名分别为 StudentLog1 和 StudentLog2；物理文件保存在 E:\data 文件夹中，文件名分别为 StudentLog1.ldf 和 StudentLog2.ldf；初始容量大小均为 5MB；最大容量均为 50MB；文件增长速度均为 1MB。

3．在 SQL Server 中，为数据库 Student 增加一个文件组 FileG2，并为之增加一个数据文件 Student3，初始大小为 10MB，最大为 50MB，按照 5%增长。

4．使用 SQL 命令在 Student 数据库中创建 Student（学生）、Course（课程）和 SC（成绩）3 个基本表，表结构定义参见表 3.2～表 3.4。

5．删除 Student 基本表中的 Sage 字段。

6．为 Student 基本表添加一个 birthday 字段，类型为 int。

7．把 Student 基本表中的 birthday 字段的类型改为 datetime。

8．为 SC 基本表中的 Score 字段添加约束，取值范围为 0～100。

9．为 Student 基本表建立 Sname 升序的唯一索引，为 Course 基本表的 Cname 建立降序索引，为 SC 基本表建立 Score 降序且 Score 相同的 Sno 升序索引。

10．分别为 Student、Course、SC 表输入表 3.5～表 3.7 所示的数据。

三、注意事项

1．建表中如果出现错误，应采用相应的修改结构或删除结构的方法。

2．注意数据库的主键、外键和数据完整性约束的定义。

四、思考题

1．为什么要建立索引？学生-课程数据库中建立多少索引合适？

2．学生-课程数据库的选课表中，属性学号、课程号采用数值型还是字符型？为什么？

实验 2　数据库单表查询

一、实验目的

1．掌握 SQL 中的 SELECT 语句的使用。

2．熟练掌握单个数据表的数据查询、数据排序和数据计算、统计的操作方法。

二、实验内容和步骤

以学生-课程数据库 Student 中的 Student（学生）、Course（课程）和 SC（成绩）3 个基本表为数据源，使用 SELECT 语句进行以下查询操作。

1．查询“网络安全”专业的学生学号和姓名。

2．查询 Student 表中的专业信息（去掉重复专业）。

3．查询学生的学号、姓名和年龄。

4．查询“网络安全”和“计算机”专业中姓“张”的学生信息（包含所有列）。

5．查询选修课程号为 C001 的学生的学号和成绩，并对查询结果按成绩降序排列；如果成绩相同，则按学号升序排列。

6. 查询选修课程号为 C001 的成绩在 80～90（含 80 和 90）分的学生的学号和成绩，并将成绩乘以系数 0.8 输出。

7．查询还未录入成绩的学生学号和课程号。

8．查询成绩排在前 3 名的学生学号、课程号和成绩。

9．统计每门课程的平均成绩，输出课程号和平均成绩。

10．查询平均成绩不小于 80 分的学生学号和平均成绩。

三、注意事项

1．确保数据库管理系统中已存在实验 1 中的学生-课程数据库 Student 及数据，若没有，需要先导入实验 1 中的数据库数据。

2．输入 SQL 语句时应注意，语句中均使用西文操作符号。

3．注意查询语句 SELECT 中各个子句的功能及格式要求。

4．注意查询结果与题意是否相符。

四、思考题

1．如何提高数据查询效率？

2．子句 WHERE <条件>和子句 HAVING <条件>有什么区别？

实验 3　数据库复杂查询

一、实验目的

1．掌握 SQL 查询语句 SELECT 的使用。

2．掌握多表间不同连接类型的查询方法。

3．掌握常用的嵌套查询方法。

4．掌握多表的分组统计查询方法。

5．掌握数据添加、修改、删除操作语句。

二、实验内容和步骤

以学生-课程数据库 Student 中的 Student（学生）、Course（课程）和 SC（成绩）3 个基本表为数据源，使用 SQL 命令进行以下查询操作。

1．查询成绩优秀（≥85 分）的学生学号、姓名、课程名和成绩。

2．查询成绩不及格（成绩<60 分）的学生选课情况，显示学号、姓名、专业、不及格门数、累计学分。

3．查询至少选修了课程号为 C001、E002 和 X003 3 门课（可多于这 3 门）的学生学号和姓名。

4．查询每门课的先修课，显示课程号、课程名称和先修课名称。

5．查询未录入成绩的学生学号、姓名、课程名。

6．查询其他专业中的年龄小于“计算机”专业所有人年龄的学生学号、姓名、年龄。

7．查询各专业、各门课的平均成绩，显示专业、课程名、平均成绩。

8. 用 CREATE 命令创建一个表名为 Stu_Aver 的数据表，包含学号 Sno char(9)、姓名 Sname Varchar(10)、平均成绩 Aver_score Numeric(5,1) 3 个字段，学号为主键。

9. 使用 INSERT 命令把 Student 表中的所有学号和姓名添加到 Stu_Aver 表中。

10. 使用 UPDATE 命令更新 Stu_Aver 表中的平均成绩。

11. 删除 Stu_Aver 表中无成绩的记录。

三、注意事项

1. 确保数据库管理系统中已存在实验 1 中的学生-课程数据库 Student 及数据，若没有，需要先导入实验 1 中的数据库数据。

2. 输入 SQL 语句时应注意，语句中均使用西文操作符号。

3. 注意查询语句 SELECT 中各个子句的功能及格式要求。

4. 注意查询结果与题意是否相符。

四、思考题

1. 如何提高多表连接查询效率？

2. 嵌套查询具有何种优势？

实验 4　视图与索引

一、实验目的

1. 理解掌握视图与索引的概念及作用。

2. 掌握视图的创建、查看、修改和删除的方法。

3. 掌握索引的创建和删除方法。

4. 了解信息隐蔽的方法。

二、实验内容和步骤

以学生-课程数据库 Student 中的 Student（学生）、Course（课程）和 SC（成绩）3 个基本表为数据源，使用 SQL 命令进行以下操作。

1. 创建名为 V_S_Score 的视图，查询选修“数据结构”课程的学生学号、姓名、课程名和成绩，并用 SELECT 命令查询验证视图内容。

2. 修改 V_S_Score 视图，查询选修“数据结构”课程且成绩不小于 80 分的学生学号、姓名、课程名和成绩，并用 SELECT 命令查询验证视图内容。

3. 创建名为 V_Network 的视图，查询“网络安全”专业的学生基本信息（学号、姓名、性别、专业）。其中，学号的 3～7 位数字用 5 个“*”代替，姓名的首字姓也用 1

个“*”代替，实现个人信息隐蔽，即脱敏，并用 SELECT 命令查询验证视图内容。

4．创建名为 V_Num_Avg 的视图，统计各专业学生人数和平均年龄，显示专业、人数和平均年龄，并用 SELECT 命令查询验证视图内容。

5．创建名为 V_S_ZhiYu 的视图，统计每个学生的智育分，显示学号、姓名、专业、年级和智育分。其中，智育分为每门课成绩乘以学分之和，再除以总学分。

创建视图后，利用 SELECT 命令查询智育分不小于 80 分的学号、姓名、智育分，并按智育分降序排列。

6．首先使用命令判断 V_Avg_C_S 视图是否存在，若存在，先用命令删除；然后创建名为 V_Avg_C_S 的视图，统计查询各门课的选课人数和平均成绩，显示课程号、课程名、选课人数和平均成绩，并用 SELECT 命令查询验证视图内容。

7．创建名为 V_S_Name 的视图，查询同名的学生信息，显示学生 1 的学号、姓名、专业和学生 2 的学号、姓名、专业，并用 SELECT 命令查询验证视图内容。

8．创建名为 V_S_Network 的视图，查询“网络安全”专业的学生信息，显示学号，姓名、性别、出生日期、专业、年级等内容，并要求对视图添加记录时，只能添加“网络安全”专业学生。

视图创建后，利用 INSERT 命令对 V_S_Network 视图添加以下记录：

202010999，李强国，男，2002-9-2 出生，2020 级网络安全专业

再尝试添加以下记录，看是否能成功添加？

202020888，张晓婷，女，2002-11-12 出生，2020 级计算机专业

9．为 SC 表创建名为 IX_SC_Sno 的索引，先按学号 Sno 升序排列，若学号相同再按成绩 Score 降序排列。

10．为 Course 表创建名为 IX_Cname 的按课程名升序的唯一索引。

11．删除索引 IX_Cname。

三、注意事项

1．确保数据库管理系统中已存在实验 1 中的学生-课程数据库 Student 及数据，若没有，需要先导入实验 1 中的数据库数据。

2．输入 SQL 语句时应注意，语句中均使用西文操作符号。

3．注意视图中的查询语句 SELECT 语句的功能及格式要求。

4．注意创建的视图和索引与题意是否相符。

四、思考题

1．为什么要建立视图？视图和基本表有什么不同？

2．为什么要创建索引？

实验5 事务处理

一、实验目的

1. 加深对事务概念、数据库并发控制和封锁机制的理解。
2. 掌握事务的定义和使用方法。
3. 掌握使用事务对数据库进行简单的并发操作。

二、实验内容和步骤

以学生-课程数据库 Student 中的 Student（学生）、Course（课程）和 SC（成绩）3 个基本表为数据源，确保 3 个表均建立主键和外键（参照），使用 SQL 命令进行以下事务处理操作。

1．简单事务的处理。

1）定义一个事务，将学生表 Student 中的姓名“赵丽红”改为“张小丽”，并提交该事务。

2）定义一个事务，将成绩表 SC 中所有选修 E002 课程号的成绩提高 5%，并提交该事务。

3）定义一个事务，删除成绩表 SC 中学号为 201502005 的学生成绩和学生表 Student 中学号为 201502005 的学生记录，并提交该事务。

2．当对多个数据表进行更新时，若某条命令执行失败，为了保持数据库的完整性，需要将事务进行回滚。

1）显式事务。当在成绩表 SC 中插入记录（123456789，C001，85）时，因为学生表 Student 中无学号 123456789，所以插入失败。

2）隐式事务。当在学生表 Student 中插入记录（202102001，张大强，男，网络安全，2021 级）时，因为学生表中已有学号 202102001，所以插入失败。

3．定义一个事务，向课程表 Course 添加两条记录（X006，通信技术，48，3；C001，网络安全，48，3），若有一条添加失败，则撤销全部插入操作。

4．简单银行转账程序设计。

（1）创建一个数据库 BANK 和数据表

账户表：

```
CardInfo(cardID char(19),        --银行卡号
      pass char(6),              --密码
      balance money              --账户余额
      );
```

在账户表中输入两条记录：

```
A 账户：1234567890123456789  888888  5000
B 账户：0123456789123456789  666666  1000
```

转账表：

```
TranInfo(transdate date,        --转账日期
        cardID char(19),        --银行卡号
        transtype char(4),      --转账类型：支取和存入
        transmoney money        --转账金额
        );
```

（2）问题描述

如果从 A 账户转账 1000 元到 B 账户，当钱刚从 A 账户里取出来（还没来得及转入 B 账户）时，突然断电了，这时 A 账户就莫名其妙地损失了 1000 元。事务就是为了避免这种情况发生，只有当 A 账户减少 1000 元，并且 B 账户存入 1000 元之后，该转账才算成功，所以需要将“存款”和“取款”写到一个事务中。

1）创建存储过程 proc_takemoney，完成转账过程中的账户余额变换及存储支取和存入记录。存储过程参数为转出卡号、密码、金额及收方卡号。

2）调用存储过程 proc_takemoney，完成从 A 账户转 1000 元到 B 账户。

5．事务保存点。定义一个事务，向课程表 Course 添加 3 条记录（X006，通信技术，48，3；H001，网络安全，48，3；H002，通信协议，48，3），每个插入命令后面均设置一个保存点，应用回滚命令回到保存点，最后提交事务，只能将前两条记录添加成功。

三、注意事项

1．确保数据库管理系统中已存在实验 1 中的学生-课程数据库 Student 及数据，若没有，需要先导入实验 1 中的数据库数据。

2．输入 SQL 语句时应注意，语句中均使用西文操作符号。

3．要注意同时针对多张表操作时的事务处理方法。

4．引入事务处理是应对可能出现的数据错误的好方法。

5．保存点、回滚和并发控制都需要 CPU 时间和存储空间。

四、思考题

1．在 SQL Server 或 MySQL 中事务并发可能带来哪些问题？

2．如何定义一个事务，实现课程表中“网络安全”和“通信协议”课程号互换？

实验 6　安全管理

一、实验目的

1．理解数据库安全的重要性。

2．掌握数据库的用户、角色和权限的概念。

3．掌握使用图形界面和 SQL 命令管理用户、角色和权限的方法。

二、实验内容和步骤

以学生-课程数据库 Student 中的 Student（学生）、Course（课程）和 SC（成绩）3 个基本表为数据源，进行以下安全管理操作。

1．使用图形界面完成以下各个操作（SQL Server 使用 SSMS，MySQL 使用 Navicat 或 MySQL Workbench）。

1）此题 MySQL 略过。首先在 Windows 控制面板中创建一个 Windows 登录账号 login_w，密码为 123456；再使用 SSMS 平台将 Windows 登录账号添加到 SQL Server 登录名中，选择 Windows 身份验证，服务器角色为 sysadmin，用户映射到 Student 数据库，并设置数据库角色为 db_datareader；最后使用 login_w 用户登录 Windows 后，再用 Windows 身份验证方式登录数据库，并使用 SQL（如 SELECT）验证相关权限。

2）此题 MySQL 略过。使用 SSMS 平台创建 SQL Server 身份验证的登录名 login_s，密码为 123456，默认数据库为 Student。创建后试用登录名 login_s 登录 SQL Server 服务器，观察登录结果。

3）为数据库 Student 创建一个名为 login_u 的数据库用户（若是 SQL Server，则该用户以 login_s 作为登录名），该用户具有查询 Student 表中的学号、姓名列和 Course 表所有信息的权限，以及具有创建视图的权限。用户创建后使用该用户重新登录，使用 SQL 命令验证相关权限。

4）为数据库 Student 创建一个名为 login_r 的数据库角色，该角色具有对 Course 表添加、删除记录的权限，并把用户 login_u 添加到该角色中。创建后使用 login_u 重新登录，使用 SQL 命令验证相关权限。

2．使用 SQL 语句进行安全性管理。

1）在 SQL Server 中，使用 CREATE LOGIN 命令创建一个名为 login_stu 的登录名，密码为 123456，创建以后将该登录名的密码改为 abcd12。

MySQL 中直接创建用户名 login_stu，密码为 123456，创建后密码改为 abcd12。

创建后试登录服务器，观察登录结果，是否可以访问用户数据库。

2）在数据库 Student 中，使用 CREATE USER 命令为登录名 login_stu 创建名为 user_stu 的数据库用户，默认架构为 db_owner。创建后使用该用户重新登录，观察登录结果。

3）使用 ALTER ROLE 命令把用户 user_stu 设置为 db_owner 数据库角色。设置后使用该用户重新登录，观察登录结果，是否可以访问用户数据库 Student。

4）使用存储过程 sp_addlogin 添加一个名为 login_test 的登录名，密码为 123456。创建后试登录服务器，观察登录结果，是否可以访问用户数据库。

5）在数据库 Student 中，使用存储过程 sp_adduser 为登录名 login_test 创建名为 user_test 的数据库用户。创建后试登录服务器，观察登录结果，是否可以访问用户数据库 Student。

6）使用 sp_addrolemember 命令把用户 user_test 设置为 db_datareader 数据库角色。

设置后重新登录服务器，观察登录结果，是否可以访问用户数据库 Student。若能，观察能否在数据库中新建或删除数据表。

7）使用 ALTER ROLE 命令把用户 user_test 的 db_datareader 数据库角色去除。设置后重新登录服务器，观察登录结果，是否可以访问用户数据库 Student。

8）在数据库 Student 中使用 CREATE ROLE（或 sp_addrole）语句创建一个名为 user_role 的数据库角色。

9）使用 GRANT 命令为 user_role 角色授予查询 Student 的权限和创建视图的权限。

10）使用 ALTER ROLE 命令为 user_role 添加成员 user_test。设置后重新登录服务器，观察登录结果，是否可以访问用户数据库 Student。使用 SELECT 语句试查询 Student 表或使用 CREATE VIEW 语句创建视图。

11）使用 REVOKE 收回 user_role 角色查询 Student 表中 birthday 和 en_time 的权限。设置后，试用 SELECT 语句查询 Student 表，观察查询结果。

12）使用 DROP USER 命令删除 Student 数据库中的用户 user_stu。

13）使用 DROP LOGIN 命令删除登录名 login_stu。

三、注意事项

1．确保数据库管理系统中已存在实验 1 中的学生-课程数据库 Student 及数据，若没有，需要先导入实验 1 中的数据库数据。

2．输入 SQL 语句时应注意，语句中均使用西文操作符号。

3．注意只有管理员或对象拥有者才有安全管理的权限。

4．如果要访问某个具体的数据库，必须要有一个用于控制在数据库中所执行活动的数据库用户账号。

四、思考题

1．在 SQL Server 或 MySQL 中分别有哪些数据库安全功能？

2．可以对哪些对象进行什么操作权限设定？

3．如何设置每个用户只对自己的记录进行 SELECT 查询的权限？

实验 7　备份与恢复

一、实验目的

1．理解数据库的备份策略。

2．掌握如何创建和执行备份。

3．理解数据库的恢复策略。

4．掌握恢复数据库的方法。

二、实验内容和步骤

以学生-课程数据库 Student 中的 Student（学生）、Course（课程）和 SC（成绩）3 个基本表为数据源，使用命令进行以下备份和恢复处理操作。

1．使用 DBCC 检查数据库的一致性。

2．在学生数据库的属性中设置恢复模式为完整恢复模式。

3．使用 BACKUP 命令采用完全备份方式将数据库 Student 备份到 D:\backup\a.bak。

4．在学生表中添加一条记录。

5．使用 BACKUP 命令采用差异备份方式将数据库 Student 备份到 D:\backup\b.bak。

6．在学生表中再添加一条记录。

7．使用 BACKUP 命令采用事务日志备份方式将事务日志备份到 D:\backup\r.bak。

8．删除数据库 Student，用完全备份文件 D:\backup\a.bak 还原数据库，查看还原后的数据。

9．删除数据库 Student，用完全备份文件和差异备份文件还原数据库，查看还原后的数据。

10．删除数据库 Student，用完全备份文件、差异备份文件及事务日志备份文件还原数据库，查看还原后的数据。

三、注意事项

1．确保数据库管理系统中已存在实验 1 中的学生-课程数据库 Student 及数据，若没有，需要先导入实验 1 中的数据库数据。

2．输入 SQL 语句时应注意，语句中均使用西文操作符号。

3．注意数据库的不同备份和恢复方式。

四、思考题

1．在 SQL Server 或 MySQL 中出现事务故障或系统故障时如何恢复？

2．出现介质故障时如何恢复？

实验 8　SQL 注入攻击

一、实验目的

1．理解 SQL 注入攻击原理。

2．掌握 SQL 注入攻击的基本方法。

3．掌握防范 SQL 注入的基本方法。

二、实验内容和步骤

1. 上网下载、搭建、配置 DVWA 靶场。

2. 打开 DVWA 界面，选择 SQL Injecttion 模块，通过输入不同的 ID 值进行以下 SQL 注入实验。

1）判断 SQL 注入的类型，查找 SQL 注入点。

2）通过“ORDER BY 子名”取临界值来获取字段数。

3）通过 SQL 语句查询之后的回显位置，确定显示的位置。

4）查询当前的数据库及数据库版本。

5）查询当前数据库中的数据表。

6）查询指定数据表中的字段。

7）获取用户名为 gordonb 的密码，并进行登录验证。

三、注意事项

1. 输入 SQL 语句时应注意，语句中均使用西文操作符号。

2. 注意观察 SQL 注入过程中各种信息的显示。

四、思考题

1. 数据库可能受到哪些攻击？如何防范？

2. 如何防范 SQL 注入攻击？

实验 9　函数、存储过程与触发器

一、实验目的

1. 掌握局部变量的定义方法和赋值方式及流程控制语句的功能及操作。

2. 理解和掌握函数的概念和操作。

3. 理解并掌握存储过程和触发器的概念和操作。

二、实验内容和步骤

以学生-课程数据库 Student 中的 Student（学生）、Course（课程）和 SC（成绩）3 个基本表为数据源，确保 3 个表均建立主键和外键（参照），进行以下编码操作。

1. 查询每个学生的选课情况，输出姓名、课程名称和成绩。要求：“成绩”一栏中若不小于 60 分则显示“及格”，否则显示“不及格”。

2．定义一个标量函数 Sum_n，功能是求 1+2+…+n 的和，其中 n 作为形参，并调用此函数进行验证。

3．定义一个表值函数 Stu_score，学号作为参数，返回表值含 xh（学号）、xm（姓名）、kcm（课程名）、cj（成绩），并调用此函数进行验证。

4．创建一个存储过程 rand_num，随机输出[a,b]区间的任意整数，其中 a、b 作为参数，并调用此存储过程进行验证。

5．创建一个存储过程 P_CX，参数是学号，输出信息是指定学号对应的姓名、课程名称、成绩。执行时若没有指定学号，则提示“请输入学号”；若该学号不存在，则提示“学号不存在”。调用此存储过程进行验证。

6．为 Student 表创建一个实现级联删除的触发器 Tri_stu_del，当对 Student 表执行删除语句时，激活该触发器的同时删除 SC 表中相对应（相同学号）的记录。用相关命令语句触发此触发器，并使用相应操作语句进行验证。

7．为 SC 表创建一个更新触发器 Tri_sc_update，当修改或添加成绩时，把对应学号的平均成绩更新到 Student 表的 aver 平均成绩列中。创建前必须保证 Student 表中有 aver 平均成绩这个字段。执行相应更新操作进行验证。

三、注意事项

1．确保数据库管理系统中已存在实验 1 中的学生-课程数据库 Student 及数据，若没有，需要先导入实验 1 中的数据库数据。

2．输入 SQL 语句时应注意，语句中均使用西文操作符号。

3．注意函数、存储过程、触发器三者不同的使用方式。

四、思考题

1．函数、存储过程、触发器三者有何区别？

2．如何使用触发器实现完整性约束？

3．简述使用存储过程的优势。

参考文献

国家市场监督管理总局，国家标准化管理委员会，2019. 《信息安全技术　数据库管理系统安全技术要求：GB/T 20273—2019[S]. 北京：中国标准出版社.

何玉洁，2015. 数据库系统教程[M]. 2版. 北京：人民邮电出版社.

林大辉，谢楚运，2013. 数据库应用基础（Access版）[M]. 杭州：浙江大学出版社.

蒙祖强，许嘉，2018. 数据库原理与应用：基于SQL Server 2014[M]. 北京：清华大学出版社.

唐四薪，肖望喜，唐琼，2014. PHP动态网站程序设计[M]. 北京：人民邮电出版社.

王珊，萨师煊，2006. 数据库系统概论[M]. 4版. 北京：高等教育出版社.

杨开英，2003. 数据库系统概论[M]. 武汉：武汉理工大学出版社.

叶潮流，刘登胜，2013. 数据库原理与应用[M]. 北京：清华大学出版社.

尹志宇，郭晴，2018. 数据库技术及安全教程：SQL Server 2008[M]. 北京：清华大学出版社.

章丽平，王媛妮，李桂玲，等，2020. 数据库系统原理及安全[M]. 北京：科学出版社.

祝烈煌，董健，胡光俊，等，2020. 网络攻防实战研究 MySQL数据库安全[M]. 北京：电子工业出版社.

JUSTIN CLARKE，2013. SQL注入攻击与防御[M]. 施宏斌，叶愫，译. 2版. 北京：清华大学出版社.

RAGHU RAMAKRISHNAN，JOANNES GEHRKE，2004. 数据库管理系统原理与设计[M]. 周立柱，张志强，李超，等，译. 3版. 北京：清华大学出版社.